제4판 알기 쉬운

소방전기 시설론

조 성 현 저

도서출판 동화기술

머리말

Goal leads your life (목표가 당신의 인생을 인도해 준다.)

경제발전과 더불어 우리사회는 건축물이 고층화, 대형화, 심층화 및 첨단화 되어감에 따라 전기·가스·유류 등의 에너지 사용량도 증가하여 잠재 위험성이 커지고 있다.

그러나 아직 우리나라는 소방에 관한 법적, 학문적으로 미비점들 그리고 안전에 대한 인식부족으로 대형 사고들이 계속 발생하고 있다.

이런 사고는 물적·인적인 직접피해 외에 기업이나 국가 신뢰도에도 많은 피해를 주고 있으므로 소방안전 분야의 중요성은 아무리 강조하여도 지나치지 않는다.

따라서 저자는 대학교나 현장시공 담당자들이 알기 쉽게 참고할 만한 서적이 필요하다고 생각되어 본 교재를 저술하게 되었다.

본 교재는 part 1 경보설비, part 2 피난유도설비, part 3 전기설비 및 자동제어로 구성하였으며, 다시 각각의 장으로 세분화하고 가능한 많은 그림을 삽입하여 이해를 쉽게 시키려고 하였다.

최신의 법령에 맞추어 집필하였기에 소방전기기사 또는 소방전기산업기사, 소방시설관리사, 소방기술사 등을 준비하는 수험생들에 좋은 참고 교재가 될 것이다.

아무쪼록 이 책이 소방기술의 발전과 안전사고 등을 줄이는데 조금이나마 기여할 수 있기를 바라며, 본의 아니게 오류나 보완점이 있을 것이라 생각된다. 이런 부족함은 앞으로 연구, 수정·보완할 것을 약속드리며 이 책을 가지고 공부하는 독자들에게 많은 도움이 되길 바란다.

목 차

PART 01

경보설비

CHAPTER 1

자동화재탐지설비(NFTC/PC 203)

1 개요

화재로 인한 생명과 재산 피해를 줄이기 위해서는 화재를 초기에 발견하여 신속히 피난시키고 초기 소화태세를 확립함은 물론 소방기관에 신속히 통보할 필요가 있다.

화재 초기에 경보가 발령되면 대피시간이 확보되며, 건물관계자는 화재초기에 대응할 수 있어 화재진압이 용이하게 된다.

자동화재탐지설비는 이러한 필요성에 따라 화재발생을 조기에 경보하고 화재위치를 통보하는 기능을 하는 설비이다. 화재가 발생하면 자동으로 화재발생신호를 발신하는 감지기,

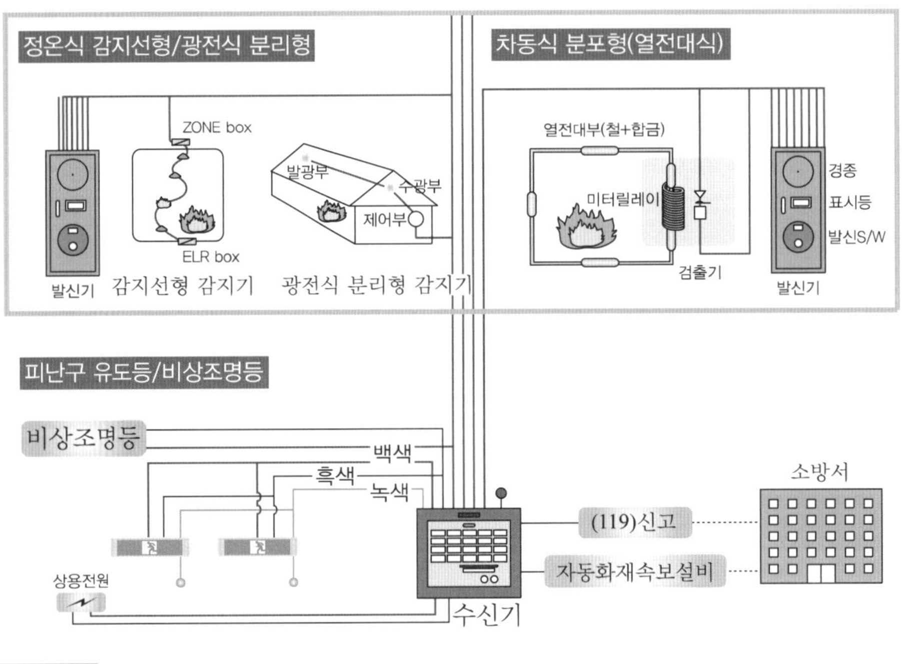

그림 1-1 자동화재탐지설비

사람이 수동으로 화재발생신호를 보낼 수 있는 발신기, 화재발생신호를 수신하여 화재위치를 표시하고 경보장치 등에 작동신호를 발신하는 수신기, 화재가 발생했음을 경보해 주는 음향장치 및 시각경보기, 발화장소를 표시하는 표시등 그리고 배선과 전원으로 구성된다.

2 설치대상

표 1-1 자동화재탐지설비 설치대상물

특정소방대상물	적용기준
① 근린생활시설(목욕장 제외), 의료시설(정신의료기관 또는 요양병원 제외), 위락시설, 장례시설 및 복합건축물	연면적 600[m^2] 이상
② 목욕장, 문화 및 집회시설, 종교시설, 판매시설, 운수시설, 운동시설, 업무시설, 공장, 창고시설, 위험물 저장 및 처리 시설, 항공기 및 자동차 관련 시설, 교정 및 군사시설 중 국방·군사시설, 방송통신시설, 발전시설, 관광 휴게시설, 지하가(터널 제외)	연면적 1,000[m^2] 이상
③ 교육연구시설, 수련시설(수련시설 내에 있는 기숙사 및 합숙소를 포함하며, 숙박시설이 있는 수련시설 제외), 동물 및 식물 관련 시설(기둥과 지붕만으로 구성되어 외부와 기류가 통하는 장소 제외), 자원순환 관련 시설, 교정 및 군사시설(국방·군사시설 제외) 또는 묘지 관련 시설	연면적 2,000[m^2] 이상
④ 지하구, 노유자 생활시설, 공동주택 중 아파트 등, 기숙사, 숙박시설, 6층 이상인 건축물, 조산원 및 산후조리원, 전통시장, 요양병원(의료재활시설 제외)	모두 적용대상
⑤ 지하가 중 터널	길이 1,000[m] 이상
⑥ ④에 해당하지 않는 노유자 시설 숙박시설이 있는 수련시설	연면적 400[m^2] 이상 수용인원 100명 이상
⑦ 위의 ②에 해당하지 않는 공장 및 창고시설로서 특수가연물을 저장 취급하는 것	지정수량 500배 이상
⑧ - 정신의료기관 또는 의료재활시설 - 창살(철재·플라스틱 또는 목재 등으로 사람의 탈출 등을 막기 위하여 설치한 것, 화재 시 자동으로 열리는 구조로 되어 있는 창살은 제외)이 설치된 시설	- 바닥면적 300[m^2] 이상 - 바닥면적 300[m^2] 미만
⑨ 위의 ②에 해당하지 않는 발전시설	전기저장시설

(주) 지하구 : 특정소방대상물의 지하구는 아래의 조건을 전부 만족하는 것으로 한다.
① 전력통신용 전선이나 가스, 냉·난방용의 배관일 것
② 이를 집합 수용하기 위하여 설치한 지하 공작물일 것
③ 사람이 점검 또는 보수하기 위하여 출입이 가능할 것
④ 폭 1.8[m], 높이 2[m], 길이 50[m] 이상(전력 또는 통신 사업용은 500[m] 이상)일 것

3 자동화재탐지설비의 구성

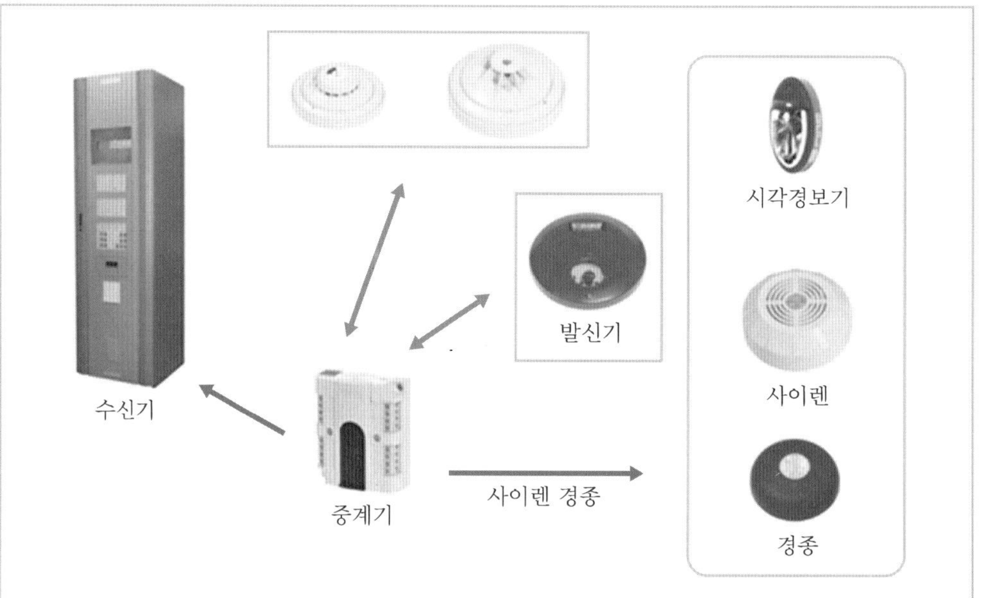

그림 1-2 자동화재탐지설비의 구성

4 경계구역(Zone)

경계구역이란 자동화재탐지설비 1회로가 화재의 발생을 유효하게 탐지할 수 있는 구역으로 화재가 발생한 구역을 타구역과 구별해서 식별할 수 있는 최소단위이다. 즉 특정소방대상물 중 화재신호를 발신하고, 그 신호를 수신 및 유효하게 제어할 수 있는 구역을 말한다.

> **Tip** 경계구역 수 = 종단저항 수 = P형 수신기의 지구선(회로선 또는 신호선) 수

(1) 경계구역의 범위

1) 경계구역의 경계

경계구역의 경계선은 복도, 통로, 방화벽 등으로 한다.

2) 경계구역 면적의 산출

감지기 설치가 면제되거나 설치하지 않는 부분도 포함해서 경계구역의 면적을 산출한다. 예를 들어 헛간이나 욕실 등은 경계할 필요는 없으나 경계구역의 면적을 산출할 때에는 포함시킨다.

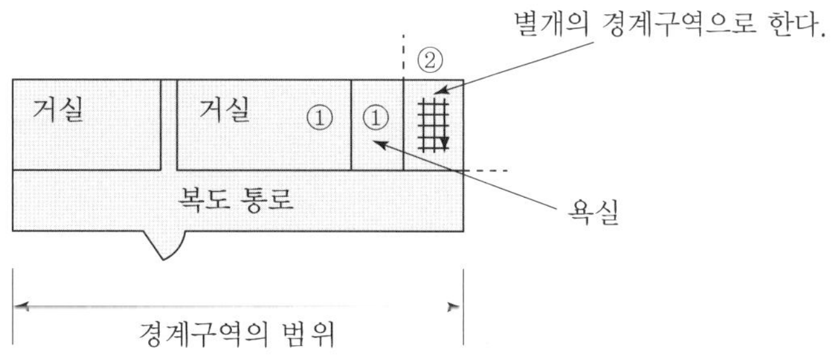

그림 1-3 경계구역 면적 산출(세면장, 변소)

(2) 경계구역의 설정 기준

1) 수평적 개념의 경계구역

① 하나의 경계구역이 2개 이상의 건축물에 미치지 아니하도록 할 것

② 하나의 경계구역이 2개 이상의 층에 미치지 아니하도록 할 것. 다만, 500[m^2] 이하의 범위 안에서는 2개 층을 하나의 경계구역으로 할 수 있다.

③ 하나의 경계구역의 면적은 600[m^2] 이하로 하고, 한 변의 길이는 50[m] 이하로 할 것. 다만, 해당 특정소방대상물의 주된 출입구에서 그 내부 전체가 보이는 것(학교강당, 체육관)에 있어서는 한 변의 길이가 50[m]의 범위 내에서 1,000[m^2] 이하로 할 수 있다.

④ 지하구에 있어서 하나의 경계구역의 길이는 700[m] 이하로 한다.

⑤ 터널의 경계구역 길이는 100[m] 이하로 한다.

2) 수직적 개념이 경계구역

① 계단(직통계단 외의 것에 있어서는 떨어져 있는 상하계단의 상호간의 수평거리가 5[m] 이하로서 서로 간에 구획되지 아니한 것)·경사로(에스컬레이터 경사로 포함)·엘리베이터 승강로(권상기실이 있는 경우에는 권상기실)·린넨슈트·파이프 피트 및 덕트 기타 이와 유사한 부분에 대하여는 별도로 경계구역을 설정하되, 하나의 경계구

역은 높이 45[m] 이하(계단 및 경사로에 한함)로 하고, 지하층의 계단 및 경사로(지하 1층의 경우 제외)는 별도로 하나의 경계구역으로 하여야 한다.

② 2 이상의 계단·경사로 등이 있는 경우에는 이를 각각 별개의 경계구역으로 한다.

③ 외기에 면하여 상시 개방된 부분이 있는 차고·주차장·창고 등에 있어서는 외기에 면하는 각 부분으로부터 5[m] 미만의 범위 안에 있는 부분은 경계구역의 면적에 삽입하지 아니한다.

3) 설비적 개념의 경계구역

① 스프링클러설비·물분무등소화설비 또는 제연설비의 화재감지장치로서 화재감지기를 설치한 경우의 경계구역은 해당 소화설비의 방사구역 또는 제연구역과 동일하게 설정할 수 있다.

② 특수감지기의 경계구역은 감지기별 성능인정기준으로 설정할 수 있다.

Tip

용어 설명

- 엘리베이터 권상기실 : 엘리베이터의 부속기계실, 승강기 기계실
- 린넨슈트(linen chute) : 세탁이 필요한 침대시트나 타월 등을 세탁실이나 지정된 장소로 세탁물을 보내는 수직통로
- 파이프덕트 : 파이프를 넣는 관로

Tip

건축법상 층이 아닌 경우

- 지하층
- 지붕 속·천장 속
- 건축면적의 $\frac{1}{8}$ 이하인 옥상 구조물·옥탑·망루 등

(3) 경계구역 설정

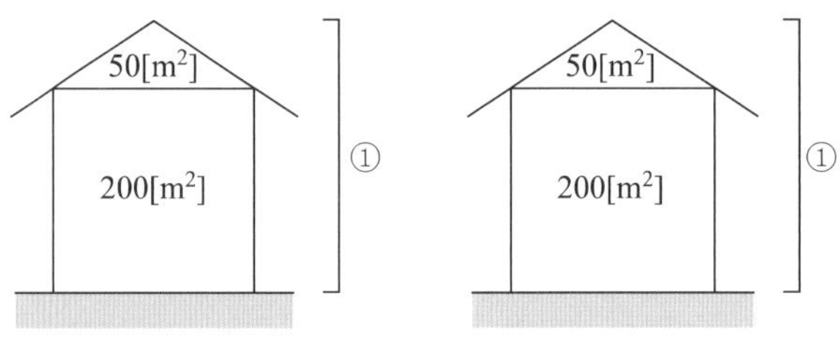

그림 1-4 건축물별로 설정한 경계구역

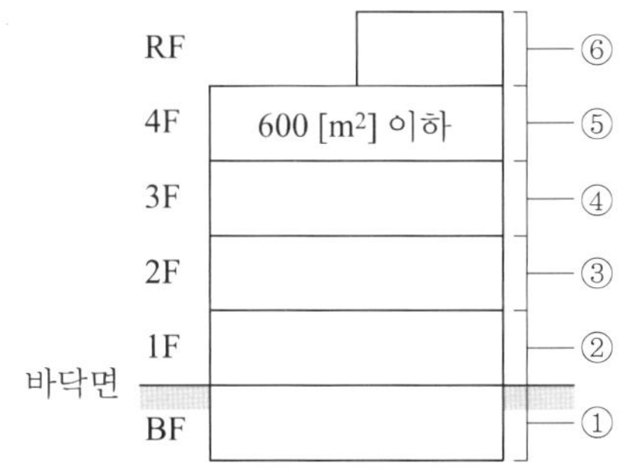

그림 1-5 층별로 설정한 경계구역

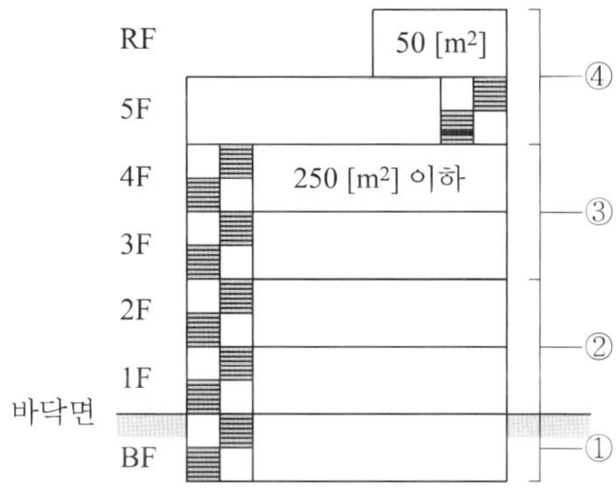

그림 1-6 2개 층이 500[m^2] 이하인 경계구역 설정

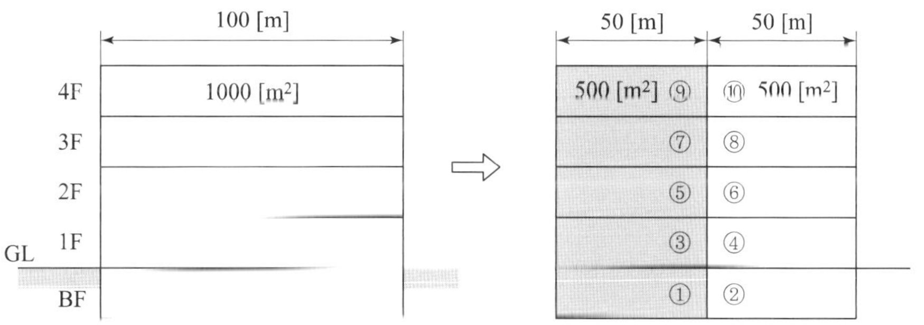

그림 1-7 면적별 경계구역의 설정

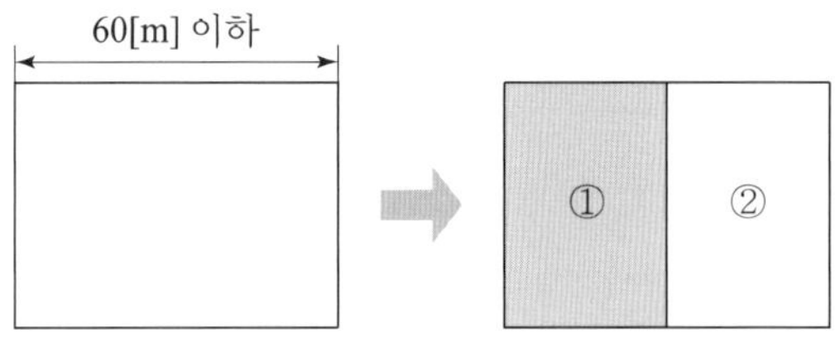

그림 1-8 1변의 길이로 경계구역 설정

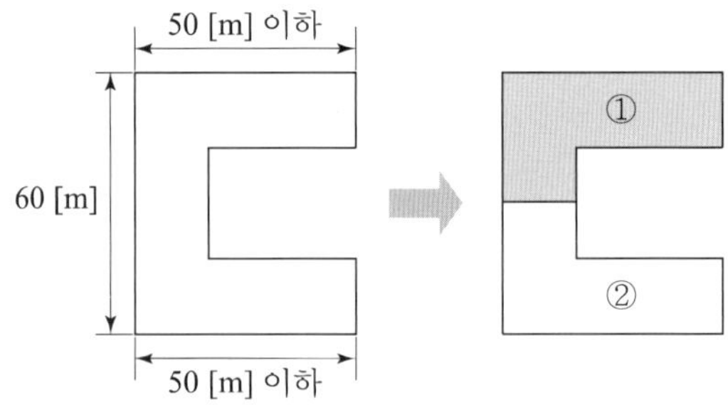

그림 1-9 2경계구역

예제 1-1 특정소방대상물이 지상 8층, 지하 3층, 층별 바닥면적 550[m^2], 층간 높이 3[m], 계단 1개, 엘리베이터 1개인 경우 최소 경계구역 수는?

풀이 ○ 수평적 경계구역 : 각 층마다 1개씩, 총 11개
○ 수직적 경계구역 : 엘리베이터 권상기실 1개, 계단(지하 3층이므로) 2개
∴ 총 14개

5 자동화재탐지설비의 종류

- 자동화재탐지설비
  - 감지기
    - 열감지기
      - 차동식
        - 분포형
          - 공기관식
          - 열전대식
          - 열반도체식
        - 스포트형
      - 정온식
        - 감지선형
        - 스포트형
      - 보상식 — 스포트형
      - 열복합식 — 스포트형
    - 연기감지기
      - 이온화식 — 스포트형
        - 축적형
        - 비축적형
      - 광전식
        - 분리형
          - 축적형
          - 비축적형
        - 스포트형
          - 축적형
          - 비축저형
      - 공기흡입형
    - 복합식(다신호식)
      - 열복합형
      - 연기복합형
      - 열 · 연기복합형
    - 불꽃감지기 — 적외선감지기(IR), 자외선감지기(UV), 복합형감지기
    - 아날로그식 — 열 · 연기감지기
  - 수신기
    - P형(1급, 2급)
    - R형
    - M형
    - GP형
    - GR형
  - 발신기
    - P형(1급, 2급)
    - T형
    - M형
  - 중계기
    - P형 수신기용
    - R형 수신기용
  - 음향장치 — 벨, 사이렌
  - 부속기기 — 부수신기, 표시등, 표시판

6 자동화재탐지설비 구성요소

6.1 수신기(Fire alarm control panel)

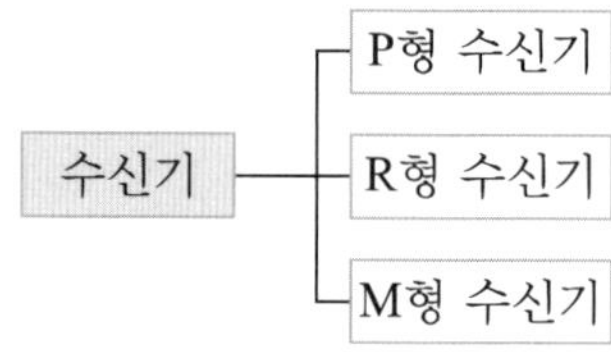

수신기란 감지기나 발신기에서 발하는 화재신호 또는 가스누설신호를 직접수신(P형) 하거나 중계기를 통하여 수신(R형)한 화재의 발생을 표시 및 경보하여 주는 설비이다. 또한 소화펌프 기동장치, 부수신기, 비상경보장치, 방화댐퍼, 방화셔터, 제연설비 등과 연동하여 사용된다.

수신기에는 P형(1급, 2급), R형, M, GP형 및 GR형이 있다.

(1) 수신기의 종류

1) P형(Proprietary type) 수신기

감지기나 발신기에서 보낸 화재신호를 직접 수신하거나 중계기를 통하여 공통신호로 수신하는 것으로 신호를 받으면 화재등, 지구등이 점등되며 동시에 수신기측 주경종과 해당 지구경종이 경보를 발하는 시스템이다.

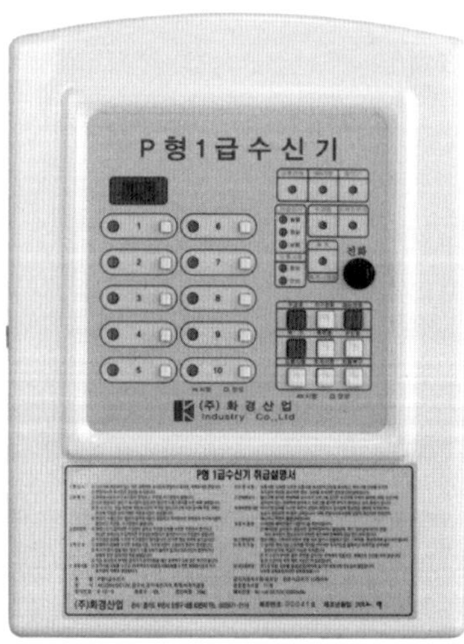

그림 1-10 P형 수신기

가장 기본이 되는 형태의 수신기로서 신호전달은 각 경계구역별로 개별 신호선에 의한 공통신호방식이다. P형 수신기는 1급과 2급으로 구분되며, 가스누설 경보기능이 첨가된 것을 GP형이라고 한다.

GP형은 화재신호 수신시 적색등, 가스누설신호 수신시 황색등이 점등된다.

① **P형 1급 수신기의 기능**

(ㄱ) 화재표시 작동 시험장치

(ㄴ) 주전원으로 교류전원을 사용하는 경우 주전원 정전 시에는 자동적으로 예비전원으로 절환되고, 주전원의 정전 복구 시에는 자동으로 예비전원에서 주 전원으로 절환되는 장치

(ㄷ) 예비전원 양부 시험장치

(ㄹ) 수신기 및 감지기 등과의 회로 도통시험장치

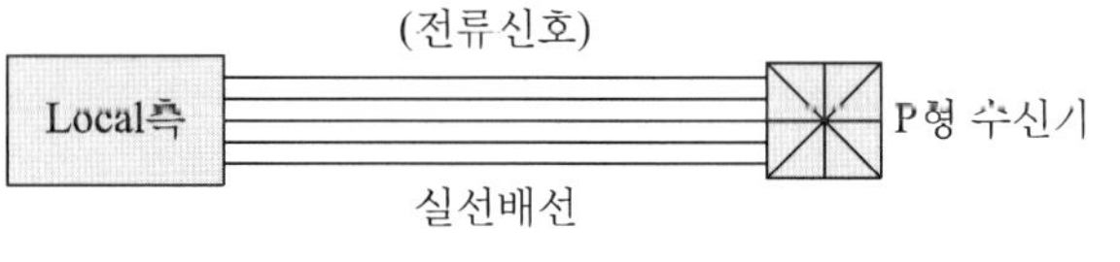

P형 System

② **P형 2급 수신기의 기능**

(ㄱ) 화재표시 작동 시험장치

(ㄴ) 주전원으로 교류전원을 사용하는 경우 주전원 정전 시에는 자동적으로 예비전원으로 절환되고, 주전원의 정전 복구 시에는 자동으로 예비전원에서 주 전원으로 절환되는 장치

(ㄷ) 예비전원 양부 시험장치

(ㄹ) 1회선용 수신기는 예비전원이 필요 없고 연면적 350[m^2] 이하의 특정소방대상물에만 설치할 수 있다.

③ **P형 수신기의 문제점**

P형 수신기에서 가장 문제가 되는 것은 초고층 건물이나 대규모 부지에 설치된 공장 등의 경우 수신기와 말단 회로 사이의 거리가 멀리 떨어져 있어 선로의 전압강가 발생하게 되며 이로 인하여 경종 등 local 장치가 동작하지 않을 수 있다. 또한 수신기에서 각종 말단의 local 장치까지 모든 입출력선을 직접 연결하므로 대형 건축물의 경우는 수신기에 입선되는 배선수가 대량으로 증가하게 되어 전선관이 커진다. 따라서 전선관 공간의 확보, 보수 및 유지관리 등에 많은 문제점이 발생하게 된다.

기능	P형 1급	P형 2급
1. 접속 회선수	제한 없음	5회선 이하
2. 발신기 응답기능	○	×
3. 화재표시등	○	×
4. 도통시험	○	×
5. 접속 발신기	P형 1급 발신기	P형 2급 발신기
6. 적용기준	4층 이상	4층 미만

2) R형(Record type) 수신기

건물의 초고층화, 대형화로 인해 P형 시스템은 간선의 전압강하와 간선수 증가라는 한계에 직면하게 되는데 통신선 사용과 다중화방식으로 해결이 가능하다. 다중화(Multiplexing)는 하나의 전송로를 이용하여 복수의 정보신호를 동시에 전송하는 통신방식이다.

R형 수신기의 신호전달은 다중통신선에 의한 고유신호 방식이다.

그림 1-11 R형 수신기

① R형 수신기의 기능

(ㄱ) 화재표시 작동 시험장치

(ㄴ) 화재가 발생한 경계구역(회로)을 용이하게 식별할 수 있는 기록장치

(ㄷ) 주전원으로 교류전원을 사용하는 경우 주전원 정전 시에는 자동적으로 예비전원으로 절환 되고, 주전원의 정전 복구 시에는 자동으로 예비전원에서 주 전원으로 절환되는 장치

(ㄹ) 예비전원 양부 시험장치

(ㅁ) 발신기 등과의 전화연락장치

(ㅂ) 지구표시등 또는 적절한 표시장치

(ㅅ) 발신기와 중계기 사이의 외부배선 도통시험장치

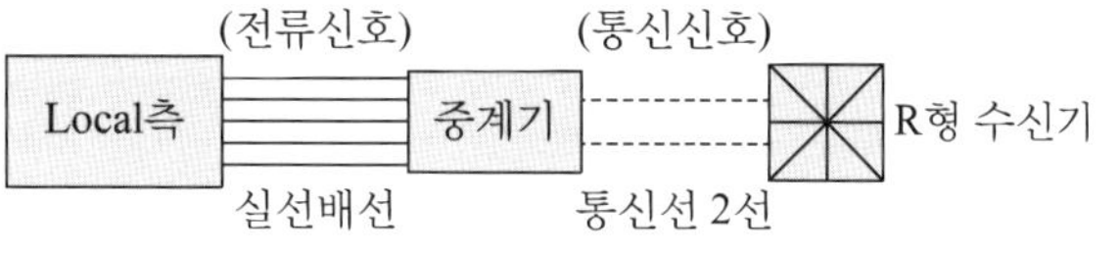

R형 System

② R형 수신기의 특징

(ㄱ) 선로수가 적게 들어 경제적이다.

(ㄴ) 선로 길이를 길게 할 수 있다.

(ㄷ) 증설 또는 이설이 비교적 용이하다.

(ㄹ) 화재 발생 지구를 선명하게 숫자로 표시할 수 있다.

(ㅁ) 신호 전달이 정확하다.

(ㅂ) 수리·보수가 어렵다.

(ㅅ) 제품이 고가이다.

Tip

중계기에서 수신기까지 쉴드선(Shield wire) 사용

- 목적 : 전자파 및 전자유도장해 방지
- 선을 꼬는 이유 : 자계가 서로 상쇄되도록 하기 위해

P형과 R형의 차이점

구분	P형	R형
신호방식	공통신호, 접점신호	고유신호, 통신신호
신뢰성	수신기 고장 시 기능 마비	수신기 1대 고장 시에도 독립기능 수행
배선	실선배선	통신배선
중계기의 주기능	전압을 유지하기 위하여 사용	접점신호 → 통신신호로 전환
설치건물	소형건물	대형건물
화재표시	경계구역 표시	화재발생 위치 표시
경제성	배선 배관 다량 소모	배선 배관 절감

③ **R형 수신기의 통신방법**

R형 수신기의 신호전송은 하나의 전송선로에 2개 이상의 정보를 동시에 전송하는 통신방식인 다중 통신방식(Multiplexing Communication)을 사용하는데 이에는 시분할 다중방식과 주파수 분할 다중방식이 많이 사용된다.

통신신호를 발신하는 주소형 감지기와 발신기의 경우에는 다음과 같이 R형 수신기와 직접 또는 중계기를 통해 연결된다.

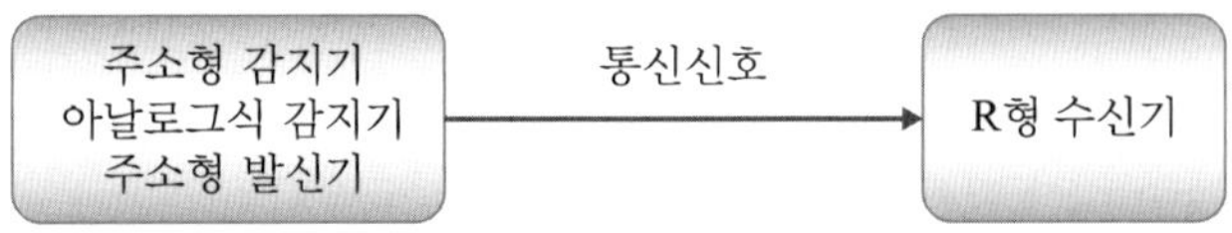

그러나 통신신호 발생장치가 내장되지 않은 감지기(비주소형감지기)를 사용하는 경우는 공통신호(접점신호)를 고유신호(통신신호)로 변환시켜 줄 수 있는 신호변환장치인 중계기를 사용한다.

㈀ 변조방식

local 기기에서 동작한 전류신호를 통신신호로 바꾸어 주는 방식

㉮ 펄스부호 변조방식 : PCM (Pulse Code Modulation)

데이터를 전송하기 위해서 모든 정보를 0과 1의 디지털 신호로 변환하여 7~8[bit]의 펄스로 변환시켜 통신선로를 이용하여 송수신하는 방식이다. 이 전송방식은 전송로의 전송특성이 다소 나빠서 펄스 파형의 붕괴가 발생하여도 펄스의 유무("1"인가 "0"인가) 식별에 지장이 없다면 수신측에 나쁜 영향을 미치지 않는다. R형 시스템 다중통신에서는 노이즈를 최소화 하고 경제성을 위하여 PCM 변조를 사용한다.

㉯ 펄스진폭 변조방식 : PAM (Pulse Amplitude Modulation)

전류신호를 펄스로 변조하여 전송하는데 펄스를 진폭으로 변조하는 방식이다.

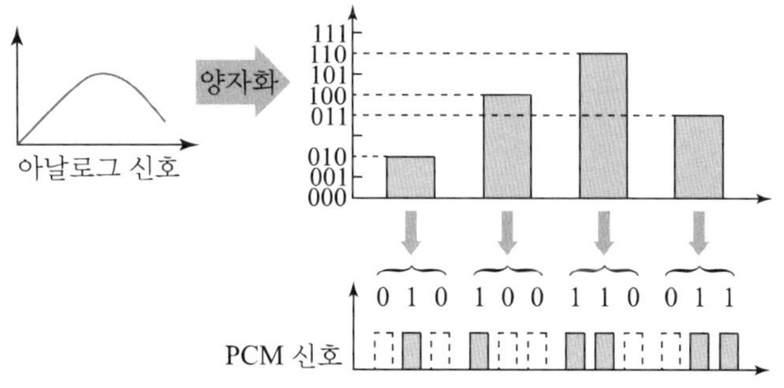

그림 1-12 PCM 신호 변환과정

(ㄴ) 전송방식

㉮ 시분할 방식 : Time division multiplexing

시분할 방식은 펄스를 이용하여 많은 전송로를 얻는 방법이다. 서로 다른 신호를 시간차를 두고 송신하는 방식으로 시간을 조각내어 이 조각낸 시간 단위(time slot)를 각 노드에 할당하여 음성 혹은 데이터를 전송하는 방법이다. 이는 정해진 주파수 대역을 주기적으로 일정한 시간 간격으로 나누어 각 노드에 할당된 시간동안 자기신호를 전송하고 수신하는 쪽에서는 자기시간에 해당하는 동안만 수신정보를 수집한다. 이러한 시간 간격을 타임 슬롯(time slot)이라 하며 자기정보를 수신하기 위하여 타임 게이트(time gate)를 사용한다.

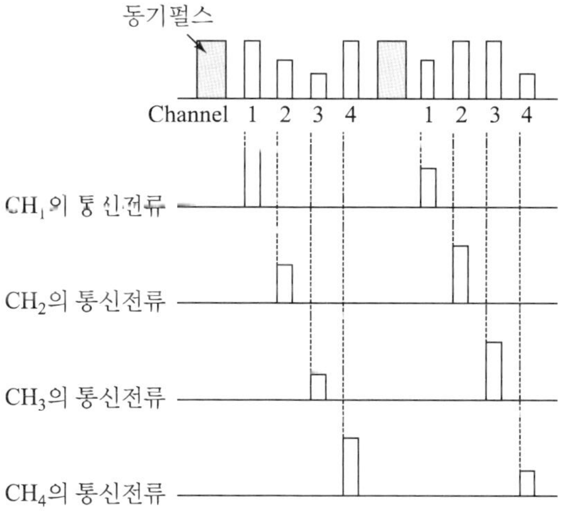

그림 1-13 시분할 다중방식의 원리

㉯ 주파수분할 방식
여러 개의 서로 다른 신호를 각기 다른 주파수의 신호로 변환해서 하나의 전송로 송신한 후 수신측에서 필요한 주파수 대역만을 선별하여 수신하는 전송방식이다.

(ㄷ) 신호처리방식

㉮ 번지지정방식 : Polling addressing
송수신하고자 하는 데이터를 PCM으로 변조하여 시분할 방식을 이용 전송하는 경우 수신기 1대에서 많은 중계기 중 정보를 주고자 하는 중계기를 선택하여 해당 중계기에만 특정정보를 주고 대응하는 출력을 받는 신호방식이다.

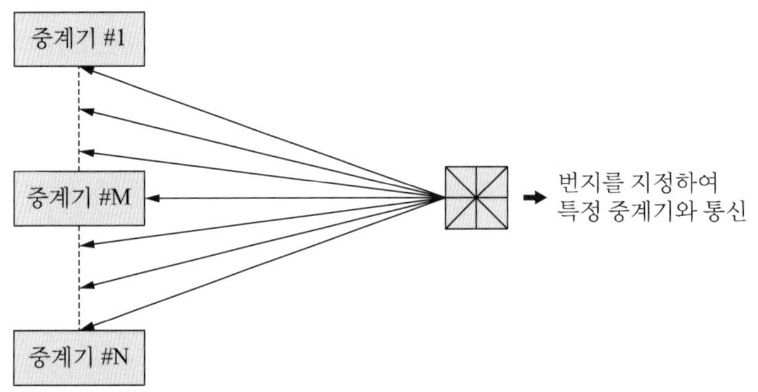

그림 1-14 번지지정방식

수신기	신호전달방식	신호 종류	수신 소요시간	비 고
P	개별 신호선방식	전회로 공통신호	5초	축적형 60초 이내
R	다중 통신선방식	회로별 고유신호	5초	
M	공통 신호선방식	발신기별 고유신호	5초	

(2) 수신기의 형식

1) 일반 수신기

감지기나 발신기의 화재신호를 발신 개시부터 수신 완료하기까지 5초 이내에 지구경종 동작 및 화재표시를 나타내는 가장 일반적인 수신기이다.

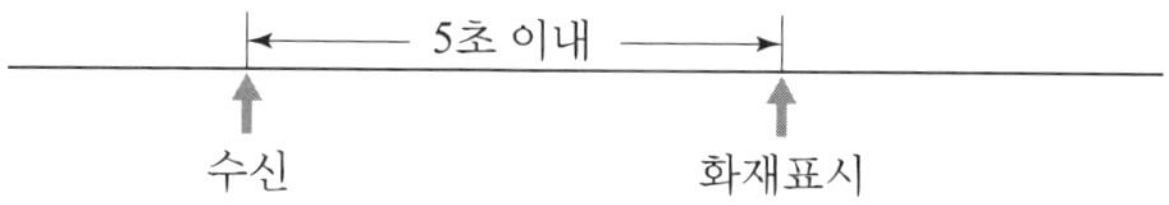

2) 축적형 수신기

최초의 화재신호를 수신한 후 바로 발신하지 않고 축적시간(5초 초과 60초 이내) 이후에도 화재신호가 계속 입력될 경우에 지구경종 동작 및 화재표시등이 작동되는 수신기이다. 수신기는 축적시간 동안에는 예비표시신호인 지구표시장치의 점등 및 주경종을 작동시킨다. 축적 종료 시까지 신호가 입력되지 않으면 자동으로 예비표시신호는 복구된다. 화재신호 축적시간은 5초 이상 60초 이내이어야 하고, 공칭 축적시간은 10초 이상 60초 이내에서 10간격으로 한다. 또한 축적 기능의 수신기에는 축적형 감지기를 설치하지 않아야 한다.

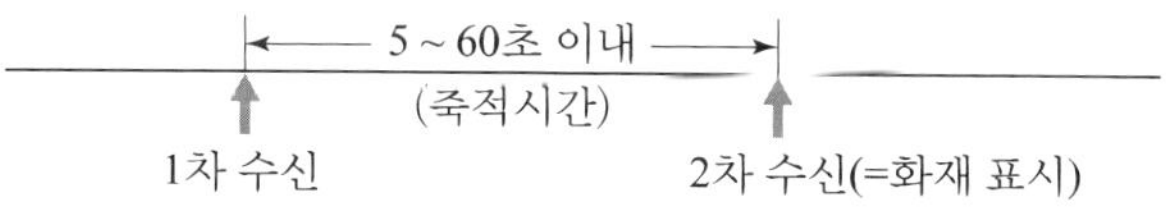

3) 다신호식 수신기

다신호식 수신기는 최초화재신호에는 주경종 및 지구표시장치만 작동시켜 수신기가 설치되어 있는 장소의 근무자에게만 알리고 같은 경계구역의 감지기로부터 두 번째 화재신호를 수신할 때 화재표시등 및 지구음향장치가 자동적으로 동작하는 수신기이다.

즉 제1신호가 수신되면 지구음향장치는 작동하지 않고 주음향장치만 작동시켜 관계자들이 초기 소화활동에 대비하도록 하고 제2신호가 수신되면 경계구역 전체에 통보하는 것이다. 다신호식 수신기는 화재 감지기로부터의 신호에만 해당되며, 발신기로부터의 신호가 수신되면 바로 동작하여야 한다.

4) 아날로그 수신기

아날로그 수신기는 아날로그 감지기로부터 단순한 ON/OFF 신호를 수신하는 것이 아니라 온도 또는 연기의 농도를 지속적으로 수신하여, 그 신호가 주의표시를 할 정도에 도달하면 주의등 및 주경종으로 이상의 발생을 알리고, 화재표시를 할 정도의 신호를 수신하면 화재표시등 및 지구경종을 작동시킨다.

아날로그 감지기는 "화재다, 아니다", 라는 판단을 하지 않고 단순히 시시각각 변화하는 온도 또는 연기의 농도만을 수신기에 송신하면 수신기가 이들 신호를 수신하여 화재여부를 판단하도록 하는 것이 아날로그 수신기이다.

5) 복합형 수신기

일반 수신기의 주기능인 경보설비 기능 이외에 수신기의 입력신호와 연동하여 소화설비나 제연설비 등 관련된 설비를 제어할 수 있는 기능이 있는 것을 복합형 수신기라 한다.

6) 인텔리전트(intelligent) 수신기

인텔리전트 수신기는 아날로그 감지기로부터 수신한 환경상황을 컴퓨터로 세밀하게 분석해서 화재여부를 판단한다.

물리·화학적 변화량 중에서 2가지 또는 3가지 이상의 변화량을 연속적으로 측정해서 이들의 변화량과 변화율을 종합적으로 분석하여 화재를 판단하기 때문에 기존 R형 수신기보다 훨씬 신뢰도가 높다.

(3) P형 수신기 시험방법

1) 회로도통시험

① 목적

수신기와 감지기사이 회로의 단선 유무와 기기 등의 접속 상황을 확인하기 위하여 실시한다.

② 시험방법

(ㄱ) 수신기의 회로도통시험스위치를 시험 위치에 놓는다.
(ㄴ) 회로선택스위치를 회로별로 선택한다.
(ㄷ) 각 회선의 지시상황 등을 조사한다.

③ 판정기준

(ㄱ) 전압계가 있는 경우 각 회선의 시험용 계기의 지시등이 지정대로일 것.
정상 : 전압계의 지시치가 2~6[V] 사이
단선 : 전압계의 지시치가 0[V]를 나타냄
단락 : 전압계의 지시가 적색인 경우
(ㄴ) 전압계가 없고, 도통시험 확인등이 있는 경우
정상 : 정상 LED 확인등 점등
단선 : 단선 LED 확인등 점등

> **Tip**
> **도통시험 시 단선으로 표시되는 경우의 원인**
> - 예비회로인 경우
> - 감지기 회로 말단에 종단저항이 없는 경우 → 종단저항 설치
> - 감지기 선로가 단선된 경우 → 단선된 선로 정비

2) 화재표시 동작시험

① 목적

감지기나 발신기 작동 시 수신기의 해당 지구표시등, 화재표시등 및 음향장치 등이 정상적으로 작동하는지 확인하는 시험이다.

② 시험방법

(ㄱ) 연동정지(소화설비, 비상방송 등 설비 연동 스위치 연동정지)

(ㄴ) 축적·비축적 선택 스위치를 비축적 위치로 전환

(ㄷ) 동작시험스위치와 자동복구스위치를 누른다.

(ㄹ) 회로선택스위치를 차례로 회전시킨다.

(ㅁ) 화재표시등, 지구표시등, 음향장치 등의 동작 상황을 확인한다.

③ 판정기준

(ㄱ) 각 릴레이 작동, 화재표시등, 지구표시등 및 음향장치 등이 작동하면 정상이다.

(ㄴ) 경계구역 일치여부 : 각 회선의 표시창과 회로번호를 대조하여 일치하는지 확인한다.

3) 공통선시험

① 목적

하나의 공통선이 담당하고 있는 경계구역이 7개 이하인지 확인하기 위한 시험이다.

② 시험방법

(ㄱ) 수신기 내의 접속단자의 공통선을 1선 분리한다. (감지기의 회로가 7개를 초과하는 경우에 한함)

(ㄴ) 도통시험스위치를 누른다.

(ㄷ) 회로선택스위치를 차례로 회전시킨다.

(ㄹ) 전압계의 지시치가 0[V]를 표시하는 회로수를 조사한다.

(ㅁ) 공통선이 여러 개 있는 경우에는 다음 공통선을 1선씩 단자대에서 분리하여 전 공통선에 대하여 위와 같은 방법으로 시험한다.

(ㅂ) 시험용 계기의 지시등이 "단"을 지시한 경계구역의 회선수를 조사한다.

③ **판정기준**

공통선 1선이 담당하고 있는 경계구역의 수가 7 이하일 것

Tip

공통선 1선에 경계구역을 7개 이하로 제한하는 이유

하나의 공통선에 모든 감지기 회로를 연결하는 경우 공통선 단선 시 모든 감지기 회로가 단선되기 때문에 하나의 공통선에 경계구역을 7개 이하로 제한한 것이다.

4) 예비전원시험

① **목적**

상용전원 및 비상전원 정전 시 자동적으로 예비전원으로 절환되고, 정전 복구 시 자동적으로 예비전원에서 상용전원으로 절환되는지 여부를 확인하기 위한 시험이다.

② **시험방법**

(ㄱ) 예비전원 시험스위치를 시험의 위치에 넣는다.
(ㄴ) 전압계의 지시치가 지정치(24[V]) 내에 있는지 확인한다.
(ㄷ) 교류전원을 차단하고 자동 절환 릴레이의 작동상황을 조사한다.

③ **판정기준**

예비전원의 전압, 용량, 절환상황 및 복구 작동이 정상으로 될 것.

5) 동시작동시험

① **목적**

감지기가 동시에 수회선이 동작하여도 수신기의 기능에 이상이 없는가를 확인하기 위한 시험이다.

② **시험방법**

(ㄱ) 연동정지(소화설비, 비상방송 등 설비 연동 스위치 연동정지)
(ㄴ) 축적·비축적 선택 스위치를 비축적 위치로 전환
(ㄷ) 수신기의 동작시험스위치를 누른다.
(ㄹ) 회선선택스위치를 차례로 돌려 "5회선"(5회선 미만은 것은 전 회선)을 동시에 작동시킨다.
(ㅁ) 주음향장치 및 지구음향장치를 명동시킨다.

③ 판정기준

각 회선을 동시에 작동시켰을 때 수신기, 부수신기, 표시기, 주음향장치 및 지구음향장치의 기능에 이상이 없을 것.

6) 회로저항시험

① 목적

감지기 1회로의 선로 저항치가 수신기 기능에 이상을 주지 않는 것을 확인하기 위한 시험이다.

② 시험방법

㈀ 전원을 off 상태에서 회로시험기 위치를 저항의 위치에 놓는다.
㈁ 저항계를 사용하여 감지기 회로의 공통선과 표시선 사이 전로저항을 측정한다.
㈂ 개로식은 회로의 말단을 도통 상태로 하여 측정한다.

③ 판정기준

한 개의 감지기 회로의 합성저항치는 50[Ω] 이하로 할 것

7) 비상전원시험

① 목적

상용전원 정전 시 자동적으로 비상전원으로 절환되고, 정전 복구 시 자동적으로 상용전원으로 절환하는가를 확인하기 위한 시험이다.

② 시험방법

㈀ 축전지설비를 사용하는 것에 한하여 행한다.
㈁ 충전용전원을 개로 상태로 하고 전압계 지시치의 적정 여부를 확인한다.
㈂ 화재표시작동시험에 준하여 실시하고 전압계가 정격전압의 80[%] 이상인지 확인한다.

③ 판정기준

비상전원의 전압, 용량, 절환상황, 복구 작동이 정상일 것.

8) 지전압시험

① 목적

저전압 상태에서 정상동작 여부를 확인하기 위한 시험이다.

② **시험방법**

(ㄱ) 자동화재탐지설비용 전압시험기 또는 가변저항기를 사용하여 교류전원 전압을 정격전압의 80[%] 이하로 한다.

(ㄴ) 축전지설비인 경우는 축전지의 단자를 절환 하여 정격전압의 80[%] 이하의 전압으로 한다.

(ㄷ) 연동정지(소화설비, 비상방송설비 연동 스위치 연동정지)

(ㄹ) 축적·비축적 절환 스위치를 비축적 위치로 전환한다.

(ㅁ) 동작시험스위치와 자동복구스위치를 누른다.

(ㅂ) 회로선택스위치를 차례로 회전시킨다.

(ㅅ) 화재표시등, 지구표시등, 음향장치 등의 동작상황을 확인한다.

③ **판정기준**

화재신호를 정상적으로 수신할 수 있을 것.

9) 지구음향장치 작동시험

① **목적**

감지기 작동과 연동하여 해당 지구음향장치가 정상적으로 작동하는지 여부를 확인하는 시험이다.

② **시험방법**

(ㄱ) 수신기에서 경계구역별 동작시험 실시

(ㄴ) 경계구역별 감지기 또는 발신기 작동

(ㄷ) 접속된 지구음향장치가 작동되는지 확인한다.

(ㄹ) 음량을 측정한다.

③ **판정기준**

(ㄱ) 감지기 발신기 작동 시 수신기에 접속된 해당 지구음향이 명동하고, 음량이 정상일 것.

(ㄴ) 음량은 음향장치의 중심에서 1[m] 떨어진 위치에서 90[dB] 이상일 것.

10) 회로저항시험

① **목적**

감지기 1회선의 선로저항치가 수신기의 기능에 이상을 초래 하는지의 여부를 확인하는 시험이다.

② **시험방법**

㈀ 수신기 내부 단자대에서 배선의 길이가 가장 긴 회로의 공통선과 회로선을 분리한다.

㈁ 가장 긴 감지기회로의 말단에 설치된 종단저항을 단락한다.

㈂ 전류저항 측정계를 사용하여, 공통선과 회로선 사이 전로에 대해 저항을 측정한다.

③ **판정기준**

감지기 1회선의 합성저항값이 50[Ω] 이하일 것.

6.2 감지기(Detector)

화재 시 발생되는 열, 연기, 불꽃(화염) 등을 검출하여 수신기에 통보하고 특정소방대상물의 관계자에게 경보함으로서 초기소화 및 화재확대를 방지하고 피난을 신속히 하기 위한 설비이다. 감지하는 대상에 따라 열을 감지하는 열감지기, 연기를 감지하는 연기감지기, 불꽃을 감지하는 불꽃감지기, 열과 연기를 동시에 감지하는 열연감지기로 구분된다.

(1) 감지기의 구성요소

감지기는 대부분 감지부가 있는 본체, 수신기와 감지기 또는 감지기와 감지기를 연결시키는 베이스, 그리고 작동표시장치로 구성된다.

1) 본체

본체는 감지부가 있는 부분으로 뒷면에 있는 단자를 통해 베이스와 연결된다.

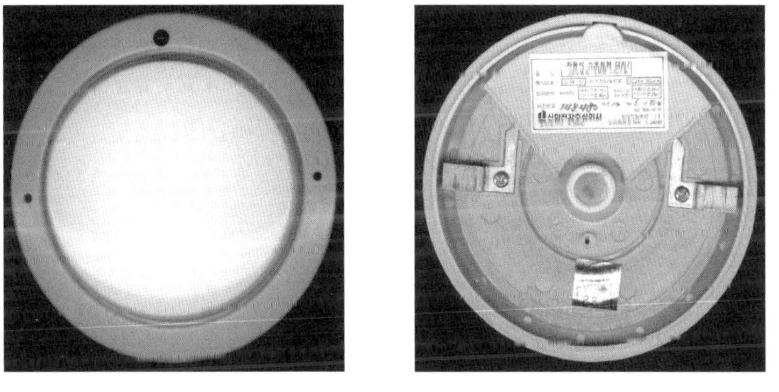

그림 1-15 감지기 본체의 앞뒷면

2) 베이스

베이스는 감지기를 천장에 고정시키며 수신기와 감지기, 감지기와 감지기를 전선으로 연결할 수 있도록 되어 있다.

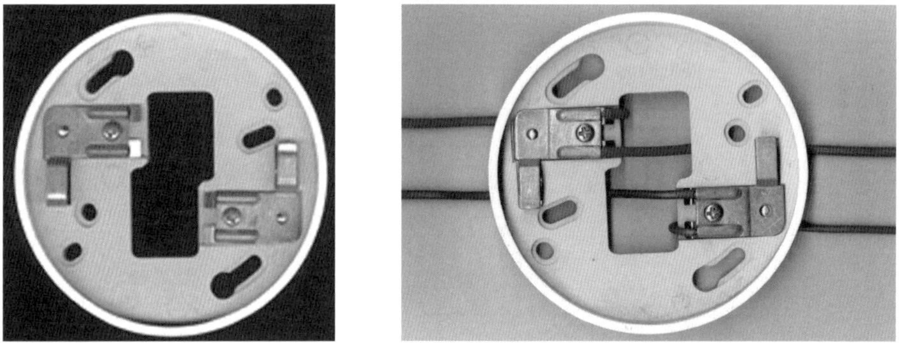

그림 1-16 감지기 베이스 및 배선방법

3) 작동표시장치

감지기가 작동했을 때 이를 표시하는 기능으로 감지기가 작동하면 점등되고 수신기에서 복구스위치를 누르면 소등된다.

그러나 방폭구조의 감지기, 수신기에 감지기가 작동한 내용이 표시되는 감지기, 차동식 분포형 감지기 및 정온식 감지선형 감지기는 작동표시장치를 설치하지 아니할 수 있다.

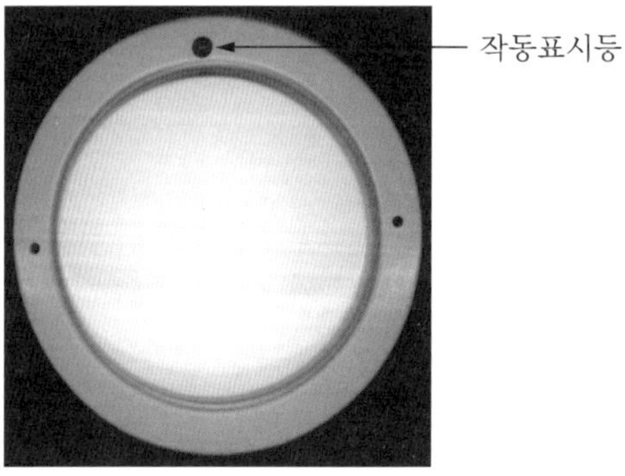

그림 1-17 감지기 작동표시등

(2) 감지기의 종류

- 감지기
  - 열감지기
    - 차동식
      - 분포형
        - 공기관식(1종, 2종, 3종)
        - 열전대식(1종, 2종, 3종)
        - 열반도체식(1종, 2종, 3종)
      - 스포트형
        - 공기팽창식(1종, 2종)
        - 열전대식(1종, 2종)
    - 정온식
      - 감지선형(특종, 1종, 2종)
      - 스포트형(특종, 1종, 2종)
    - 보상식 — 스포트형(특종, 1종, 2종)
    - 열복합식 — 스포트형(다신호)
  - 연기감지기
    - 이온화식 — 스포트형
      - 축적형(1종, 2종, 3종)
      - 비축적형(1종, 2종, 3종)
    - 광전식
      - 분리형
        - 축적형(1종, 2종, 3종)
        - 비축적형(1종, 2종, 3종)
      - 스포트형
        - 축적형(1종, 2종, 3종)
        - 비축적형(1종, 2종, 3종)
    - 공기흡입형(1종, 2종)
  - 복합감지기
    - 열복합형
    - 연기복합형
    - 열 · 연기복합형
  - 불꽃감지기
    - 적외선감지기(IR)
    - 자외선감지기(UV)
    - 복합감지기(IR/UV, IR/IR)
  - 아날로그식 감지기
  - 단독경보형 감지기

(3) 부착높이에 따른 적응 감지기

부착높이	감지기의 종류
4[m] 미만	차동식 (스포트형, 분포형) 보상식 스포트형 정온식 (스포트형, 감지선형) 이온화식 또는 광전식 (스포트형, 분리형, 공기흡입형) 열복합형 연기복합형 열연기복합형 불꽃감지기
4[m] 이상 8[m] 미만	차동식 (스포트형, 분포형) 보상식 스포트형 정온식 (스포트형, 감지선형) 특종 또는 1종 이온화식 1종 또는 2종 광전식 (스포트형, 분리형, 공기흡입형) 1종 또는 2종 열복합형 연기복합형 열연기복합형 불꽃감지기
8[m] 이상 15[m] 미만	차동식 분포형 이온화식 1종 또는 2종 광전식 (스포트형, 분리형, 공기흡입형) 1종 또는 2종 연기복합형 불꽃감지기
15[m] 이상 20[m] 미만	이온화식 1종 광전식 (스포트형, 분리형, 공기흡입형) 1종 연기복합형 불꽃감지기
20[m] 이상	불꽃감지기 광전식 (분리형, 공기흡입형) 중 아날로그방식

비고

1. 감지기별 부착높이 등에 대하여 별도로 형식승인 받은 경우에는 그 성능 인정범위 내에서 사용할 수 있다.
2. 부착높이 20[m] 이상에 설치되는 광전식 중 아날로그방식의 감지기는 공칭감지농도 하한값이 감광률 5[%/m] 미만인 것으로 한다.

(4) 감지기의 설치기준

1) 위치 및 바닥면적

① 감지기(차동식 분포형은 제외)는 실내의 공기 유입구로부터 1.5[m] 이상 떨어진 위치에 설치한다.

② 감지기는 천장 또는 반자의 옥내에 면하는 부분에 설치한다.

③ 보상식 스포트형 감지기는 정온점이 감지기 주위의 평상시 최고온도보다 20[℃] 이상 높은 것으로 설치한다.

④ 부착높이 및 특정소방대상물에 따라 표 1-2에 의한 바닥면적마다 1개 이상을 설치해야 한다.

⑤ 스포트형 감지기는 45[°] 이상 경사되지 아니하도록 부착한다.

표 1-2 스포트형 감지기 설치면적 (단위 : m^2)

부착높이 및 특정소방대상물의 구분		차동식		보상식		정온식		
		1종	2종	1종	2종	특종	1종	2종
4[m] 미만	내화구조	90	70	90	70	70	60	20
	기타구조	50	40	50	40	40	30	15
4[m] 이상 8[m] 미만	내화구조	45	35	45	35	35	30	-
	기타구조	30	25	30	25	25	15	-

2) 지하구

① 감지기의 종류는 정온식 감지선형, 차동식 분포형, 광전식 분리형 또는 소방청장이 고시하는 감지기를 설치한다.

② 감지기는 천장 또는 케이블 선반 등 화재를 유효하게 탐지할 수 있는 장소에 설치한다.

(5) 감지기 설치 제외장소

① 천장 또는 반자의 높이가 20[m] 이상인 장소. 다만, 부착높이에 따라 적응성이 있는 장소는 제외한다.

② 헛간 등 외부와 기류가 통하는 장소로서 감지기에 의하여 화재발생을 유효하게 감지할 수 없는 장소.

③ 부식성 가스가 체류하고 있는 장소.
④ 고온도 및 저온도로 감지기의 기능이 정지되기 쉽거나 감지기의 유지관리가 어려운 장소.
⑤ 목욕실, 욕조나 샤워시설이 있는 화장실 기타 이와 유사한 장소.
⑥ 파이프덕트 등 그 밖의 이와 유사한 것으로서 2개 층마다 방화구획된 것이나 수평단면적이 5[m^2] 이하인 것.
⑦ 먼지, 가루 또는 수증기가 다량으로 체류하는 장소 또는 주방 등 평상시 연기가 발생하는 장소(연기감지기에 한한다).
⑧ 프레스 공장·주조공장 등 화재 발생의 위험이 적은 장소로서 감지기의 유지관리가 어려운 장소.

(6) 감지기의 구조 및 동작원리

1) 열감지기

① 차동식 열감지기(Rate of rise type detector)

차동식 열감지기는 감지기 주위온도가 일정 온도 상승률(ΔT[℃]/Δt[sec]) 이상 되는 경우에 동작하는 감지기이다. 정해진 시간 내에 정상적인 실온보다 일정 이상의 온도차가 발생하면 동작하게 되므로 차동식이라 한다.
종류에는 차동식 스포트형 열감지기, 차동식 분포형 열감지기가 있다.

(ㄱ) 차동식 <u>스포트형</u> 열감지기

감지기 주위온도가 일정한 온도 상승률 이상 되었을 때 동작하는 것으로 일국소의 열효과에 의해서 작동하는 것을 말한다. 접점을 무엇으로 동작시키는가에 따라 공기 팽창식, 열전대식, 열반도체식이 있고 감도에 따라 1종과 2종으로 구분된다.
1종은 실온보다 20[℃] 높은 기류(풍속 70[cm/sec])에서 30초 이내에 동작하거나 실온보다 10[℃]의 비율로 상승하는 기류 중에서 4~5분 이내에 동작하는 것을 말한다.
2종은 실온보다 30[℃] 높은 기류(풍속 80[cm/sec])에서 30초 이내에 동작하거나 실온보다 15[℃]의 비율로 상승하는 기류 중에서 4~5분 이내에 동작하는 것을 말한다.

❶ 공기 팽창식

㉮ 동작원리

가장 일반적으로 사용되고 있는 감지기로 화재 시 온도 상승에 의해 감열실 내의 공기가 팽창하여 다이어프램을 밀어 올려 접점이 붙게 되면 수신기에 신호를 발하게 한다. 그러나 난방 등의 경우와 같이 완만하게 온도가 상승하는 경우에는 리크구멍을 통하여 팽창된 공기가 빠져나가기 때문에 접점이 닿지 않아 감지기가 작동하지 않는다.

㉯ 구성요소

- 감열실 : 열을 유효하게 받는 부분
- 다이어프램(Diaphragm) : 0.03~0.04[mm] 황동판으로 신축성 있는 금속판
- 리크구멍(Leak hole) : 완만한 온도 상승시 공기 누설구멍, 오보방지
- 접점 : 폐로를 형성하도록 +와 -의 두 극으로 형성
- 화재작동표시 장치 : 감지기의 동작상태를 표시한다.

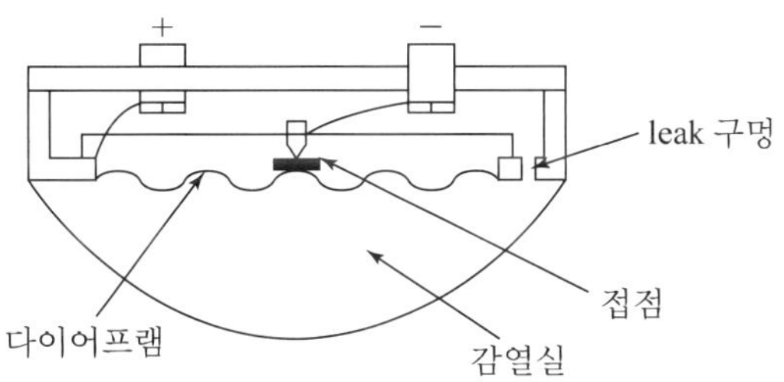

그림 1-18 스포트형 공기 팽창식

Tip

작동개시시간이 허용범위보다 늦게 작동되는 경우

- 감지기의 다이어프램이 부식되어 검출부의 표면에 구멍이 생겼을 때
- 감지기의 리크저항이 기준치 이하일 때

작동개시시간이 허용범위보다 빨리 작동되는 경우

- 감지기의 리크구멍이 막혔을 때
- 감지기의 리크저항이 기준치 이상일 때

❷ 열전대식

㉮ 동작원리

화재가 발생하여 급격히 온도가 상승하면 감열실 내의 온접점이 열을 받아서 발생하는 열기전력이 일정값에 도달하면 고감도 릴레이가 접점을 붙여 화재신호를 수신기에 보내도록 하는 것이다. 그러나 난방 등과 같이 실내의 온도가 서서히 상승할 때에는 냉접점에서 발생하는 역열기전력이 온접점의 열기전력과 서로 상쇄되어 동작하지 않는다.

㉯ 구성요소

- 열전대 : P-N형 반도체로 열을 받으면 기전력이 발생되어 전류가 흐르는 장치
- 감열실 : 열을 유효하게 받는 부분
- 고감도릴레이 : 가동코일로 되어 있어 전류가 흐르면 동작하여 접점을 폐로시킨다.
- 접점 : 폐로를 형성하도록 +와 −의 두 극으로 형성

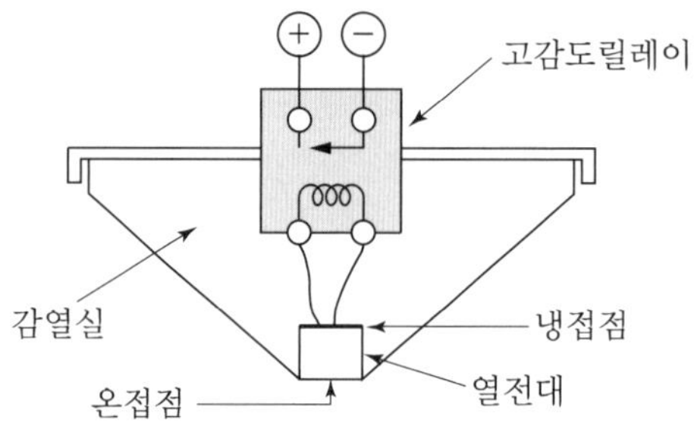

그림 1-19 열전대식 감지기

Tip

열전효과(Thermo-couple effect)

서로 다른 금속선 양단을 접합하여 한쪽 온도를 변화시키면 양 접점의 온도차에 비례하는 열기전력이 발생하는 현상.

열전대

열전효과를 이용하여 온도를 측정하도록 만든 것.

열전대에 사용되는 금속 쌍

철 - 콘스턴트, 금 - 은, 백금 - 양은, 비스무스 - 안티몬.

(ㄴ) 차동식 분포형 열감지기(Pneumatic tube type detector)

차동식 분포형 열감지기는 주위온도가 일정한 온도 상승률(ΔT[℃]/Δt [sec]) 이상 되는 경우에 동작하는 것으로 광범위한 열효과의 누적에 의해 작동하는 것을 말한다. 감지소자에 따라 공기관식, 열전대식, 열반도체식이 있으나 우리나라에서는 공기관식 분포형 감지기가 일반적으로 사용되고 있다.

❶ 차동식 분포형 공기관식 열감지기

㉮ 동작원리

화재 시 공기관 내의 공기가 팽창되어 검출부 내의 다이어프램을 밀어 올려 접점을 붙여 수신기에 화재신호를 알린다. 그러나 난방 등 완만한 온도 상승 시에는 팽창된 공기가 리크홀로 누설되어 감지기가 작동하지 않는다.

㉯ 구성요소

- 공기관 : 두께 0.3[mm], 외경 2[mm]
- 다이어프램(Diaphragm) : 0.03～0.04[mm] 황동판으로 신축성 있는 금속판
- 리크구멍(Leak hole) : 완만한 온도 상승 시 공기 조절구멍, 오보방지
- 접점 : 전기접점

㉰ 시공방법

- 공기관 상호접속 : 슬리브에 삽입 후 납땜

슬리브(Sleeve) : 배관 등을 접속할 때 사용되는 신축성 있는 관

- 공기관과 검출부와의 접속 : 공기관 접속단자에 삽입 후 납땜
- 고정부분
  - 직선부분 : 35[cm] 이내
  - 굴곡부분, 접속부분
  - 굴곡반경 : 5[mm] 이상

㉱ 설치기준

- 공기관의 노출부분은 감지구역마다 20[m] 이상 100[m] 이하가 되어야 한다.
- 공기관과 감지구역의 각 변과의 수평거리는 1.5[m] 이하가 되도록 하고, 공기관 상호 간의 거리는 6[m](주요구조부를 내화구조로 한 특정소방대상물 또는 그 부분에 있어서는 9[m]) 이하가 되도록 한다.
- 공기관은 도중에 분기하지 않아야 한다.
- 검출부는 5[°] 이상 경사되지 아니하여야 한다.
- 검출부는 바닥으로부터 0.8～1.5[m] 이하에 설치하여야 한다.

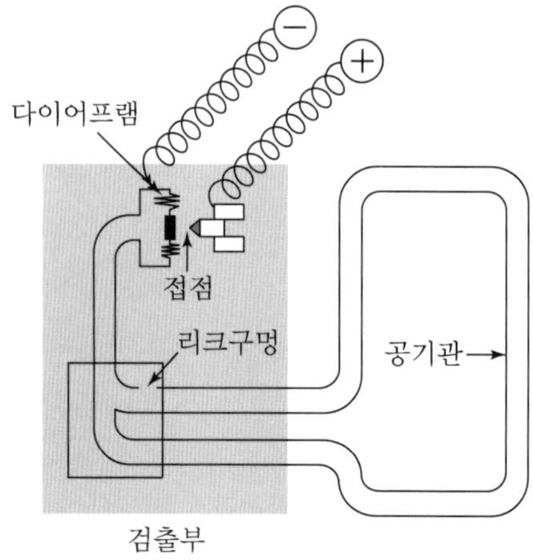

그림 1-20 공기관식 감지기의 구조

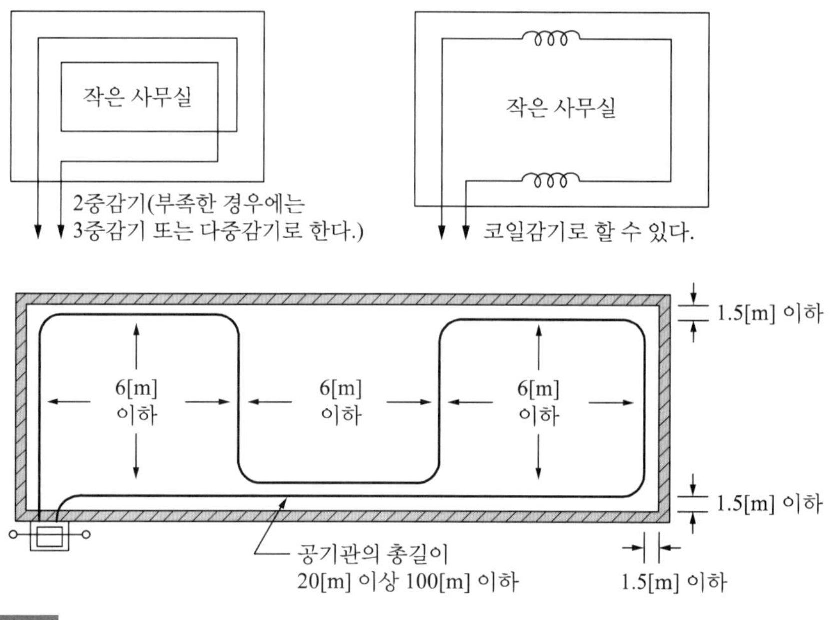

그림 1-21 차동식 분포형 감지기의 공기관 설치

❷ 차동식 분포형 열전대식 감지기

㉮ 동작원리

화재 시 화재열로 열전대부가 가열되면 제어벡 효과에 의해 열기전력이 발생하여 미터릴레이에 전류가 흘러 접점을 붙게 함으로써 수신기에 화재신호를 보내게 된다.

㉯ 구성요소

- 열전대 : constantan(Cu 55[%]+Ni 45[%] 합금)
- 미터릴레이 : 전압계에 붙어 있는 릴레이

㉰ 시공방법

- 열전대부의 접속 : 슬리브에 삽입 후 압착한다.
- 고정방법 : 메신저와이어 사용 시 30[cm] 이내로 고정시킨다.

㉱ 설치기준

- 열전대부는 감지구역의 바닥면적 18[m^2](주요구조부가 내화구조로 된 특정소방대상물에 있어서는 22[m^2])마다 1개 이상으로 할 것. 다만, 바닥면적이 72[m^2](주요구조부가 내화구조로 된 특정소방대상물에 있어서는 88[m^2]) 이하인 특정소방대상물에 있어서는 4개 이상으로 한다.
- 하나의 검출부에 접속하는 열전대부는 20개 이하로 한다.

Tip

제어벡 효과(seek-beck)

서로 다른 두 종류의 금속선의 양단을 접합하여 폐회로를 만들고 한쪽의 온도를 일정하게 유지하면서 다른 쪽 접점의 온도를 변화시키면 양 접점의 온도차에 비례하는 기전력이 발생하여 폐회로에 전류가 흐르는 현상을 제어벡 효과라 한다.
펠티어 효과는 제어벡 효과와 반대이다.

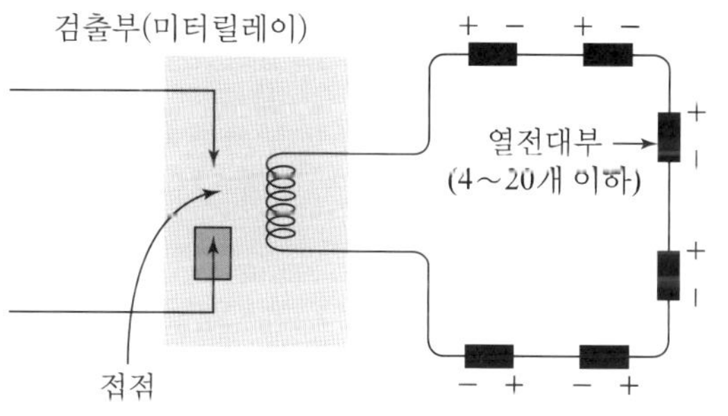

그림 1-22 차동식 분포형 열전대식 감지기

표 1-3 열전대식 감지기의 바닥면적 (단위 : m^2)

분류	바닥면적	설치개수
내화구조	88 이하	4개 이상
기타구조	72 이하	4개 이상

❸ 차동식 분포형 열반도체식 감지기

㉮ 동작원리

온도가 상승하면 전기저항이 작아지면서 열에너지를 전기에너지로 변환하는 열반도체의 특성을 이용하여 화재를 감지하는 방식이다.

화재 시 발생되는 열에 의해 수열판이 가열되면 열반도체 소자(Bi-Sb-Te 화합물)에 열기전력이 발생하여 미터릴레이를 작동시켜 수신기에 신호를 보낸다. 그러나 난방 등과 같은 완만한 온도 상승에는 동니켈선이 열반도체 소자와 역방향의 열기전력을 발생시켜 비화재보를 방지한다.

㉯ 구성요소

- 열반도체 소자 : 열기전력을 발생하는 부분
- 수열판 : 열을 유효하게 받는 부분
- 동니켈선 : 열반도체 소자와 역방향의 열기전력을 발생하여 오보방지 (차동식 스포트형 감지기의 리크홀과 같은 역할)

㉰ 설치기준

- 감지부는 그 부착높이 및 특정소방대상물에 따라 표 1-4에 의한 바닥면적마다 1개 이상으로 할 것. 다만, 바닥면적이 표 1-4에 의한 면적의 2배 이하인 경우에는 2개 이상으로 해야 한다.
- 하나의 검출기에 접속하는 감지부는 2～15개 이하가 되도록 한다.

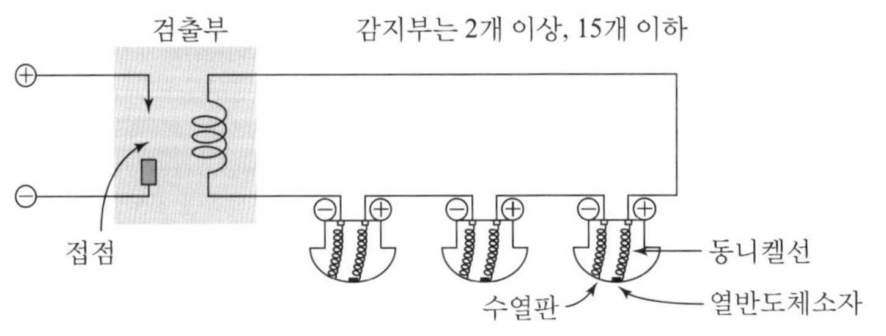

그림 1-23 차동식 분포형 열반도체식 감지기

표 1-4 열반도체 감지기의 바닥면적 (단위 : m^2)

부착높이 및 특정소방대상물의 구분		감지기 종류	
		1종	2종
8[m] 미만	주요구조부가 내화구조	65	36
	기타구조의 특정소방대상물	40	23
8[m] 이상 15[m] 미만	주요구조부가 내화구조	50	36
	기타구조의 특정소방대상물	30	23

② 정온식 열감지기

화재 시 감지기 주위온도가 일정 온도 이상 되었을 때 동작하는 것으로 스포트형과 분포형으로 구분되며 분포형의 경우 감지선형 감지기라 한다.

감도에 따라 아래와 같이 특종, 1종, 2종으로 구분한다.

- 특종 : 규정조건하에서 40초 이하에 작동하는 것
- 1종 : 규정조건하에서 120초 이하에 작동하는 것
- 2종 : 규정조건하에서 300초 이하에 작동하는 것

공칭작동온도는 60～150[℃]까지 있으며 60[℃]에서 80[℃]까지는 5[℃] 간격, 80～150[℃]까지는 10[℃] 간격으로 되어 있다.
정온식 감지기의 공칭작동온도는 최고 주위온도보다 20[℃] 이상 높은 것을 설치하여야 한다.

$$\text{공칭작동온도} \geq \text{최고 주위온도} + 20[℃]$$

감지선형 감지기는 외피에 공칭작동온도의 색상을 표시한다.

- 80[℃] 이하 : 백색
- 80[℃] 초과 120[℃] 이하 : 청색
- 120[℃] 이상 : 적색

(ㄱ) 정온식 스포트형 감지기(Fixed temperature spot type detector)

정온식 스포트형 감지기는 일국소의 주위온도가 일정 온도 이상으로 되었을 때에 동작하는 것이다.

㉮ 바이메탈의 활곡을 이용한 방식

가장 일반적인 동작방식으로 일정온도에 도달하면 그림 1-24와 같이 바이메탈이 활곡 모양으로 휘어서 접점을 붙게 하여 화재신호를 수신기에 발신한다.

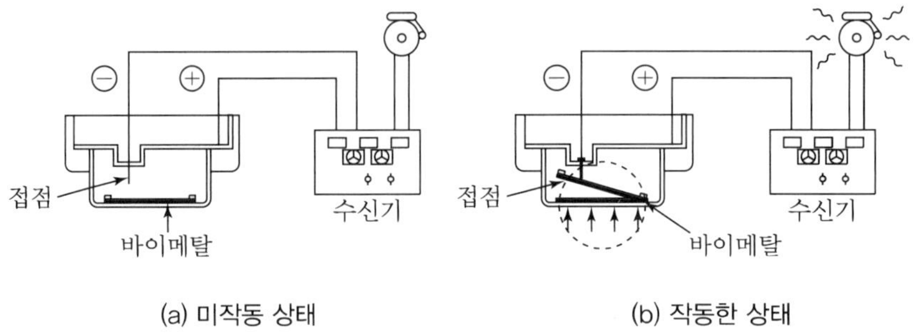

그림 1-24 바이메탈의 활곡을 이용한 감지기

㉯ 바이메탈의 반전을 이용한 방식

화재 시 원판형 바이메탈이 가열되면 반전되어 접점이 붙어 화재신호를 수신기에 발신한다.

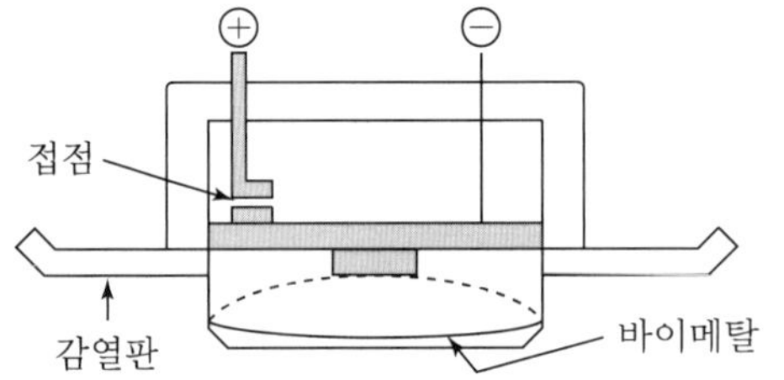

그림 1-25 바이메탈의 반전을 이용한 감지기

㉰ 금속의 팽창계수를 이용한 방식

외부는 고팽창 금속을 내부는 저팽창 금속을 조합한 것으로 화재열에 의해 고팽창 금속이 팽창하면 내부의 접점이 닿게 되어 화재신호를 수신기에 발신한다.

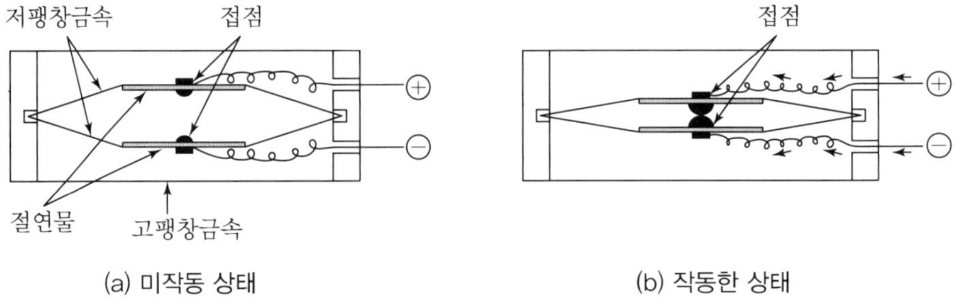

그림 1-26 금속의 팽창계수를 이용한 감지기

㉣ 액체(기체)의 팽창을 이용한 방식

수열체가 가열되어 일정 온도 이상 되면 반전판 내의 액체가 팽창하여 접점이 붙어 수신기에 화재신호를 발신한다. 일반적으로 액체로는 알코올을 사용한다.

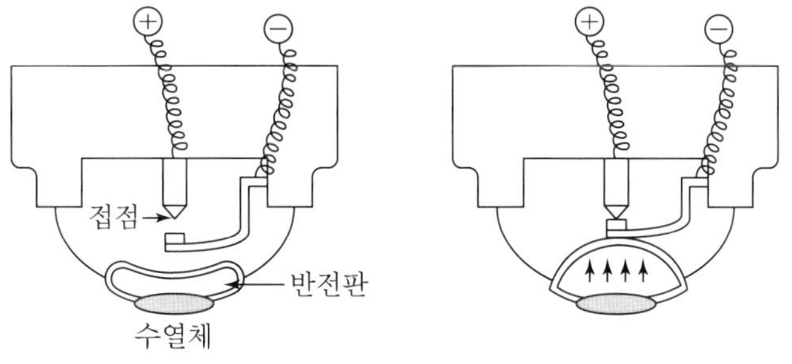

그림 1-27 액체(기체)의 팽창을 이용한 감지기

㉤ 가용절연물을 이용한 방식

일국소의 주위온도가 일정 온도 이상 되면 감열부의 가용절연물(thermo-plastic)이 녹아 2가닥의 감지선이 접촉되어 화재신호를 발신하는 것이다. 이것은 한번 작동하면 재사용할 수 없는 비재용형(非再用型)이다.

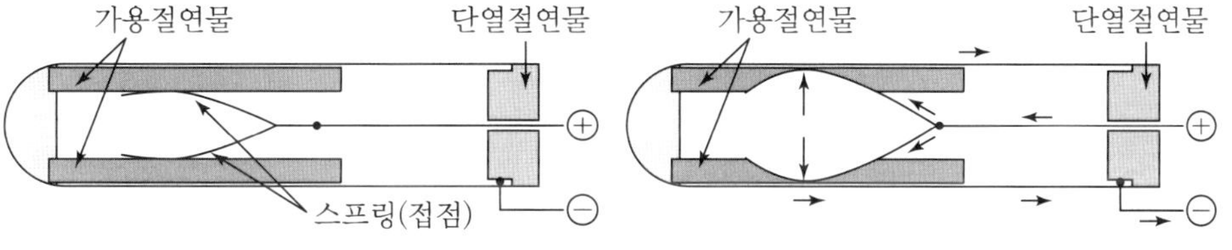

(a) 미작동 상태 (b) 작동한 상태

그림 1-28 가용절연물을 이용한 감지기

㉥ 감열반도체소자를 이용한 방식

자동식 스포트형의 반도체를 이용한 것으로 반도체, 열전대, 고감도 릴레이로 구성된다. 화재 시 급격한 온도 상승을 받으면 감열실내에 고정된 반도체 열전대가 열기전력을 발생시켜 고감도 릴레이의 접점을 붙여 수신기에 화재신호를 보내게 된다. 난방 등에 의한 실내온도의 완만한 온도변화에 대해서는 반도체 열전대의 냉접점측의 역 열기전력에 의해 온접점측의 열기전력이 상쇄되어 접점이 이루어지지 않도록 되어 있다.

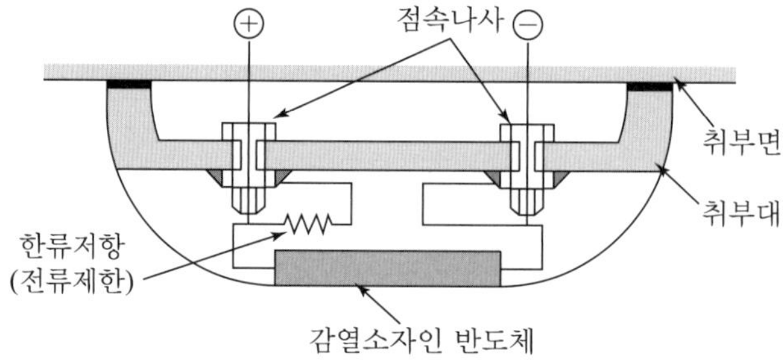

그림 1-29 감열반도체 소자를 이용한 감지기

(ㄴ) 정온식 감지선형 감지기

정온식 감지선형 감지기는 일국소의 주위온도가 일정한 온도 이상이 되었을 때 가용 절연물이 녹아서 2가닥의 감지선이 서로 접촉하면 작동하는 것으로 외관이 전선모양으로 되어 있는 것이다. 선 전체가 감열 부분으로 되어 있는 것과 감열부가 드문드문 존재해 있는 것이 있으며 감도에 따라 특종, 1종, 2종으로 구분한다.

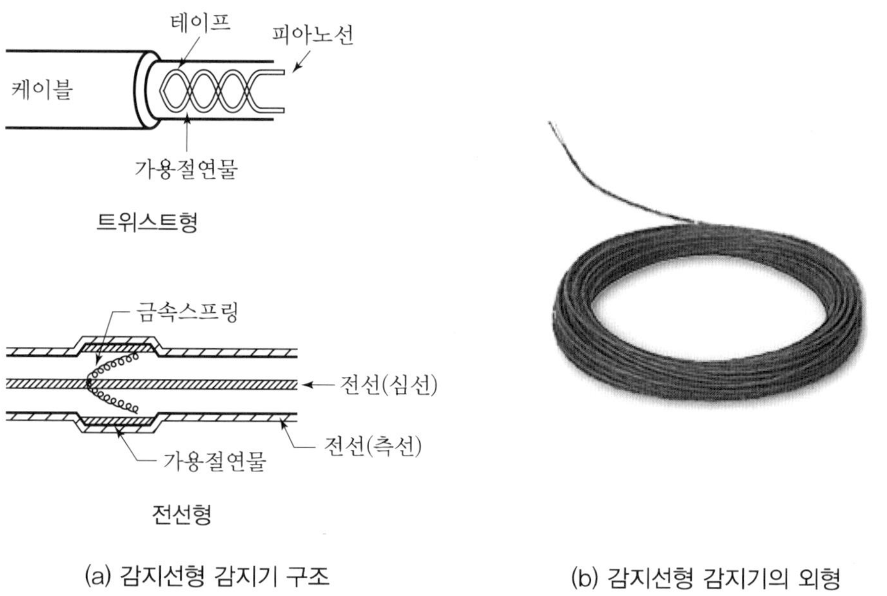

그림 1-30 정온식 감지선형 감지기의 형태

㉮ 동작원리

선 전체가 감열 부분으로 되어 있는 것은 그림 1-30과 같이 2개의 피아노선에 일정 온도 이상 되면 용해되는 물질로 전기적으로 절연시켜 꼬아 놓은 것과 감열부가 띄엄띄엄 존재하는 것이 있다. 화재열을 받아 일정 온도가 되면 가용절연물이 녹아 두 선이 접촉되면서 화재신호를 발신한다.

수평거리는 1종 3[m](내화구조 4.5[m]) 이하, 2종은 1[m](내화구조 3[m]) 이하가 되도록 설치한다.

㉯ 고정방법

- 직선부분 : 50[cm] 이내로 고정 (단, 감지부가 점재한 것 또는 늘어질 우려가 있는 것은 35[cm] 이내)
- 굴곡부분 : 10[cm] 이내로 고정 (단, 감지부 점재한 것은 5[cm] 이내)
- 단자와 마감금구 : 10[cm] 이내로 고정
- 굴곡반경 : 5[cm] 이상 고정
- 지지금속기구 : 스테이플 또는 스티커

(ㄷ) 보상식 스포트형 감지기

차동식 기능과 정온식 기능을 혼합한 것으로 두 기능 중 어느 한 기능이 만족되면 작동신호를 발신하는 감지기이다. 차동식의 훈소화재 비적응성과 정온식의 시간지연을 보상한다.

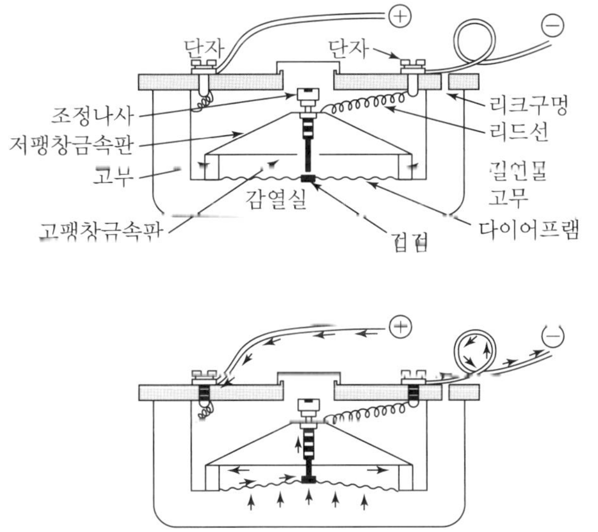

그림 1-31 보상식 스포트형 감지기의 구조와 동작

㉮ 동작원리

감지기 주위온도가 급격히 상승(일정한 온도상승률 이상)한 경우에는 차동식 스포트형 감지기의 원리에 따라 다이어프램을 밀어 올려 접점을 붙여 화재신호를 수신기에 보낼 수 있다. 온도가 완만하게 상승하면 리크구멍으로 기류가 유출되어 작동하지 않으나 일정 온도에 도달하면 정온식 열감지기의 원리에 따라 저팽창금속과 고팽창금속 사이에 팽창률이 큰 금속편이 활처럼 구부러져 접점을 붙여 화재신호를 보낸다.

2) 연기감지기

연기란 연소의 결과 생성된 액체 또는 기체의 미립자로 그 크기는 대략 0.1～10[μm]이다. 연기감지기는 화재 시 주위의 공기가 일정 농도 이상의 연기를 포함하면 동작하는 감지기이다.

연기감지기의 특징은 다음과 같다.

- 화재의 조기발견으로 초기 피난유도에 좋다.
- 마모가 없으며 다시 사용하여도 감도를 재조정할 필요가 없다.
- 감지기 1개당 경계할 수 있는 면적이 넓고 8[m] 이상의 높은 천장에 설치할 수 있다.

연기감지기
- 이온화식 ── 스포트형
- 광전식
  - 분리형
  - 스포트형
- 공기흡입식
- 복합식 ── 연복합형, 열 · 연복합형

① 이온화식 연기감지기(Ionization smoke detector)

이온화식 연기감지기는 주위 공기가 일정한 농도 이상의 연기를 포함하게 되면 동작하는 것으로 일국소의 연기에 의하여 이온전류가 변화하여 작동하는 것을 말한다.

(ㄱ) 동작원리

연기가 들어가는 외부 이온실과 밀폐된 내부 이온실로 구성되며 외부 및 내부 이온실은 그림 1-32(a)에 표시하는 것과 같이 직렬로 연결되어 연기가 없는 감시상태에서는 이온실에 흐르는 전류가 같으므로 V는 분압 되어 $V_1 = V_2$의 상태가 유지된다. 그러나 화재가 발생하여 연기가 외부 이온실로 들어가면 이온전류가 감소하여 외부 이온실과 내부 이온실의 전압비가 변한다.

즉, 전압 · 전류특성이 그림 1-32(b)의 ㉯와 같이 변화하여 외부 이온실의 이온전류는 I_1에서 I_2로 감소함으로써 외부 이온실의 전압은 V_1에서 V_2로 변화한다. 그러나 내부 이온실과 외부 이온실에 가해지는 V는 항상 일정하므로 외부 이온실의 전압변화는 $V_2 - V_1 = \Delta V$가 된다.

이 ΔV를 감도전압이라 하며 이 값이 규정치 이상일 경우 감지기가 동작하게 된다. 동작 비율은 입자표면에 흡착하는 이온의 양이므로 입자표면적의 합계가 중요한 척도가 된다. 따라서 작은 연기 입자가 유리하다.

내부 및 외부 이온실의 방사선원은 α선이며 원소로는 Am^{241} 및 Ra 등이 사용된다.

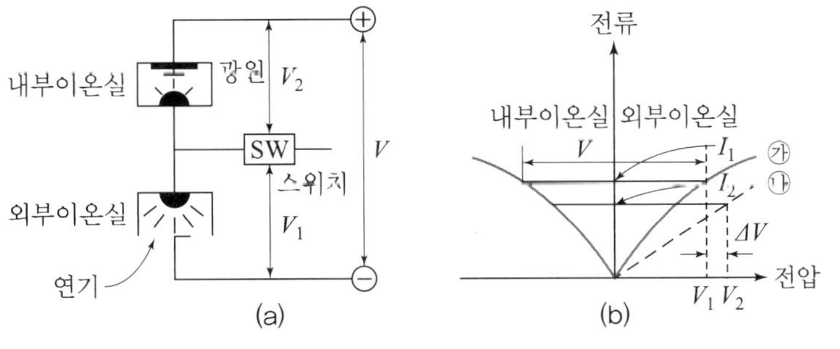

그림 1-32 이온화식 연기감지기의 전압 · 전류특성

② **광전식 연기감지기(Photo-electronic smoke detector)**

광전식 연기감지기는 감지기 주위의 공기가 일정한 농도의 연기를 포함하게 되는 경우에 동작하는 것이다.

(ㄱ) 광전식 스포트형 감지기

㉮ 산란광식 연기감지기

산란광식 연기감지기는 주위의 빛을 완전히 차단하여 연기만 들어갈 수 있게 한 암실형태의 챔버 속에 광원과 수광소자를 설치해 놓은 것으로 상자 안의 공기가 깨끗할 때에는 산란이 없으므로 광전소자는 빛을 전혀 받지 않기 때문에 아무런 변화가 없다. 그러나 화재가 발생하여 상자 안에 연기가 들어오면 연기입자에 의해 광원램프에서의 빛이 산란 현상을 일으켜 수광량 변화가 일어나 수신기에 화재신호를 보낸다.

그림 1-33(a)는 연기와 가스 등이 암실형태의 챔버 속에 들어오면 그에 포함된 미립자에 의한 산란 때문에 광전소자의 전기저항이 변화되는 상태를 표시한 것이고 1-33(b)는 연기농도에 대한 광원소자의 저항치 곡선을 표시한 것이다.

이러한 전기저항의 감소에 따라 전류의 흐름 증가를 스위칭 회로로 검출하여 수신기에 신호를 보내도록 되어 있는 것이 산란광식 연기감지기이며 가장 일반적으로 사용한다.

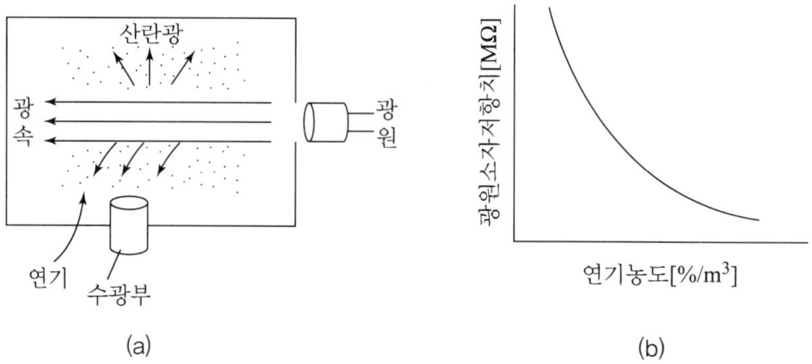

그림 1-33 산란광식 연기감지기

㉯ 감광식 연기감지기

감광식은 그림 1-34와 같이 발광부에서 방사되는 빛이 수광부에 직접 조사되는 구조이다. 감지기 내부에 연기가 유입되면 연기에 포함된 미립자에 의해 빛의 양이 감소해서 수광부의 출력전압이 기준치 이하로 되면 화재신호를 발신하도록 한 것이다.

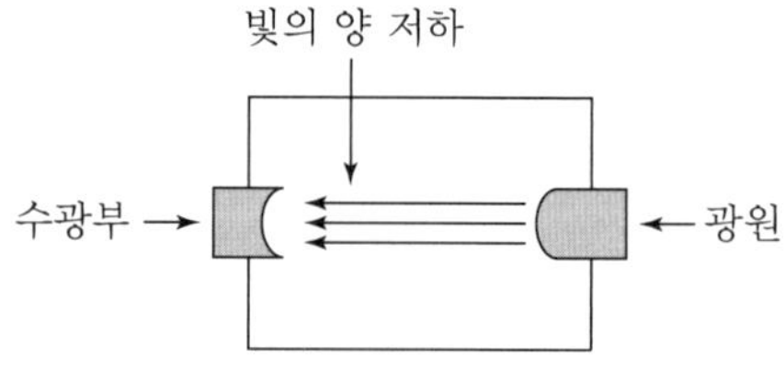

그림 1-34 감광식 연기감지기

(ㄴ) 광전식 분리형 연기감지기

광전식 분리형 연기감지기는 광전식 스포트형 감지기의 발광부와 수광부를 분리한 것과 같은 것으로 넓은 지역에서 연기의 누적에 의한 수광량의 변화에 의해 동작한다.

그림 1-35와 같이 송광부와 수광부를 분리 설치하고 송광부에서 수광부로 빛을 항

상 조사하는데 만약 화재로 발생된 연기가 빛의 진로를 방해하면 수광부의 수광량이 감소하므로 이를 검출하여 화재신호를 발하는 것이다. 그림에서 $L=5\sim100$[m] 이하로 하고 간격은 5[m]로 규정하고 있어 체육관, 홀 등과 같이 넓은 장소에 효과적이다.

또한 감지 농도를 스포트형보다 높게 설정해도 화재성능이 떨어지지 않으며 국소적 또는 일시적인 연기의 체류에는 동작하지 않는 등의 장점을 가지고 있어 비화재보의 방지에 도움이 크다.

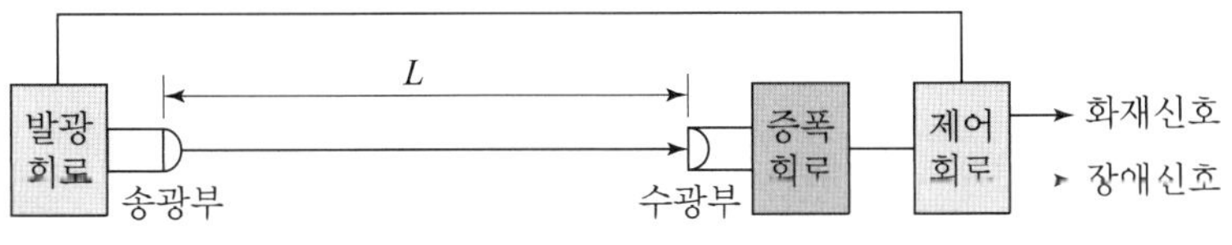

그림 1-35 광전식 분리형 연기감지기

Tip

연기 입자와 감도 관계

- 감도 최대 : 입자 크기 ≒ 파장 크기
- 파장 흡수 : 입자 크기 > 파장 크기
- 파장 통과 : 입자 크기 < 파장 크기

③ 공기 흡입형 감지기(Air sampling-type detector)

연소 초기 단계에서 생성되는 초미립자의 연기를 감지하여 화재신호를 발신하면 피해 확산 방지와 신뢰도를 높일 수 있다.

공기 흡입형 감지기는 재래식 연기감지기의 문제를 해결하기 위해서 개발된 것으로 화재의 극초기 단계에서 생성되는 0.005~0.02[μm] 정도 크기의 미립자를 검출하는 감지기이다. Clean room이나 대규모 공간의 화재조기 감시시스템에 사용된다.

(ㄱ) Cloud chamber를 사용하는 방법

㉮ Cloud chamber와 응축핵(Condensation nucleus)

습도가 높은 공기 중에 미세한 입자가 존재하면 수적(water droplet)을 형성하는 성질이 있다. 이는 입자들이 공기 중의 수증기가 응축하기 위한 핵으로 작용하기 때문이다.

이런 미세한 입자가 응축핵으로 작용하는 성질을 이용해서 인공적으로 안개를 만드는 장치가 cloud chamber이다. Cloud chamber는 미세한 입자들을 습도가 높은 챔버 안에서 응축하여 육안으로도 볼 수 있는 정도의 큰 입자로 만드는 장치이다.

이때 형성된 각 수적들의 크기는 그림 1-36과 같이 원래 입자의 크기에 관계없이 거의 20[μm] 정도로 일정하다.

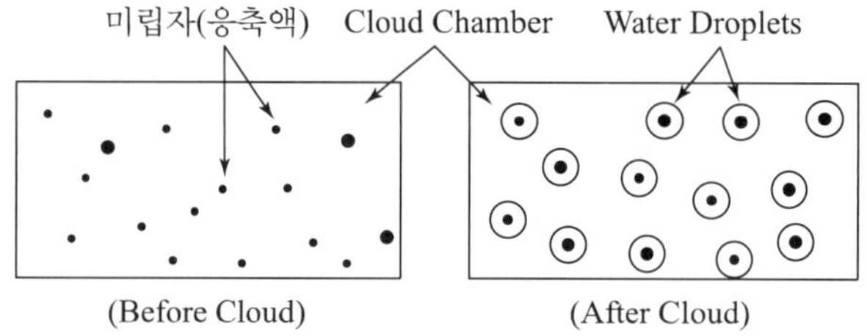

그림 1-36 Cloud chamber의 수적

㉯ 습도 챔버형 초미립자 검출 연기감지기(Cloud chamber smoke detector)

습도 챔버를 이용해서 수적을 형성시키고 이 수적을 광전원리로 측정하여 화재를 감지하는 것으로 그 동작원리는 다음과 같다.

- 공기펌프로 공기표본을 채취한다.
- 필터로 분진을 걸러내고 습도가 거의 100[%]인 습도 챔버로 흡입한다.
- 챔버 내의 압력을 변화시켜 응축시킨다.
- 광전식 검지장치로 측정한다.
- 수적의 밀도가 설정치 이상이면 화재신호를 발신한다.

(ㄴ) 제논 램프형 초미립자 연기감지기(Sub-micro particle counting smoke detector)

Air sampling tube로 흡입된 공기를 암실로 유도하고 여기에 강력한 고광도 제논램프로 빛을 조사해서 공기 중에 부유하고 있는 미립자가 반사하는 반사광선을 측정하여 화재초기에 생성되는 0.005～0.02[μm] 정도 크기의 연소 생성물 입자를 검출하는 장치이다.

④ 연기감지기 설치기준

(ㄱ) 설치장소

㉮ 계단 경사로 및 에스컬레이터 경사로

㉯ 복도 (30[m] 미만의 것은 제외한다.)

㉰ 엘리베이터 승강로(권상기실이 있는 경우에는 권상기실)·린넨슈트·파이프 피

트 및 덕트 기타 이와 유사한 장소

㉣ 천장 또는 반자의 높이가 15[m] 이상 20[m] 미만의 장소

㉤ 다음 아래의 어느 하나에 해당하는 특정소방대상물의 취침·숙박·입원 등 이와 유사한 용도로 사용되는 거실

- 공동주택·오피스텔·숙박시설·노유자 시설·수련시설
- 교육연구시설 중 합숙소
- 의료시설, 근린생활시설 중 입원실이 있는 의원·조산원
- 교정 및 군사시설
- 근린생활시설 중 고시원

(ㄴ) 설치기준

㉮ 감지기는 표 1-5에 의한 바닥면적마다 1개 이상으로 해야 한다.

표 1-5 바닥면적별 연기감지기 배치기준 (단위 : m^2)

부착높이	감지기의 종류	
	1종 및 2종	3종
4[m] 미만	150	50
4[m] 이상 20[m] 미만	75	

㉯ 감지기는 복도 및 통로에 있어서는 보행거리 30[m](3종에 있어서는 20[m])마다, 계단 및 경사로에 있어서는 수직거리 15[m](3종에 있어서는 10[m])마다 1개 이상으로 해야 한다.

㉰ 천장 또는 반자가 낮은 실내 또는 좁은 실내에 있어서는 출입구의 가까운 부분에 설치해야 한다.

㉣ 천장 또는 반자 부근에 배기구가 있는 경우에는 그 부근에 설치한다.

㉤ 감지기는 벽 또는 보로부터 0.6[m] 이상 떨어진 곳에 설치한다.

3) 복합형 감지기

화재가 발생했을 때 온도는 높으나 연기를 발생하지 않는 장소에 연기감지기를 설치하는 것은 무의미하다. 반대로 연기는 다량 발생되나 온도가 낮은 장소에 열감지기를 설치하는 것도 의미가 없다. 이러한 장소별 감지기의 적정성을 선정하는 번거로움을 없애고 온도와 연기의 발생을 모두 감지할 수 있는 감지기가 복합형 감지기이다. 확실한 화재의 판단 및 실보 방지를 위해서 감지기의 여러 가지 동작원리 중 하나만의 원리에 의해 화재를 감지하는 것이 아니고 하나의 감지기에 두 가지의 감지원리를 조합하여 화재를 감지하도록 한

것이 복합형 감지기이다. 이에는 열복합형 감지기, 연복합형 감지기, 열연복합형 감지기 3 종류가 있다.

표 1-6 복합형 감지기 종류

종류	구성요소	신호송출	
① 열복합형 감지기	차동식+정온식	단신호 (AND 회로)	다신호 (OR 회로)
② 연기복합형 감지기	이온화식+광전식		
③ 열연복합형 감지기	차동식+이온화식		
	차동식+광전식		
	정온식+이온화식		
	정온식+광전식		

① 열복합형 감지기

열복합형 감지기는 그림 1-37과 같이 차동식 스포트형 감지기와 정온식 스포트형 감지기의 성능을 겸비한 것으로, 두 가지 구성요소 중 하나 또는 두 가지 감지기능이 동작하면 화재신호를 발신하는 것을 말한다.

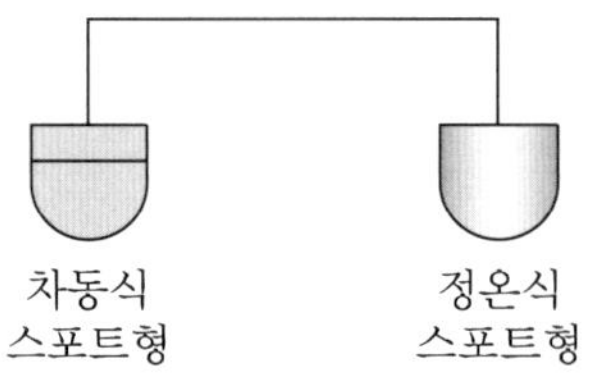

그림 1-37 열복합형 감지기

② 연복합형 감지기

연복합형 감지기는 그림 1-38과 같이 이온화식 감지기와 광전식 감지기의 성능을 동시에 구비한 것으로 이 두 가지 성능의 감지기능이 함께 동작될 때 화재신호를 발하거나 또는 2개의 화재신호를 각각 발신하는 것을 말한다.

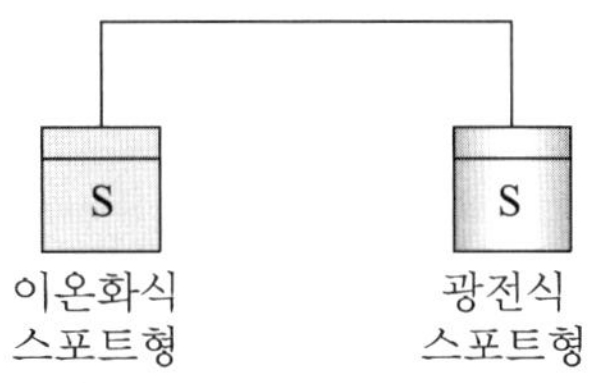

그림 1-38 연복합형 감지기

③ 열·연복합형 감지기

각각의 원리는 열복합형식 또는 연기복합식과 같다.

4) 불꽃(화염)감지기

화재 시 열, 연기, 화염, 연소가스 등 연소 생성물이 생성되고, 열복사로 빛이 방출되는데 그 빛은 화염의 온도에 따라 각각 다른 파장을 가진다.

이러한 특성을 이용하여 센서로 광원을 인식, 시별해 내는 감지기가 불꽃감지기이다. 가시광선 영역 외의 파장의 빛을 감지하는 것으로 UV 불꽃감지기, IR 불꽃감지기, UV/IR 불꽃감지기, IR/IR 불꽃감지기, Spark/Ember 감지기 등이 있다.

물질이 불꽃을 내며 연소할 때 발생하는 스펙트럼은 가시광선은 0.4~0.8[μm]까지의 영역이고 0.4[μm]보다 짧은 파장을 자외선(UV), 0.8[μm]보다 긴 파장을 적외선(IR)이라 한다.

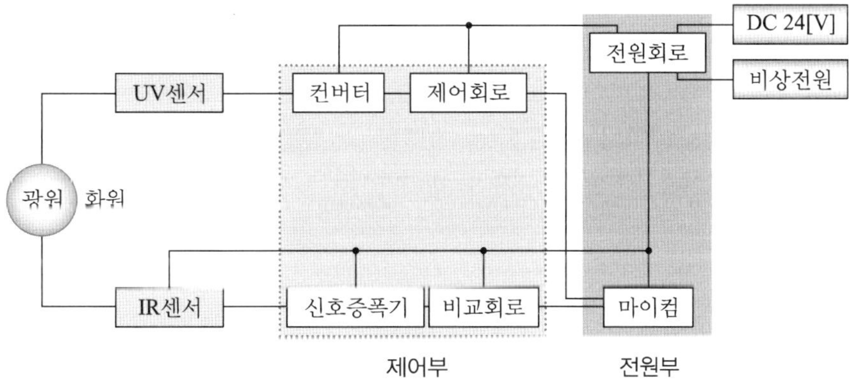

그림 1-39 불꽃감지기 회로 구성

① 불꽃감지기의 분류

(ㄱ) 자외선식 스포트형(UV : Ultra Violet detector type)

불꽃의 자외선 영역 중 화재 시 0.09～0.38[μm]의 방사에너지를 검출하는 감지기이다.

UV형은 파장이 짧은 자외선을 사용하기 때문에 연기나 기타 공기 중 부유물에 의해서 자외선이 흡수되기 때문에 감도에 대한 신뢰성이 떨어진다. 또한 파장이 작기 때문에 투과창이 더러워짐에 약한 단점과 아크용접 불빛 등 자외선 노이즈에 의해서도 동작하기 때문에 오보가 많다.

감지원리

㉮ 광전자 방출효과

물체에 빛이 조사될 때 고체내의 여기전자를 진공 중에 방출시키는 광전자 방사를 이용한 것으로 검출소자로 UV Tron 등이 사용된다.

㉯ 광기전력 효과

반도체에 빛이 조사되면 기전력이 발생되는 것을 이용한 것으로 검출소자는 광다이오드, 실리콘 태양전지, 포토 트랜지스터 등이 사용된다.

㉰ 광전도 효과

반도체에 빛이 닿으면 자유전자와 정공이 증가하고 광량에 비례한 전류의 증가로 반도체의 저항 변화가 일어나게 되는 광전도 효과를 이용한 것이다. 검출소자로는 PbS, PbSe 등이 사용되고 있다.

(ㄴ) 적외선식 스포트형(IR : Infra Red detector type)

화염에서 방사되는 적외선 영역 중 화재 시에는 4.4[μm]에서 강한 에너지레벨이 발생한다. 이는 탄소가 함유된 탄화수소 물질의 화재 시에 발생하는 CO_2가 열을 받아서 생기는 특유의 파장 중 4.4[μm]의 파장에서 최대 에너지강도를 갖기 때문에 발생하는 현상으로 이러한 현상을 CO_2 공명방사라 한다. 이 4.4[μm]의 파장이 검출될 경우 화재로 인식하는 것이다.

감지원리

㉮ 탄산가스 공명 감지방식

빛의 흡수와 방사 에너지가 같은 계에서는 여기상태에서 기저상태로의 천이에 따른 방출전자를 기저상태에 있는 계가 다시 흡수한다. 이때 천이에 따라 빛을 방출하는 현상을 공명방사라 하는데 화재에 의해 생기는 화염에서 방사되는 CO_2의 공명 방사량을 감지하는 것이 탄산가스 공명 감지방식이다. 연소 시 탄산가스 분자는 4.4[μm]의 영역에서 공명방사가 존재한다.

㉯ Flicker(플리커) 검출방식

불꽃에서 발생되는 적외선의 깜박거림(플리커)를 감지하는 방식이다. 모든 물체는 연소 시 플리커 현상이 발생되는데 이는 탄산가스 공명에 의한 것이지만 플리커 현상을 감지하는 것이 다르다. 일반적으로 태양광이나 조명등에 위한 방사선은 시간에 따른 변화가 거의 없거나 그 변화속도가 매우 느리다. 그러나 화재 시 불꽃에서 발생되는 깜박거림은 매우 심하다. 검출 소자는 적외선 센서를 사용하여 불꽃 흔들림의 변화량을 검출하면 불꽃의 기본 주파수 2~20[Hz]만 선택하는 전기필터 등으로 구성되어 있다.

㉰ 다파장(2파장) 검출방식

2파장 검출방식은 일반 조명광이나 자연광 등의 환경적인 빛의 영향을 받지 않아 화재 검출도가 매우 뛰어나며 현재 3파장 감지기도 있다.

㉱ 정방사 검출방식

이 방식은 조명광의 영향을 방지하기 위해 0.76[μm] 이하의 가시광선을 차단하는 적외선 필터루 적외선의 파장 내에서 일정한 방사량을 실리콘 포토 다이오드(silicon photo diode)나 포토 트랜지스터(photo transistor)를 사용하여 검출하는 방식이다. 그러나 너무 긴 파장을 차단할 수 있는 적외선 필터를 사용하기 어려워 밝은 장소에서는 사용하지 않고 가솔린 화재가 예상되는 터널 등에서 이용된다.

(ㄷ) 자외선 적외선 복합형(UV/IR type)

오보를 줄이려고 UV와 IR이 동시에 존재할 때만 불꽃으로 판단하도록 한 감지기이다.

그러나 UV/IR 복합형 감지기도 UV의 단점인 연기나 창의 더러워짐에 약하다는 점과 자외선 감지기의 경우 내부에 고압부(약 300[V])가 있는 등 자외선 방식의 단점이 있다.

(ㄹ) 적외선 적외선 복합형(IR/IR type)

태양광이나 난로 같은 고온의 물체에서는 4.3[μm] 파장과 3.8[μm] 파장의 방사도 차이가 거의 없다. 그러나 불꽃에서 방사되는 적외선에는 4.3[μm] 영역에서 강한 방사가 있고, 그보다 조금 파장이 짧은 3.8[μm] 정도에서는 방사가 거의 없어 4.3[μm]과 3.8[μm]의 차이를 검출하여 화재를 판단한다. 따라서 4.3[μm]과 3.8[μm]의 적외선을 동시에 감지하여 그 광량의 차를 확인함으로써 화재여부를 판단하는 것으로 가장 우수한 것으로 인정된다.

그러나 다음과 같은 단점을 가지고 있다.

㉮ 공기 중의 탄산가스에 의해 4.3[μm] 파장의 적외선이 흡수되기 때문에 장거리 화염감지기가 곤란하다.

㉯ 검지소자에 사용되는 셀렌화납(PbSe)의 제조가 어렵다.

㉰ 가격이 비싸다.

(ㅁ) Spark/Ember 감지기

Ember란 고온물체 입자의 표면연소과정에서 고체물체의 고온에 의해 복사에너지를 방출하는 것이고 유동장을 갖는 Ember를 Spark라 한다.

Spark/Ember의 적외선 복사에너지를 감지하는 것으로 공정 중 이송기구 내의 폭발방지, 밀폐된 실내 소화설비 연동 시스템에서 사용된다.

② **설치기준**

(ㄱ) 설치 적응 장소

㉮ 고천장 건물 : 극장, 영화관, 비행기 격납고, 창고

㉯ 불꽃화재 발생이 용이한 장소 : 위험물 창고, 가솔린 판매장, 인쇄공장, 도장작업장 등

㉰ 상시 기류가 이동하는 장소 : 플랫폼, 주차장, 로비 등

㉱ 기타 : 백화점, 중요문화재, 미술관, 박물관 등

(ㄴ) 설치방법

㉮ 공칭감시거리 및 공칭시야각은 형식승인을 따를 것

조건	공칭감시거리	공칭시야각
20[m] 미만 장소	1[m] 간격	5[°] 간격
20[m] 이상 장소	5[m] 간격	

㉯ 감지기는 공칭감시거리와 공칭시야각을 기준으로 감시구역이 모두 포용될 수 있도록 설치할 것

㉰ 감지기는 화재감지를 유효하게 감지할 수 있는 모서리 또는 벽 등에 설치할 것

㉱ 감지기를 천장에 설치하는 경우 감지기는 바닥을 향하여 설치할 것

㉲ 수분이 많이 발생할 우려가 있는 장소에는 방수형으로 설치할 것

㉳ 그 밖의 설치기준은 형식승인 내용에 따르며, 형식승인 사항이 아닌 것은 제조사의 시방서에 따라 설치할 것

(ㄷ) 설치 제외장소

㉮ 부식성가스 발생 우려 장소

㉯ 현저하게 고온이 되는 장소

㉰ 주방 등 상시 연기가 체류하는 장소

㉱ 결로 발생, 수증기가 다량 체류하는 장소

㉲ 기타 감지기의 기능에 지장을 줄 우려가 있는 장소

③ **불꽃감지기의 장·단점**

장 점	단 점
① 부착높이에 제한이 없다. ② 천장 이외 모서리나 벽 등에 설치할 수 있으며 감지기 설치위치에 제한이 없다. ③ 감지면적이 넓어 감지기 설치수량을 줄일 수 있다. ④ 열 발생, 분진, 바람, 부식성 가스 등 환경적 요인에 장애를 받지 않는다.	① 훈소 화재와 같이 불꽃이 없는 화재에는 적응성이 낮다. ② 화재 감지가 늦다. ③ 기둥이나 보 등에 의해 시야가 확보되지 못하는 지역은 감지할 수 없다. ④ 가격이 비싸다.

5) 아날로그형 감지기

아날로그(Analog) 감지기는 주위의 온도나 연기량 변화에 따라 각각 다른 출력을 발하는 방식의 감지기를 말한다. 즉, 시시각각으로 검출된 온도 또는 연기 농도에 대한 정보만을 수신기에 송출한다.

아날로그 감지기는 감지기의 오손 경보, 저감도 경보 등도 수신기에 보내기 때문에 감지기의 이상 유무를 미리 알 수 있다. 따라서 사전에 불량 감지기의 교환이 가능하여 시스템의 기능유지에 크게 도움이 된다. 또한 개별정보의 송출을 위해 감지기마다 고유의 주소를 지정하여 Addressable Analogue Sensor로 사용되므로, 감지기의 착탈 유무를 상시 감시할 수 있는 기능도 내장되어 있다.

아날로그 신호를 수신할 수 있는 수신기를 설치하여 온도 또는 농도 등의 변화에 따라 단계별로 예비경보, 화재경보, 소화설비연동 등을 수행하게 된다. 30층 이상의 고층 건축물에는 아날로그형 감지기를 사용해야 한다.

① **아날로그 감지기의 종류**

㈀ 열감지식 아날로그 감지기

열감지식 아날로그 감지기는 설치된 위치의 온도를 측정하여 주어진 온도 범위 내에서 1[℃] 간격으로 검출할 수 있도록 되어 있다.

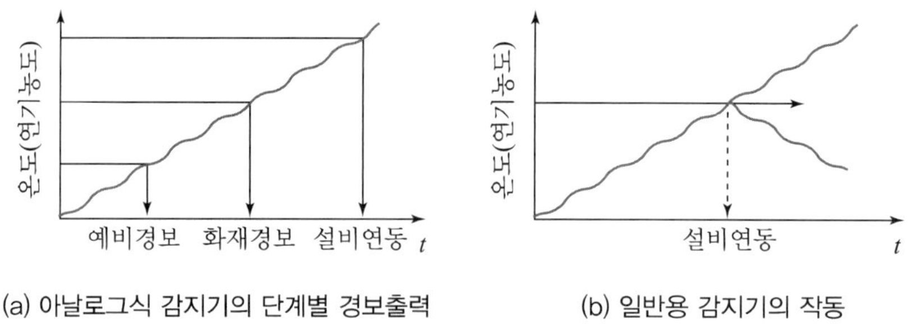

그림 1-40 아날로그식 감지기와 일반용 감지기의 작동 비교표

(ㄴ) 연감지식 아날로그 감지기

특정한 연기 농도에서 단일 화재신호를 수신기에 보내는 것이 아니고 설치장소의 연기농도를 0.1[%] 간격으로 검출하여 송출할 수 있다. 연감지식 아날로그 감지기에는 이온화식 스포트형 아날로그 감지기, 광전식 스포트형 아날로그 감지기, 광전식 분리형 아날로그 감지기의 3종류가 있다.

② 아날로그 감지기의 특징

(ㄱ) 수신기는 R형 수신기에 국한하여 적용할 수 있다.

(ㄴ) 감지기가 주소화 기능을 가지고 있다.

(ㄷ) 감지기 동작 시 신호는 다중통신에 의한 디지털 데이터 신호를 사용한다.

(ㄹ) 감지기의 감지레벨을 수신기에서 조정할 수 있다.

(ㅁ) 감지기는 자기진단(self diagnostics) 기능을 가지고 있다.

㉮ 오염 시 : 장해신호

㉯ 탈락 시 : 이상경보신호

㉰ 고장 시 : 고장신호

6) 시각경보기

시각경보기(Strobe)는 화재를 초기에 탐지하여 특정소방대상물의 관계자 및 거주자에게 알려 안전한 장소로 피난할 수 있게 하는 것이다. 청각장애인을 위하여 도입한 것으로 공공기관이나 불특정 다수인이 모이는 장소에 적용한다.

자동화재탐지설비에서 발하는 화재신호로 점멸식 시각경보를 발하여 청각장애인의 피난을 유도한다.

① 설치대상

(ㄱ) 공공건물 및 공중이용시설

(ㄴ) 다중이용시설

㉮ 근린생활시설, 위락시설, 문화집회 및 운동시설, 판매시설 및 영업시설

㉯ 숙박시설, 노유자 시설, 의료시설, 업무시설,

㉰ 방송국, 도서관

㉱ 지하상가

② 설치기준

(ㄱ) 복도, 통로, 청각장애인용 객실 및 공용으로 사용하는 거실(로비, 회의실, 강의실, 식당, 휴게실, 오락실, 대기실, 체력단련실, 접객실, 안내실, 전시실, 기타 이와 유사한 장소)에 설치하며, 각 부분으로부터 유효하게 경보를 발할 수 있는 위치에 설치할 것.

(ㄴ) 공연장·집회장·관람장 또는 이와 유사한 장소에서 설치하는 경우에는 시선이 집중되는 무대부 부분 등에 설치할 것.

(ㄷ) 설치높이는 바닥으로부터 2[m] 이상 2.5[m] 이하의 장소에 설치할 것. 다만, 천장의 높이가 2[m] 이하인 경우에는 천장으로부터 0.15[m] 이내의 장소에 설치할 것.

(ㄹ) 하나의 특정소방대상물에 2 이상의 수신기가 설치된 경우 어느 수신기에서도 지구음향장치 및 시각경보장치를 작동할 수 있도록 할 것.

(ㅁ) 터널의 경우 주행차로 한쪽 측벽에 50[m] 이내의 간격으로 비상경보설비 상부 직근에 설치한다.

③ 동작기준

점멸주기	1초당 1회~3회
유효광원	15[cd] 이상 (6[m] 전방에서 측정시)
광원종류	1,000[cd] 이하의 Xenon lamp
작동시간	신호 입력 후 3초 이내
식별범위	광원중심에서 수평 180[°], 수직 90[°]

7) 감지기의 시험방법

① 외관점검

(ㄱ) 감지구역마다 적성하게 설치되어 있을 것

(ㄴ) 적응성 감지기가 설치되어 있을 것

(ㄷ) 변형, 파손 등이 없을 것

(ㄹ) 정상으로 부착되어 있을 것

(ㅁ) 작동에 지장이 되는 장애물이 없을 것

(ㅂ) 설계도면과 적합하게 되어 있을 것

② 기능시험

(ㄱ) 차동식 분포형 감지기

㉮ 공기관식 감지기

- 화재작동시험 : 테스트 펌프로 감지기의 작동 공기압에 상당하는 공기량을 주입하여 작동하기까지의 시간이 지정치 이내인지 여부를 확인하기 위한 시험
- 펌프시험 : 감지기의 작동공기압(공기 팽창압)에 상당하는 공기량을 테스터 펌프에 의해 송입하고 작동할 때까지의 시간이 지정치인가를 확인하는 시험이다.
- 작동계속시험 : 화재작동시험에 따라 감지기가 작동을 개시한 때부터 작동이 정지될 때까지의 시간을 측정하여 감지기의 작동계속이 정상인가를 확인한다.
- 유통시험 : 공기를 유입시켜, 공기관이 새거나, 깨어지거나, 막힘 등의 유무 및 공기관 길이를 확인하는 시험
  - 시험방법
    Ⓐ 검출부 시험공 또는 공기관의 한 단에 마노미터를 접속하고, 다른 단에 시험펌프를 접속한다.
    Ⓑ 시험펌프로 공기를 송입하고 마노미터의 수위를 약 100[mm] 상승시킨 후 멈추고 수위가 정상상태인지 확인한다.
    Ⓒ 시험콕을 이동시켜 송기구를 열고 수위가 1/2(50[mm])될 때까지의 시간(유통시간)을 초시계로 측정한다.
- 접점수고시험 : 비화재보 및 실보의 원인을 파악하는 것으로 적정한 수고치를 유지하고 있는지 판단하는 시험이다.
  - 판정방법
    Ⓐ 접점 수고치가 낮으면 접점간격이 가까워 감도가 예민하여 비화재보 우려
    Ⓑ 접점 수고치가 높으면 접점간격이 멀어 감도가 둔감하여 실보 우려
    Ⓒ 접점 수고치가 ±15% 이내이면 양호한 것으로 판단한다.
- 리크시험 : 리크공의 저항이 적합한지 여부를 확인하는 시험
  - 판정기준
    Ⓐ 리크구멍이 크면 리크저항이 작아 공기가 쉽게 누설되어 둔감하여 실보 우려

Ⓑ 리크구멍이 작으면 리크저항이 커져 공기가 누설되지 않아 예민하여 비화재보 우려

㉯ 열전대식 감지기

- 화재작동시험

  감지기의 작동전압에 상당하는 전압을 미터릴레이 시험기에 의해 검출부에 인가할 때 작동전압이 정상으로 되는가를 확인하는 시험

- 열전대회로 합성저항시험

  열전대회로의 합성저항치가 지정 저항치 이상의 값인 경우 유효하게 작동하지 않을 우려가 있기 때문에 합성저항치가 적정한가를 확인하기 위하여 미터릴레이 시험기의 플러그를 꽂아 접속저항을 측정한다.

㉰ 열반도체식 감지기

열반노제식은 열전대식의 시험방법과 동일하다.

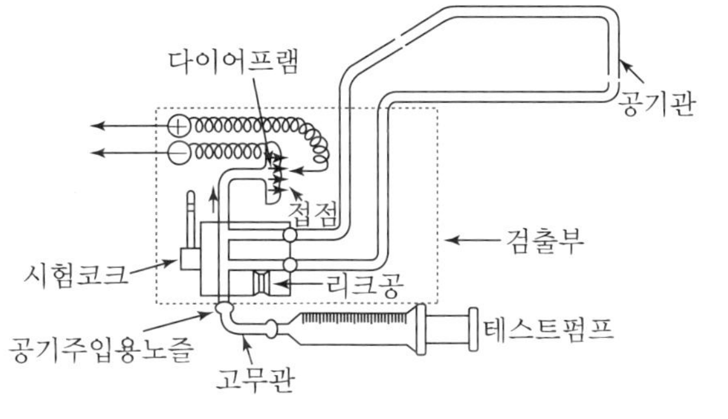

그림 1-41 펌프시험 · 화재작동계속시험

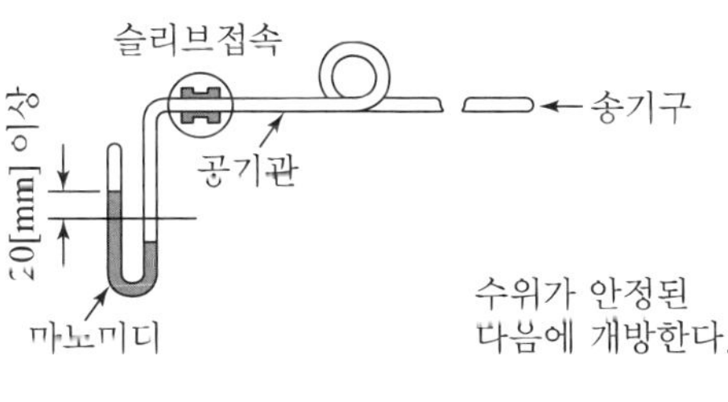

그림 1-42 유통시험

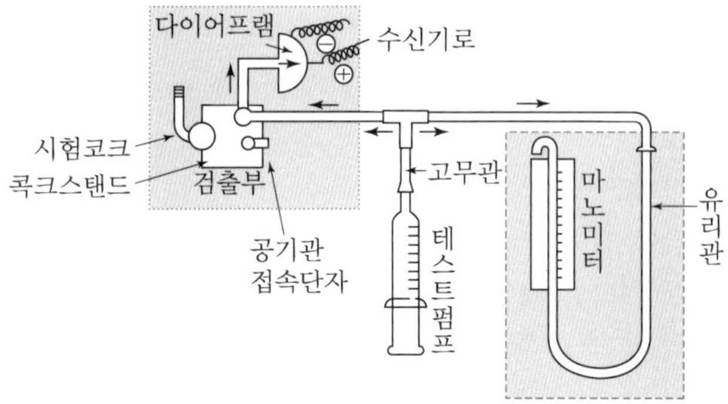

그림 1-43 접점수고시험

(ㄴ) 차동식 스포트형 감지기

감지기를 가열할 경우 감지기가 정상적으로 작동하는가를 확인하는 시험이다.

㉮ 가열시험

감지기를 가열한 경우 감지가 정상적으로 작동하는가를 확인하는 시험

㉯ 연소시험

감지기의 부착면의 상태가 보 등에 따른 소구획이 인접하는 경우, 화재 시 유효하게 작동하지 않을 우려가 있는 경우에 한한다.

(ㄷ) 감지선형 감지기

㉮ 합성저항 시험

감지기의 회로저항을 측정하고 단선의 유무를 확인하는 시험

(ㄹ) 정온식 스포트형 감지기

㉮ 가열시험

가열시험기로 가열할 경우 감지기가 정상적으로 작동하는가를 확인하는 시험이다.

(ㅁ) 연기감지기

㉮ 가연시험

가연시험기에 의해 감지기에 가연할 경우 감지기가 정상적으로 작동하는가를 확인하는 시험이다.

8) 감지기 부품의 구조 및 기능

① 스위치

(ㄱ) 조작이 쉽고 작동이 확실하여야 하며 정지점이 명확하고 적정할 것.

(ㄴ) 각 접점의 최대사용전압으로 최대사용전류의 200[%]인 전류를 저항부하에 통하여 흘리는 작동을 10,000회(전원 스위치는 5000회) 반복하는 경우 그 구조 및 기능에 이상이 생기지 아니할 것

(ㄷ) 접점은 최대사용전류 용량에 적합하고, 부식될 우려가 없을 것

② **표시등**

(ㄱ) 전구는 사용전압의 130[%]인 교류전압을 20시간 연속하여 가하는 경우 단선, 현저한 광속변화, 흑화, 전류의 저하 등이 발생하지 아니할 것

(ㄴ) 소켓은 접촉이 확실하여야 하며 쉽게 전구를 교체할 수 있을 것

(ㄷ) 전구는 2개 이상 병렬로 접속할 것(방전등이나 발광다이오드는 제외)

(ㄹ) 주위의 밝기가 300[lx]인 장소에서 측정하여 앞면으로부터 3[m] 떨어진 곳에서 켜진 등이 확실히 식별가능 할 것

③ **변압기**

(ㄱ) 정격 1차 전압은 300[V] 이하로 한다.

(ㄴ) 변압기의 외함에는 접지단자를 설치한다.

(ㄷ) 용량은 최대사용전류에 연속하여 견딜 수 있는 크기 이상이어야 한다.

대상물 및 측정개소	측정계기	절연저항값
① 수신기, 자동화재속보설비, 비상경보설비의 축전지설비, 가스누설경보기(절연된 충전부와 외함간) ② 누전경보기의 변류기 ㉮ 절연된 1차권선과 2차 권선간 ㉯ 절연된 1차권선과 외부금속부간 ㉰ 절연된 2차권선과 외부금속부간 ③ 누전경보기의 수신부 ㉮ 절연된 충전부와 외함간 ㉯ 차단기구의 개폐부 ④ 유도등, 비상조명등 ㉮ 교류입력측과 외함간 ㉯ 절연된 교류입력측과 충전부 사이 ㉰ 절연된 충전부와 외함 사이	직류 500[V] 절연저항계	5[MΩ] 이상

대상물 및 측정개소	측정계기	절연저항값
① 수신기, 자동화재속보설비, 비상경보설비의 축전지설비, 가스누설경보기(절연된 선로간) ② 수신기, 자동화재속보설비, 비상경보설비의 축전지설비, 가스누설경보기(교류입력측과 외함간) ③ 발신기, 경종(절연된 단자간, 단자와 외함간) ④ 중계기(절연된 충전부와 외함간, 절연된 선로간) ⑤ 비상콘센트설비(전원부와 외함 사이)	직류 500[V] 절연저항계	20[MΩ] 이상
① 감지기(절연된 단자간, 단자와 외함간) ② 가스누설경보기(10회로 이상) ③ 수신기(10회로 이상)	직류 500[V] 절연저항계	50[MΩ] 이상
정온식 감지선형 감지기 (선간에서 1[m]당)	직류 500[V] 절연저항계	1,000[MΩ] 이상
경계구역의 절연저항	DC2 50[V]	0.1[MΩ] 이상

9) 감지기의 배선 방식

① **송배선 방식**

송배선 방식이란 도통시험을 용이하게 하기 위하여 배선 도중에서 분기하지 않는 방식으로 일명 보내기 방식이라고 한다. 적응설비는 자동화재탐지설비, 제연설비 등이 있다.

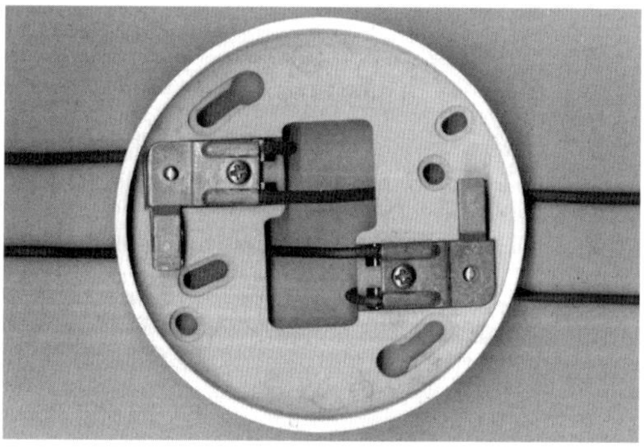

그림 1-44 감지기 베이스 및 배선

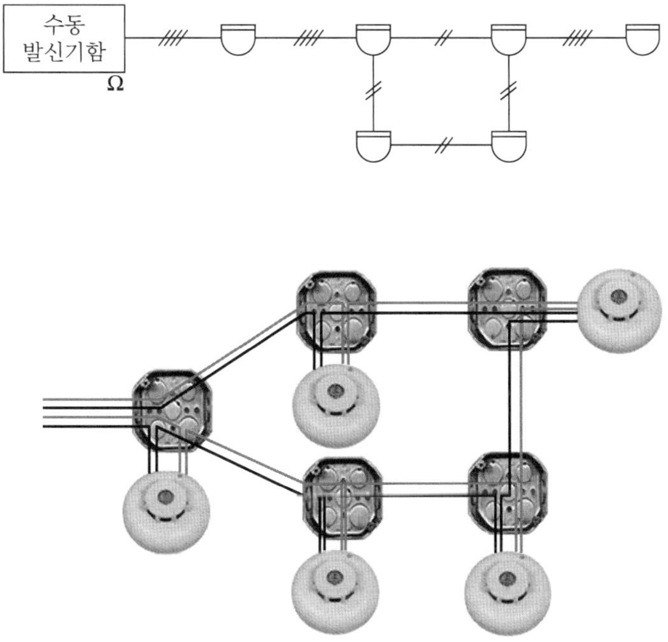

그림 1-45 송배선 방식

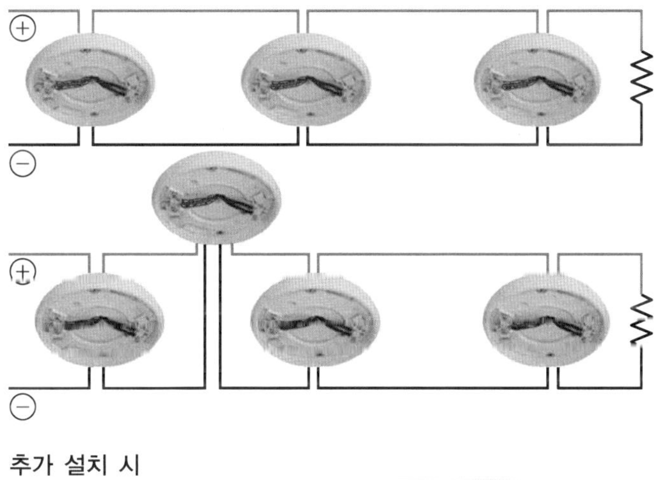

그림 1-46 감지기 추가 설치 시

② **교차회로 방식**

교차회로 방식이란 하나의 방호구역 내에 2 이상의 화재감지기 회로를 설치하고 인접한 2 이상의 화재감지기가 동시에 감지될 때에만 소화설비가 작동하여 소화약제가 방출되는 방식으로 오동작을 방지하기 위하여 사용한다. 적응설비는 할론소화설비, 분말소화설비, 이산화탄소소화설비, 스프링클러소화설비(준비 작동식, 일제 살수식), 청정소화약제 등이 있다.

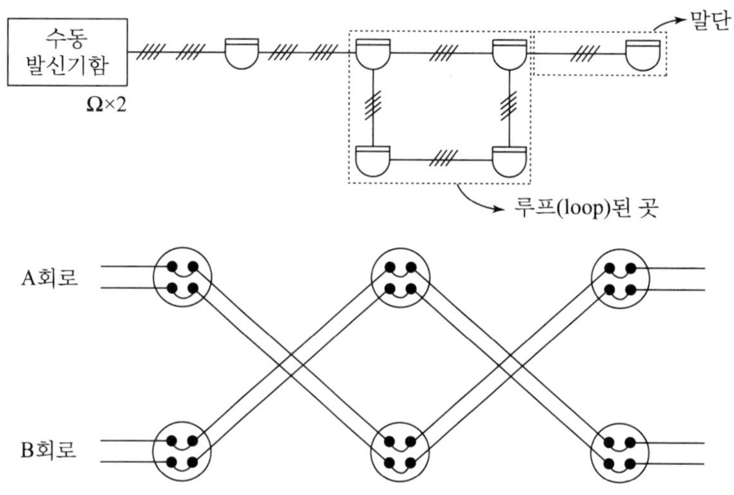

그림 1-47 교차회로 방식

10) 감지기 회로의 감시전류와 동작전류

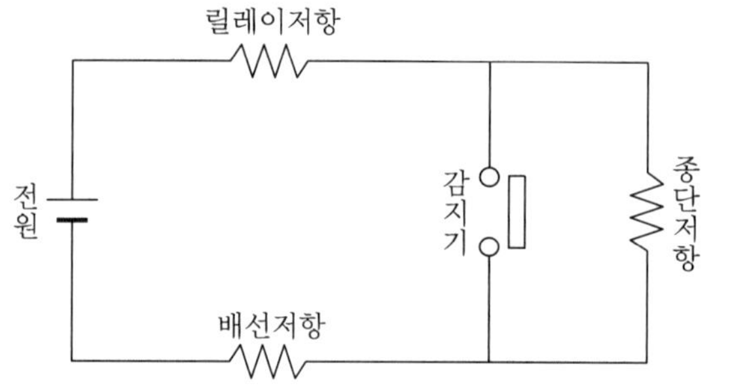

① **감시전류**

$$I = \frac{\text{회로전압}}{\text{종단저항} + \text{릴레이저항} + \text{배선저항}}$$

② **동작전류**

$$I = \frac{\text{회로전압}}{\text{릴레이저항} + \text{배선저항}}$$

예제 1-2 P형 1급 수신기와 감지기와의 배선회로에서 종단저항은 10[kΩ], 릴레이 저항은 550[Ω], 배선 회로의 저항은 45[Ω]이며, 회로전압이 24[V]일 때 각 물음에 답하시오.

(1) 평상시 감시전류는 몇 [mA]인가?

(2) 감지기가 동작할 때(화재 시) 전류는 몇 [mA]인가?

풀이 (1) 평상시 감시전류

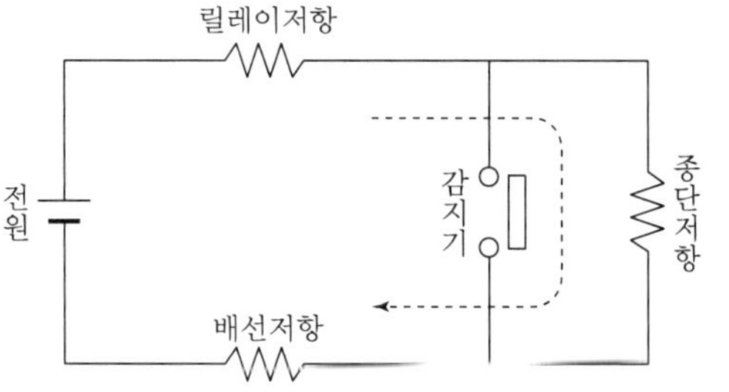

$$I_1 = \frac{\text{회로전압}}{\text{종단저항} + \text{릴레이저항} + \text{배선저항}}$$
$$= \frac{24}{10 \times 10^3 + 550 + 45} \times 10^3 = 2.27[\text{mA}]$$

(2) 동작 시 동작전류

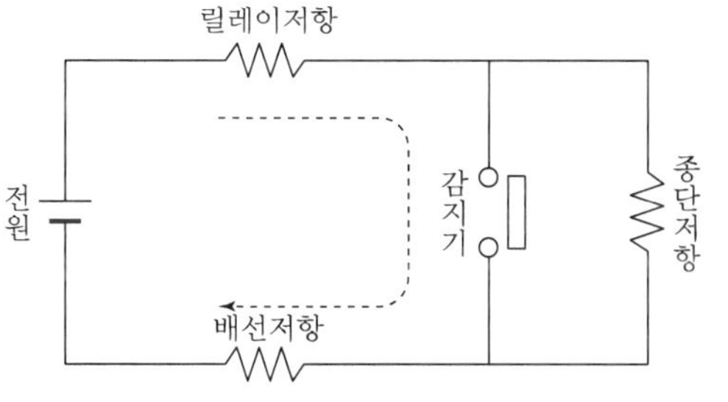

$$I_2 = \frac{\text{회로전압}}{\text{릴레이저항} + \text{배선저항}}$$
$$= \frac{24}{550 + 45} \times 10^3 = 40.34[\text{mA}]$$

11) 비화재보(Unwanted alarm) 원인과 대책

일상생활 속에서 화재가 아닌데도 소방경보설비가 작동을 하거나 화재가 발생하였는데도 작동하지 않는 경우가 종종 있다. 화재가 아닌데도 화재경보장치가 동작하는 것을 비화재보(오보)라 하고, 화재가 발생했는데도 화재경보가 동작하지 않는 것을 실보라고 한다.

비화재보 시에는 주위상황이 대부분 순간적으로 화재와 같은 여건의 상태로 되었다가 정상상태로 되는 경우가 많은데 이와 같은 경우를 특히 일과성 비화재보(一過性 非火災報)라 한다. 잦은 비화재보는 자동화재탐지설비의 신뢰성을 떨어뜨리며 그 본연의 기능을 상실하여 큰 사고로 이어질 수 있다. 따라서 비화재보의 원인을 파악하여 그에 따른 방지 대책이 필요하다.

열감지기는 비화재보는 좋으나 시간이 지연되는 문제가 있고 연기감지기는 시간이 지연되지는 않지만 비화재보가 발생되는 문제가 있으므로 장소에 적합한 감지기를 선택하는 것이 중요하다. 최근에는 현장에서 아날로그 연기감지기를 사용하면서 조기감지 및 오보를 줄이고 있다.

① 비화재보의 원인

(ㄱ) False alarm : 사람의 관점에서는 화재가 아닌 상황이 기기의 관점에서는 화재라고 판단되어 동작하는 경우

㉮ 조리에 의한 열, 연기, 흡연, 자동차 배기가스

㉯ 공사 중 발생하는 분진, 전선의 합선, 단선, 감지기 소손

㉰ 오조작

(ㄴ) Nuisance alarm(일과성 비화재보) : 주위상황이 순간적으로 화재와 같은 상태가 되었다가 정상상태로 복귀하는 경우

㉮ 먼지, 수증기, 결로, 벌레 등의 침입

㉯ 자동화재탐지설비의 부품 회로 불량, 경년열화에 의한 감도변화

㉰ 환경적 원인 : 빛, 연기, 먼지, 분진, 습기 등의 이상변화

㉱ 유지관리 원인 : 청소 관리 불량

㉲ 설치상 원인 : 시공부적합, 감지기 설치 후 환경변화

② 비화재보의 방지대책

(ㄱ) 설치장소의 환경

모든 감지기는 각각 그 동작 특성이 다르므로 각각의 특성에 맞는 장소에 설치해야 한다. 그러나 환경은 시간에 따라 변화될 수 있으므로 환경여건에 상응하는 감지기로 교환하면 비화재보는 70[%] 정도 감소된다.

(ㄴ) 감지기 수의 제한

감지기 수가 많으면 그만큼 비화재보를 발하는 확률도 커지게 된다. 따라서 감지기의 설치가 제외될 수 있는 장소에는 과감히 설치를 배제하고, 가능한 감시범위가 넓은 감지기를 사용하여 감지기의 수를 줄이도록 한다.

(ㄷ) 연기감지기 사용의 억제

연기감지기에 의한 비화재보 발생률이 열감지기보다 10배 많다. 이는 일과성 비화재보를 일으키는 원인으로 연기가 크게 기인한다는 것을 의미한다. 따라서 능동적 감지기나 아날로그 연기감지기를 사용하면 비화재보를 줄일 수 있다.

(ㄹ) 비화재보시 적응성 감지기

지하층·무창층 등으로 환기가 잘 되지 아니하거나 실내 면적이 40[m^2] 미만인 장소, 감지기 부착면과 실내 바닥과의 사이가 2.3[m] 이하인 곳으로서 일시적으로 발생한 열·연기 또는 먼지 등으로 인하여 화재신호를 발신할 우려가 있는 장소에는 다음에서 정한 감지기 중 적응성 있는 감지기를 설치하여야 한다.

㉮ 불꽃감지기
㉯ 정온식 감지선형 감지기
㉰ 분포형 감지기
㉱ 복합형 감지기
㉲ 광전식 분리형 감지기
㉳ 아날로그 감지기
㉴ 다신호 감지기
㉵ 축적형 감지기

(ㅁ) 자동화재탐지설비의 신뢰성 향상

(ㅂ) 경년 변화에 따른 유지보수

외국의 경우 설치된 후 10년이 지난 감지기는 5년이 경과된 감지기보다 불량률이 25[%] 정도 높다는 보고가 있다. 또한 모든 설비는 경년 열화를 피할 수 없으므로 주기적인 점검, 청소 및 교체 등의 유지보수를 철저히 함으로써 비화재보 뿐만 아니라 실보도 방지할 수 있을 것이다.

6.3 발신기(Manual fire alarm box)

화재 발생 시 감기기가 작동되기 전에 화재를 발견한 사람이 화재 주위에 설치된 발신기 누름단추를 눌러 화재발생을 발신하는 것이다.

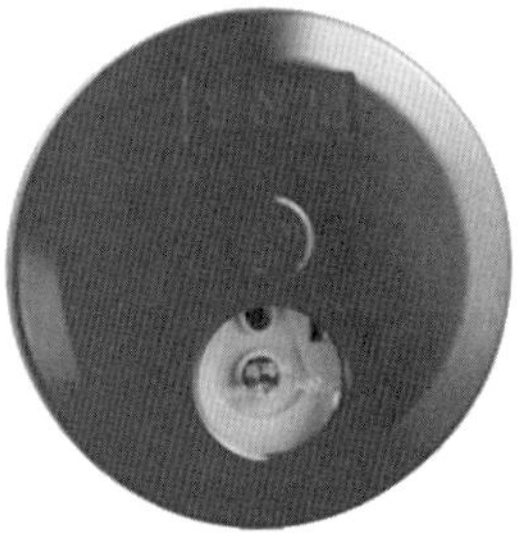

(a) 발신기

(b) 발신기 세트

그림 1-48 발신기

P형, T형, M형이 있으나 국내에서는 P형 발신기가 사용되고 있으며 경종 표시등과 함께 벽에 취부된다.

(1) 종류

1) P형 발신기

수동으로 발신기의 공통신호를 수신기 또는 중계기에 발신하는 것으로 기능에 따라 1급과 2급으로 분류된다.

2) T형 발신기

P형 발신기와 같은 별도의 누름스위치는 없으나 송수화기를 드는 순간 수신기로 화재신호가 발신되며, 발신과 동시에 통화가 가능한 발신기이다.

3) M형 발신기

수동으로 각 발신기의 고유신호를 소방관서의 M형 수신기에 발신하는 것으로 공공용의 발신기이다.

소방서의 M형 수신기와 직렬로 100개 이하까지 연결한다.

(2) 발신기의 구조 및 원리

1) P형 1급 발신기

P형 1급 수신기(1회선은 제외) 또는 R형 수신기에 접속해서 사용하는 것으로 누름단추,

발신한 신호를 확인할 수 있는 응답램프, 누름단추 앞에 설치된 투명유리로 된 보호판으로 구성되어 있다.

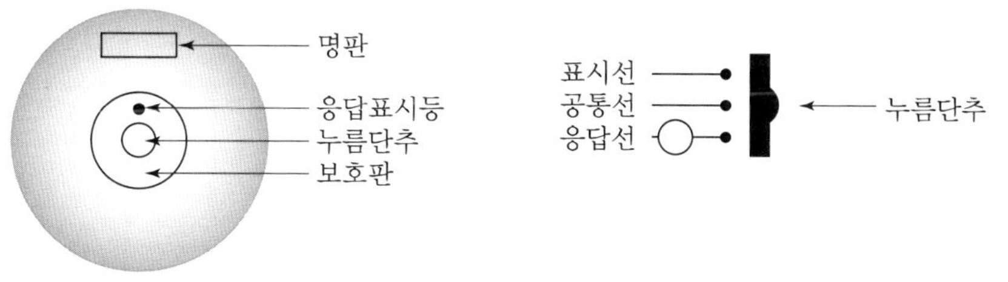

그림 1-49 P형 1급 발신기

2) P형 2급 발신기

P형 2급 수신기에 연결해서 사용되는 것으로 누름단추 기능만을 가지고 있다.

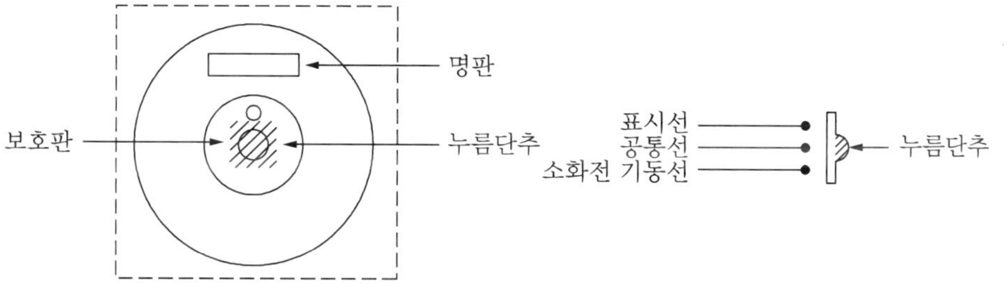

그림 1-50 P형 2급 발신기

표 1-7 P형 발신기의 기능 비교

종별	누름버튼 스위치	응답장치	접속 수신기
P형 1급	○	○	P형 1급, R형
P형 2급	○	×	P형 2급

(3) 설치기준

① 조작이 쉬운 장소에 설치한다.

② 스위치는 바닥에서 0.8～1.5[m] 이하의 높이에 설치한다.

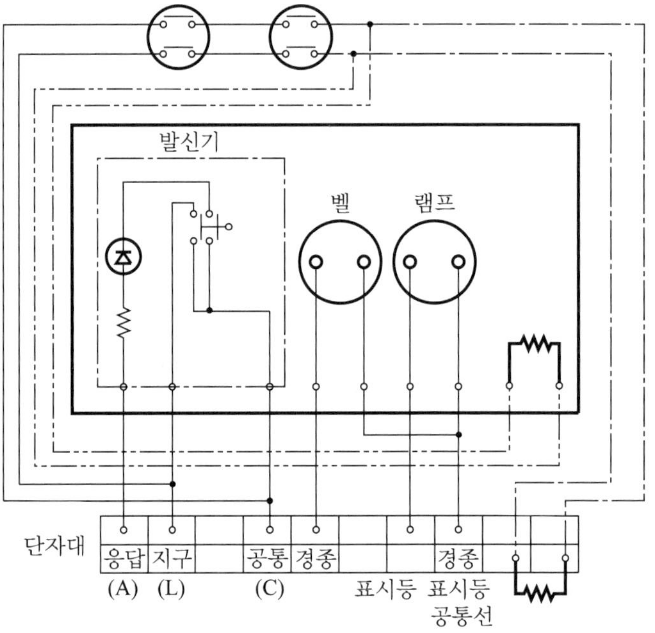

(a) 결선도

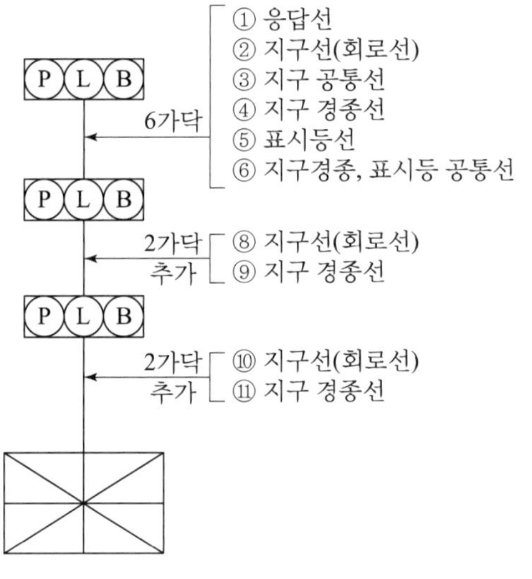

(b) 계통도(우선경보방식)

그림 1-51 발신기 결선도 및 계통도

③ 특정소방대상물의 층마다 설치하고, 해당 층의 각 부분으로부터 하나의 발신기까지의 수평거리는 25[m] 이하(지하가 중 터널의 경우에는 주행방향의 측벽길이 50[m] 이내)가 되도록 설치할 것. 다만, 복도 또는 별도로 구획된 실로서 보행거리 40[m] 이상일 경우에는 추가로 설치해야 한다.

④ 발신기의 위치를 표시하는 표시등은 함의 상부에 설치하되, 그 불빛은 부착면과 15[°] 이상의 범위 안에서 부착지점으로부터 10[m] 이내의 어느 곳에서도 쉽게 식별할 수 있는 적색등으로 해야 한다.

(4) 발신기 검정기술기준

1) 발신기의 구조 및 기능

① 작동이 확실하고 취급·점검이 쉬워야 할 것

② 부식에 의하여 기계적 기능에 영향을 초래할 우려가 있는 부분은 칠, 도금 등으로 내식가공 또는 방청가공을 할 것

③ 외함은 불연성 또는 난연성재질로 할 것

④ 옥외형 M형 발신기의 보안기 외부가 금속으로 되어 있는 것은 접지단자를 설치할 것

⑤ 천공식인 M형 발신기는 동일한 신호를 계속하여 2회 이상 송신할 수 있고 그 신호는 5단계 이하로서 6개 이하의 숫자로 구성될 것

⑥ 옥외형 M형 발신기는 100[V]에서 300[V]까지 전압으로 작동하는 용량 3[A]의 보안기를 갖출 것

2) 반복시험

정격전압, 정격전류를 흘려 1,000회의 작동반복시험

3) 절연저항시험

발신기의 절연된 단자간의 절연저항 및 단자와 외함 간의 절연저항은 직류 500[V]의 절연저항계로 측정하는 경우 20[MΩ] 이상일 것

6.4 중계기(Transponder)

감지기·발신기 등 local 기기장치와 수신기 사이에 설치하는 신호전송장치이다. 작동된 화재신호를 수신기에 통보하고 이에 대응하는 출력신호를 local 기기장치에 송출하는 중계역할을 하는 장치로 간선수를 줄이기 위해 사용한다.

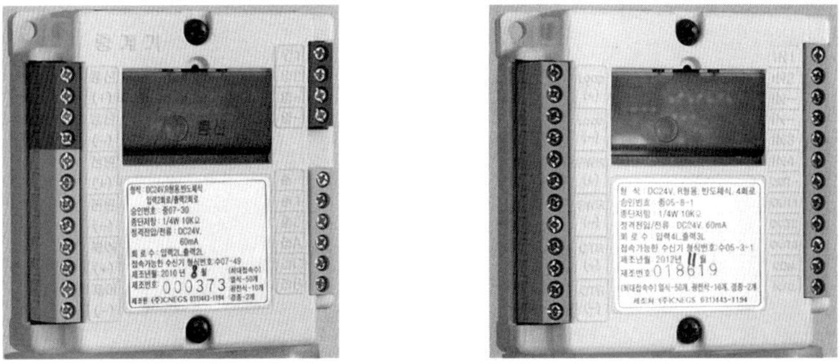

그림 1-52 중계기

(1) 중계기의 종류

1) 집합형

외부전원(AC 220[V])을 이용 중계기에 전원을 공급하는 방식이다.

전원장치를 내장(정류기 및 축전지)하여 전원공급계통 사고 시에도 정상적으로 동작을 수행할 수 있다.

보통 전기 피트(pit)실 등에 대용량회로(30~40회로)를 수용하며 하나의 중계기는 1~3개 층을 담당한다.

표 1-8 집합형과 분산형 비교

구분	집합형	분산형
입력전원	AC 110[V]/220[V] (외부전원)	DC 24[V] (수신기 전원)
전원 공급	① 외부전원 이용, 비상전원은 내장형 ② 정류기 설치	① 수신기 전원 이용 ② 별도의 정류 장치 없음
회로 수용 능력	대용량 (30~40회로)	소용량 (5회로 미만)
외형 크기	대형	소형
설치 방식	① 전기 pit실 등에 설치 ② 1~3개 층 당 1대씩 설치	① 발신기함 내장 또는 격납함 설치 ② 각 local 기기별 1개씩 설치
전원 공급사고	내장된 예비전원에 의해 정상적인 동작을 수행	중계기 전원 선로의 사고 시 해당 계통 전체 시스템 마비
설치 적용	① 전압강하가 우려되는 장소 ② 수신기와 거리가 먼 초고층 빌딩	① 전기 피트가 좁은 건축물 ② 객실별로 설치하는 호텔

2) 분산형

전원장치를 내장하지 않고 수신기의 전원(DC 24[V])을 이용하며 발신기함 등에 내장하여 설치한다. 회로는 소용량(5회로 미만)으로 local 기기별로 설치한다.

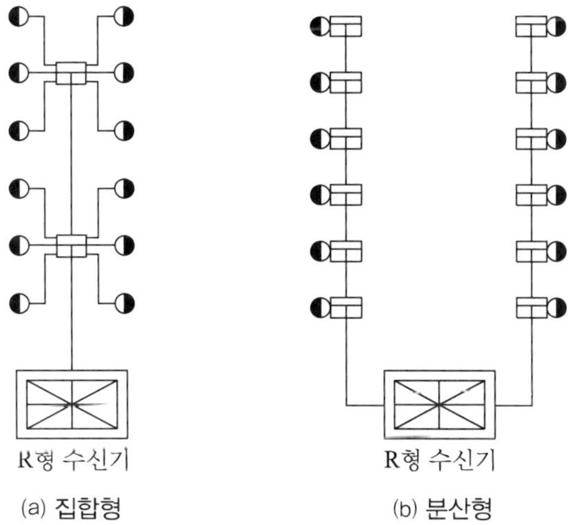

그림 1-53 중계기별 비교

(2) 설치기준

① 수신기에서 직접 감지기회로의 도통시험을 행하지 아니하는 것에 있어서는 수신기와 감지기 사이에 설치할 것

② 조작 및 점검에 편리하고 화재 및 침수 등의 재해로 인한 피해를 받을 우려가 없는 장소에 설치할 것

③ 수신기에 따라 감시되지 아니하는 배선을 통하여 전력을 공급받는 것에 있어서는 전원 입력측의 배선에 과전류 차단기를 설치하고 해당 전원 정전 시 즉시 수신기에 표시되는 것으로 하며, 상용전원 및 예비전원의 시험을 할 수 있도록 할 것

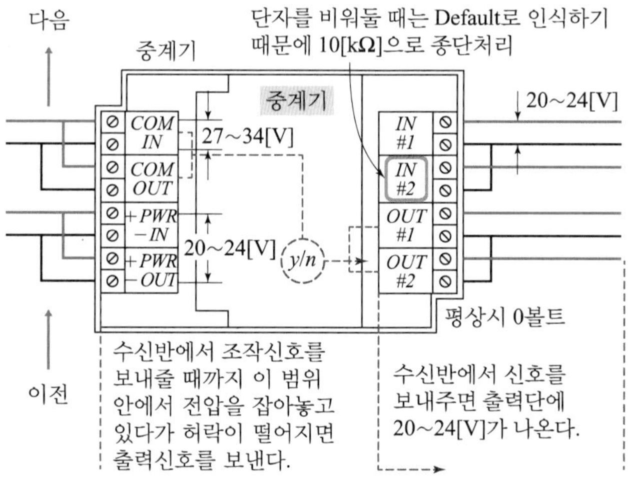

그림 1-54 중계기 설치방법

(3) 중계기의 구조

① 정격전압이 60[V]를 넘는 중계기의 외함에는 접지단자를 설치할 것
② 예비전원회로에는 단락사고 등으로부터 보호하기 위한 퓨즈를 설치할 것
③ 수신개시부터 발신개시까지의 시간이 5초 이내이어야 할 것.

6.5 자동화재탐지설비의 부속기기

자동화재탐지설비의 부속기기라 함은 감지기, 수신기, 발신기, 배선 이외의 표시등, 음향장치, 표시판, 이보기, 시험기, 기타부분을 말한다.

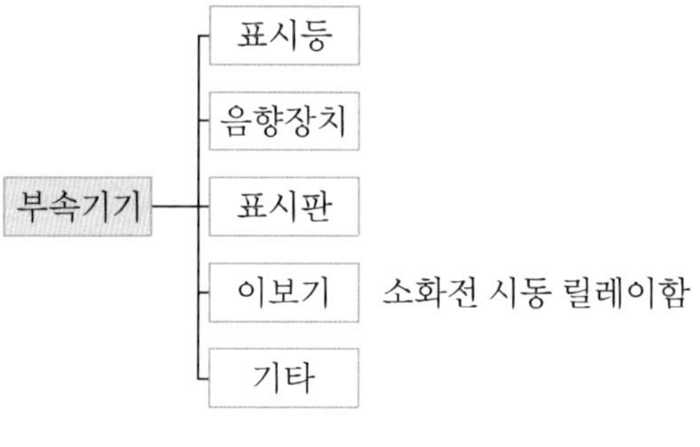

(1) 표시등(Pilot lamp)

발신기의 설치장소를 쉽게 볼 수 있도록 항상 적색등이 점등되는 장치로서 정전 시에는 예비전원으로 자동 전환되어 계속 점등되어야 한다. 최근에는 전구 대신 고휘도 LED를 사용하여 정격전류를 줄여 전력소비를 줄일 수 있는 표시등이 개발되었다.

1) 표시등의 설치기준

① 표시등은 발신기의 상부에 설치하고 통행에 지장이 없도록 하고 보기 쉬운 장소에 설치하여야 한다.

② 표시등은 부착면에서 15[°] 이상 되는 각도로 10[m] 떨어진 곳에서 용이하게 식별할 수 있는 위치에 설치한다.

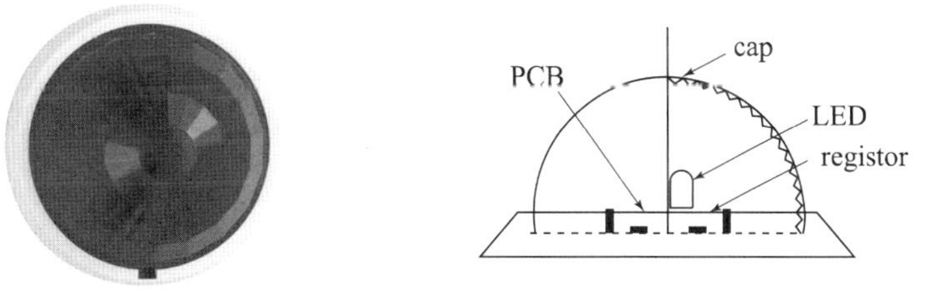

그림 1-55 표시등의 외관과 구조

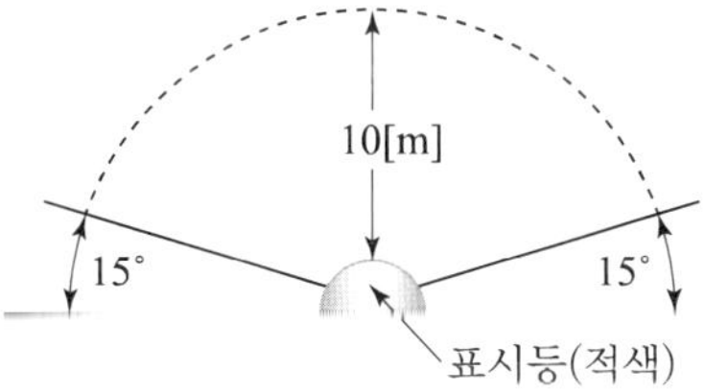

그림 1-56 표시등의 식별

(2) 음향장치

화재의 발생을 경보하는 방법으로 경종(벨) 또는 사이렌 등이 있으며 주로 경종이 많이 사용되어 음향장치를 경종이라 부른다. 자동화재탐지설비의 음향장치에는 수신기 내부 또는 그 직근에 설치하는 주음향장치와 특정소방대상물의 각 구역에 설치하는 지구음향장치가 있다.

1) 경종(Alarm bell)

감지기 또는 발신기의 신호로 수신기가 동작하면 경보하는 것으로 전자석, 타봉, 종 등으로 구성된다.

① 정격전압의 80[%]에서 120[%] 사이의 전압변동에서 그 기능에 이상이 없을 것

② 소비전류는 정격전압에서 50[mA] 이하일 것

③ 음압은 정격전압에서 무음향실내의 정위치에 부착된 경종 중심으로부터 1[m] 떨어진 위치에서 90[dB] 이상일 것

2) 사이렌(Siren)

지구음향장치로 화재 시 전특정소방대상물 내에 화재를 알리는 것으로 학교, 공장, 사무실 등의 벽면 상단부에 설치하여 사용된다.

3) 음향장치의 설치기준

① 주음향장치는 수신기의 내부 또는 그 직근에 설치할 것

② 층수가 11층(공동주택의 경우에는 16층) 이상의 특정소방대상물은 발화층에 따라 경보하는 층을 달리하여 경보를 발할 수 있도록 할 것

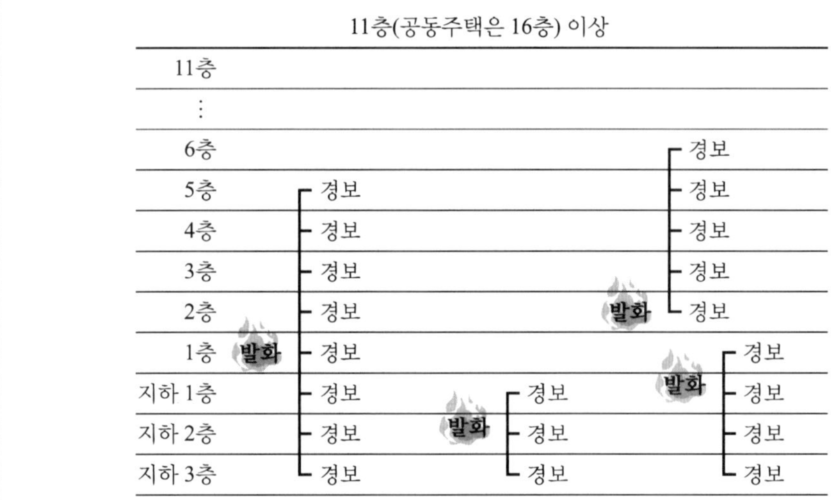

그림 1-57 경보층 [11층(공동주택 16층) 이상]

③ 지구음향장치는 특정소방대상물의 층마다 설치하되, 해당 특정소방대상물의 각 부분으로부터 하나의 음향장치까지의 수평거리가 25[m] 이하가 되도록 하고, 해당 층의

각 부분에 유효하게 경보를 발할 수 있도록 설치할 것

Tip

우선경보방식 : 고층건축물(30층 이상이거나 높이 120[m] 이상인 건축물)인 경우

- 2층 이상의 층에서 발화한 때에는 발화층 및 그 직상 4개 층에 경보를 발할 것
- 1층에서 발화한 때에는 발화층·그 직상 4개 층 및 지하 모든 층에 경보를 발할 것
- 지하층에서 발화한 때에는 발화층 및 그 직상층 및 기타의 지하 모든 층에 경보를 발할 것

발화층	경보층
2층 이상	발화층, 직상 4개 층
1층	발화층, 직상 4개 층, 지하 모든 층
지하층	발화층, 직상층, 기타 지하 모든 층

※ 60분간 지속한 후 유효하게 30분 이상 경보할 수 있는 축전지설비(수신기 내장 경우 포함) 또는 전기저장장치(외부 전기에너지를 저장해 두었다가 필요한 때 전기를 공급하는 장치)를 설치할 것

4) 음향장치의 구조 및 성능기준

① 정격전압의 80[%] 전압에서 음향을 발할 수 있는 것으로 할 것

② 음량은 부착된 음향장치의 중심으로부터 1[m] 떨어진 위치에서 90[dB] 이상이 되는 것으로 할 것

③ 감지기 및 발신기의 작동과 연동하여 작동할 수 있는 것으로 할 것

5) 음향장치의 설치위치

2층의 각 부분에서 하나의 음향장치까지의 수평거리가 25[m] 이하가 되도록 설치할 것

6) 음향장치 시험방법

① 외관점검

㈀ 음향효과를 방해하는 장해물이 없을 것

㈁ 다른 기기의 소음과 명음을 구별할 수 있는 것으로 할 것

㈂ 가연성 가스, 분진 등이 체류할 우려가 있는 장소에는 적당한 보호조치가 되어 있을 것

② 기능시험

㈀ 발신기, 감지기 등의 작동에 따라 확실하게 명동하는 것으로 할 것

㈁ 음량은 음향장치의 중심에서 1[m] 떨어진 위치에서 90폰 이상으로 할 것

7 자동화재탐지설비의 전원

(1) 전원기준

1) 상용전원

상용전원은 전기가 정상적으로 공급되는 축전지 또는 교류전압의 옥내간선으로 하고 전원까지의 배선은 전용으로 한다.

2) 비상전원

자동화재탐지설비에는 그 설비에 대한 감시상태를 60분간 지속한 후 유효하게 10분 이상(층수가 30층 이상인 경우 30분 이상) 경보할 수 있는 축전지설비를 할 것. 다만, 상용전원이 축전지설비인 경우 비상전원을 생략할 수 있다.

Tip

설비의 종류	비상전원용량
자동화재탐지설비, 비상방송설비, 자동화재속보설비	10분 이상
유도등, 비상콘센트설비, 제연설비, 물분무소화설비, 옥내소화전설비(30층 미만), 특별피난계단의 계단실 및 부속실 제연설비(30층 미만), 스프링클러설비(30층 미만), 연결송수관설비(30층 미만)	20분 이상
무선통신보조설비의 증폭기	30분 이상
옥내소화전설비(30～49층 이하), 특별피난계단의 계단실 및 부속실 제연설비(30～49층 이하), 스프링클러설비(30～49층 이하), 연결송수관설비(30～49층 이하)	40분 이상
유도등·비상조명등(지하상가 및 11층 이상), 옥내소화전설비(50층 이상), 특별피난계단의 계단실 및 부속실 제연설비(50층 이상), 스프링클러설비(50층 이상), 연결송수관설비(50층 이상)	60분 이상

(2) 설치기준

① 자동화재탐지설비의 상용전원은 다음의 기준에 의하여 설치하여야 한다.

(ㄱ) 전원은 전기가 정상적으로 공급되는 축전지 또는 교류전압의 옥내간선으로 하고 전원까지의 배선은 전용으로 할 것

(ㄴ) 개폐기에는 자동화재탐지용이라는 표시한 표지를 할 것

② 자동화재탐지설비는 다음의 기준에 의하여 비상전원 전용 수전설비 또는 축전지설비에 의한 비상전원을 설치하여야 한다.

(ㄱ) 비상전원은 해당 자동화재탐지설비를 유효하게 10분 이상 자동할 수 있는 용량의 것으로 할 것

(ㄴ) 상용전원이 정전된 경우 자동적으로 비상전원으로 전환되는 것으로 할 것

(ㄷ) 축전지설비를 설치하는 경우에는 축전지실 벽과의 거리가 0.1[m] 이상 되게 하고, 침수의 우려가 없도록 할 것

(ㄹ) 비상전원을 설치하는 장소에는 점검 및 조작에 필요한 조명설비와 비상선원의 표시를 할 것

(ㅁ) 비상전원 전용 수전설비는 다른 전기회로 등의 개폐기 또는 차단기에 의하여 차단되지 아니하도록 할 것

(3) 설치방법

전원은 상용전원, 비상전원, 예비전원의 3종류가 있으며, 비상전원으로 비상전원 전용 수전설비를 갖추고 있으면 상용전원을 생략할 수 있으며, 예비전원의 용량이 해당 설비를 유효하게 작동할 수 있는 경우에는 비상전원을 생략할 수 있고 또, 상용전원에 축전지설비를 사용하는 경우에는 비상전원을 생략할 수 있다.

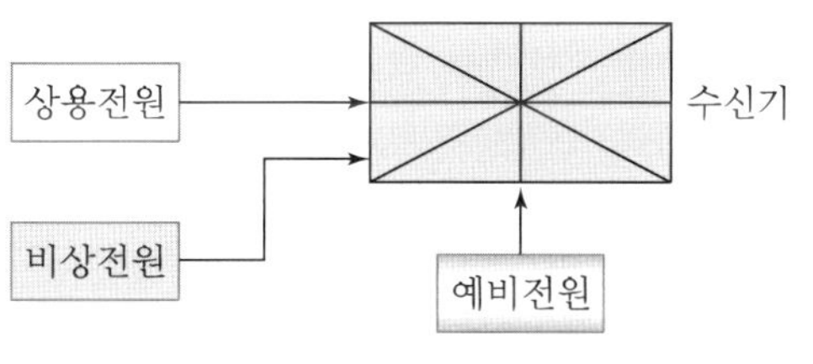

그림 1-58 자동화재탐지설비의 전원

1) 상용전원

① 교류전원

전원은 교류 저압옥내간선으로서 전원까지의 배선 도중에 다른 배선을 분기시키지 않는 것에서 취하며, 개폐기에는 자동화재탐지설비라는 표시를 하여야 한다.

(ㄱ) 분기방법

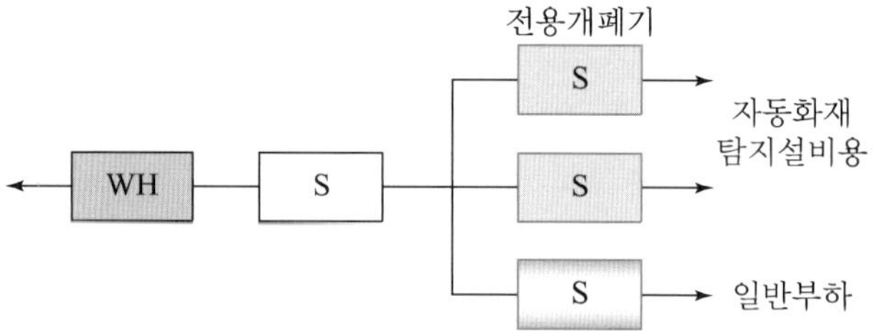

그림 1-59 교류전원 분기방법

(ㄴ) 개폐기의 표시

자동화재탐지설비용이라고 플레이트에 표시한다.

② **축전지설비**

전원은 축전지로서 전원까지의 배선 도중에 또 다른 배선을 분기시키지 않는 상태에서 채택하고 자동화재탐지설비용이라고 표시한다.

(ㄱ) 분기방법

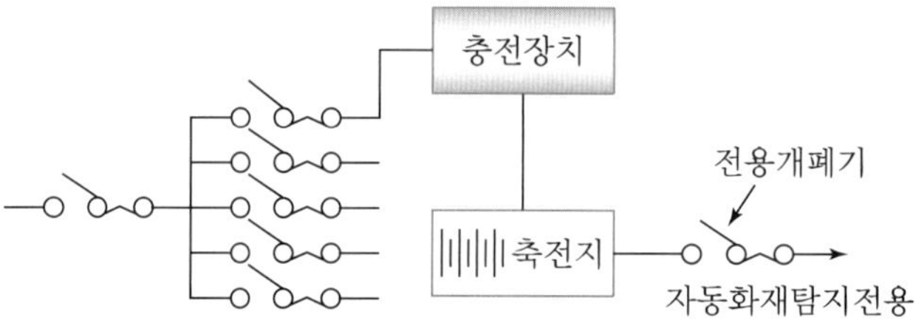

그림 1-60 축전지설비 분기방법

(ㄴ) 교류전원과 동일하게 개폐기 표시를 한다.

(ㄷ) 구조

㉮ 축전지설비는 자동 충전 또는 트리클 충전에 의해 자동적으로 충전되는 것으로 하고, 충전전원 전압이 90[%]에서 110[%]까지의 사이에서 변동하더라도 기능적으로 이상 없이 충전될 수 있는 것일 것

㉯ 축전지설비에는 과충전 방지장치 및 과방전 방지장치가 있어야 한다. 그러나 전밀폐형 니켈카드뮴 축전지 등과 같이 과충전 방지장치 또는 과방전 방지장치를

설치하지 않더라도 축전지의 성능상 이상이 없는 것에 있어서는 생략할 수 있다.

㉰ 축전지설비에는 자동 또는 수동으로도 용이하고 고르게 충전을 할 수 있는 장치를 부가하여야 한다. 그러나 전밀폐형 연축전지와 전밀폐형 니켈카드뮴 축전지 등과 같이 균등충전을 하지 않더라도 기능에 이상을 발생시키지 않는 것에 있어서는 그러하지 않아도 된다.

㉱ 축전지설비의 출력전압은 소방용 설비 등의 조작 장치(설비용 설비 등을 제어와 조작을 하는 것으로서, 예를 들면 자동화재탐지설비의 수신기)의 정격전압의 ±10[%]의 범위 내에 들어야 한다.

㉲ 축전지설비에서 소방용 설비 등의 조작 장치에 이르는 배선 도중에 주전원의 전극을 개폐할 수 있는 개폐기 및 최대 부하전류의 1.5～3배의 정격전류로 작동하는 밀폐형의 퓨즈를 달도록 하여야 한다.

㉳ 축전지설비(유도 등에 쓰이는 것은 제외)에는 해당 설비의 출력 전압을 감시할 수 있는 전압계를 설치할 것

㉴ 축전지의 소전지당의 공칭전압은 연축전지에 있어서는 2[V] 이상, 알칼리 축전지에 있어서는 1.2[V] 이상이 되도록 할 것

㉵ 축전지는 액면이 용이하게 확인될 수 있는 구조로 하고, 또한 방산무장치가 달려 있어야 한다. 다만, 산무가 나올 우려가 없는 것에 있어서는 그러하지 않아도 된다.

㉶ 축전지는 그 자체에서 발생하는 가스등에 의해 다른 기기에 해로운 영향을 미치지 않도록 축전지실 또는 전용의 축전지극에 수용할 것. 다만, 전밀폐형 니켈카드뮴 축전지 등과 같이 가스 등이 발생할 우려가 없는 것에 있어서는 그러하지 않아도 된다.

㈑ 종류

㉮ 크랏드식 혹은 페이스트식(자동차용의 것을 제외)의 연축전지로서 KS C 8506 (가반형 축전지) 또는 KS C 8505(밀폐형 고정용 축전지)에 적합한 것 또는 전밀폐형 연축전지인 것 또한 전밀폐형의 축전지란 사용 도중 액의 보충이나 그 밖의 보수가 필요치 않은 것을 말한다.

㉯ 포켓트식 혹은 소결식의 알칼리 축전지 또는 전밀폐형 니켈카드뮴 축전지이어야 하며, 또한 전밀폐형 니켈카드뮴 축전지는 알칼리 축전지에 포함되는 것이어야 한다.

㈒ 용량

상용전원으로 쓰이는 축전지의 용량은 충전을 하지 않고 24시간 이상 감시상태를 계속하고, 그 직후에 20분간 계속해서 작동시킬 수 있는 용량 이상의 것이어야 할 것

(ㅂ) 설치위치

㉮ 축전지실 또는 전용의 축전지극에 설치할 것

㉯ 축전지실내의 배선은 고무절연 연피전선 또는 비닐캡타이어 케이블을 사용할 것

㉰ 축전지를 충전하는 경우에는 화재탐지설비에 대한 전원의 공급이 차단되지 않을 것

㉱ 환기나 통풍이 잘 되어야 할 것

㉲ 먼지가루나 부식성 가스의 체류가 없을 것

㉳ 직사광선을 받지 않을 것

㉴ 온도의 변화가 적을 것

이상의 점들에 주의하여야 하며, 배치에 있어서는 축전지의 지지틀은 견고하고 수평이 되도록 하며, 전지극에 수납하는 때에도 위의 경우와 같다.

(ㅅ) 충전설비

축전지설비에 이르는 배선은 교류전원의 분기방법 및 개폐기의 표시의 예에 따라서 할 것.

2) 비상전원

비상전원은 축전지설비에 의한 것으로 한다. 다만, 수신기의 예비전원의 용량이 비상전원으로서 필요한 용량 이상을 보유하고 있는 경우에는 비상전원을 생략할 수 있다.

▸ 비상전원 전용 수전설비 : 비상전원 전용 수전설비는 해당 설비전용의 변압기에 의해 수전하거나 수전설비의 주변압기의 2차측에서 직접 전용의 개폐기에 의해 수전 하는 설비로 되어 있다.

▸ 축전지설비 : 비상전원에 사용하는 축전지설비는 전항의 상용전원에 사용하는 축전지설비의 기준에 따르고 다음과 같이 설치한다.

① 구조, 성능

(ㄱ) 축전지설비는 자동적으로 충전되는 것으로 하고, 충전전원의 전압이 정격전압의 ±10[%]의 범위 내에서 변동이 있더라도 기능에 이상이 없이 충전기능에 지장이 없을 것

(ㄴ) 축전지설비에는 과충전 방지장치를 설치할 것

(ㄷ) 축전지설비에는 자동화재탐지설비의 수신기에 이르는 배선의 도중에 용이하게 균등 충전을 할 수 있는 장치를 설치할 것. 다만, 균등 충전을 하지 않더라도 기능에 지장이 없는 것에 있어서는 이에 해당하지 않는다.

(ㄹ) 도중에 개폐기 및 과전류 차단기를 설치할 것
(ㅁ) 축전지설비에는 해당 설비의 출력전압과 출력전류를 감시할 수 있는 전압계 또는 전류계를 설치할 것
(ㅂ) 0[℃]에서 40[℃] 범위까지의 주위온도에서 기능에 이상이 발생하지 않는 것일 것
(ㅅ) 용량은 최저 허용전압(축전지의 공칭전압의 80[%]의 전압)이 될 때까지 방전한 후 24시간을 충전하고, 그 후 충전을 하지 않고 1시간 감시상태를 계속한 후 자동화재탐지설비를 10분 이상 유효하게 작동할 수 있을 만큼 방전량을 유지할 수 있을 것

② **축전지**

(ㄱ) 축전지의 소전지당의 공칭전압은 연축전지에 있어서는 2[V], 알칼리 축전지에 있어서는 1.2[V]일 것
(ㄴ) 축전지는 액면이 용이하게 확인될 수 있는 구조로 하고 또한 산성 연기나 알칼리성 연기가 나올 우려가 있는 것에 있어서는 방산무장치 또는 알칼리무방지장치가 설치되어 있을 것
(ㄷ) 축전지 용량은 충전을 하지 않고 1시간 이상 감시상태를 계속한 직후에 있어서 10분 이상 방전할 수 있는 것일 것
(ㄹ) 축전지의 감액을 알리는 경보장치가 설치되어 있을 것

③ **충전장치**

(ㄱ) 자동적으로 충전을 할 수 있고 또한 충전완료 후에는 자동적으로 트리클 충전 또는 자동 충전방식으로 바꾸어지는 것일 것
(ㄴ) 충전장치의 입력 쪽에는 개폐기 및 과전류 차단기를 설치할 것
(ㄷ) 충전장치 회로에 이상이 발생한 경우 축전지 및 방전회로의 기능에 영향이 미치지 않도록 과전류 차단기를 설치할 것
(ㄹ) 충전중이라는 것을 표시하는 장치를 설치할 것
(ㅁ) 축전지의 충전상태를 점검할 수 있는 장치를 설치할 것
(ㅂ) 충전부와 외함 사이의 절연저항은 직류 500[V]의 절연저항측정기로 측정한 측정치가 3[MΩ] 이상일 것
(ㅅ) 충전부와 외함과의 사이의 절연내력은 50[Hz] 또는 60[Hz]의 정주파수에 가까운 실효전압 250[V](사용전압이 30[V] 이상 60[V] 이하인 것에 있어서는 500[V], 60[V] 이상, 150[V] 이하인 것에 있어서는 1,000[V], 150[V] 이상인 것에 있어서는 사용전압에 2를 곱하여 얻은 식에 1,000을 더한 식)의 교류전압을 걸었을 경우, 1분 이상 견딜 수 있는 것일 것

(ㅇ) 충전장치에 그 최대 사용 전압으로 최대 사용 전류를 흐르게 하였을 경우 온도계법에 따라 측정한 각 측정 장소의 온도 상승치가 다음 표 1-9에서 정하는 수치를 넘지 않을 것

표 1-9 측정 장소별 온도 상승수치

측정 장소		온도 상승수치 [℃]
트랜스		70
정류체	세렌	45
	실리콘	105
	사이리스터	65
단자부분		50

(ㅈ) 상용전원이 정전된 경우에 자동적으로 축전지설비로 전환되는 장치의 양단이 정격전압 ±10[%]의 전압을 걸어서 전환 작동을 100회 반복하여도 그 기능에 이상이 발생하지 않는 것

④ **종별**

(ㄱ) 연축전지

연축전지는 자동차용이 아닌 것으로서 다음 중 어느 하나에 해당하는 것일 것

㉮ KS C 8505(고정 연축전지)에 적합한 것
(크랏트식 또는 페이스트식인 것이어야 한다)

㉯ 실드형 고정용 연축전지에 적합한 것

㉰ 크랏트식 고정용 연축전지에 적합한 것

㉱ 페이스트식 고정용 연축전지에 적합한 것

㉲ 고율방전용 페이스트식 고정용 연축전지에 적합한 것

(ㄴ) 알칼리 축전지

알칼리 축전지는 다음 중 어느 하나에 해당하는 것으로 하여야 한다.

㉮ KS C 8515 밀폐형 니켈카드뮴 축전지에 적합한 것

㉯ 벤텟트형 알칼리 축전지

㉰ 실드형 고정용 알칼리 축전지

3) 예비전원

비상전원은 일반(상용)전원이 정전된 때의 대비 조치이나 예비전원은 사용전원이 고장난 경우 또는 용량이 부족할 때 필요한 것으로서, 이 경우의 예비전원은 밀폐형 축전지로 하

고 일반전원이 정전되었을 때에는 자동적으로 예비전원으로 대체되며, 여기에 정전이 복구되며 자동적으로 예비전원에서 일반전원으로 전환되는 것일 것

> **Tip**
> 예비전원의 용량이 비상전원으로서 요구되는 용량 이상이고, 예비전원의 배선에 내열조치가 되어 있는 경우에 있어서, 비상전원을 생략할 수 있는 것으로 되어 있다. 다만, 예비전원이 내장되어 있는 것에 대해서는 비상전원의 배선에 내열조치가 필요하지 않다.

8 자동화재탐지설비의 배선

(1) 설치기준

① 전원회로의 배선은 내화배선에 따르고, 그 밖의 배선(감지기 상호간 또는 감지기로부터 수신기에 이르는 감지기회로의 배선을 제외한다)은 내화배선 또는 내열배선에 따라 설치할 것.

② 감지기 상호간 또는 감지기로부터 수신기에 이르는 감지기회로의 배선은 다음의 기준에 따라 설치할 것.

(ㄱ) 아날로그식, 다신호식 감지기나 R형 수신기용으로 사용되는 것은 전자파 방해를 받지 아니하는 쉴드선 등을 사용하여야 하며, 광케이블의 경우에는 전자파 방해를 받지 아니하고 내열성능이 있는 경우 사용할 수 있다. 다만, 전자파 방해를 받지 아니하는 방식의 경우에는 그러하지 아니하다.

(ㄴ) (ㄱ) 외의 경우에는 내화배선 또는 내열배선으로 사용할 것

③ 감지기회로의 도통시험을 위한 종단저항은 다음 기준을 따를 것

(ㄱ) 점검 및 관리가 용이한 장소에 설치할 것

(ㄴ) 전용함에 설치하는 경우 그 설치 높이는 바닥으로부터 1.5[m] 이내로 할 것

(ㄷ) 감지기 회로의 끝 부분에 설치할 것

종단 감지기에 설치할 경우에는 구별이 쉽도록 해당 감지기의 기판 및 감지기 외부에 별도의 표시를 한다. 그러나 발신기에 종단저항을 설치할 경우에는 그림 1-61과 같이 한다.

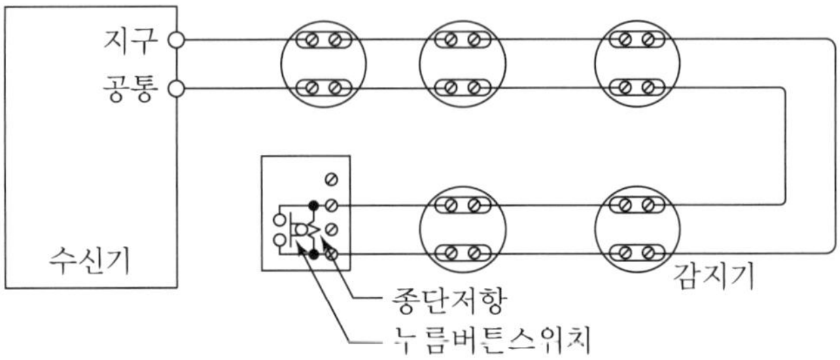

그림 1-61 종단저항 설치

④ 감지기 상호간 회로의 배선은 송배선 방식으로 할 것.

⑤ 전원회로의 전로와 대지 사이 및 배선 상호간의 절연저항은 전기설비 기술기준에 따르고, 우리나라에서 현재 사용되고 있는 전압 전로의 대지전압은 거의 220[V]이므로 전로의 절연저항은 0.2[MΩ] 이상이면 된다. 감지기회로 및 부속회로의 전로와 대지 사이 및 배선 상호간의 절연저항은 경계구역마다 직류 250[V]의 절연저항 측정기를 사용하여 측정한 절연저항이 0.1[MΩ] 이상이 되도록 할 것.

⑥ 자동화재탐지설비의 배선은 다른 전선과 별도의 관, 닥트, 몰드 또는 풀박스 등에 설치해야 한다. 다만, 60[V] 미만의 약전류회로에 사용하는 전선으로 각각의 전압이 같을 때는 그러하지 아니하다.

⑦ P형 수신기 및 GP형 수신기의 감지기 회로의 배선에 있어서 하나의 공통선에 접속할 수 있는 경계구역은 그림 1-62와 같이 7개 이하로 해야 한다.

⑧ 자동화재탐지설비의 감지기 회로의 전로 저항은 50[Ω] 이하이어야 한다.

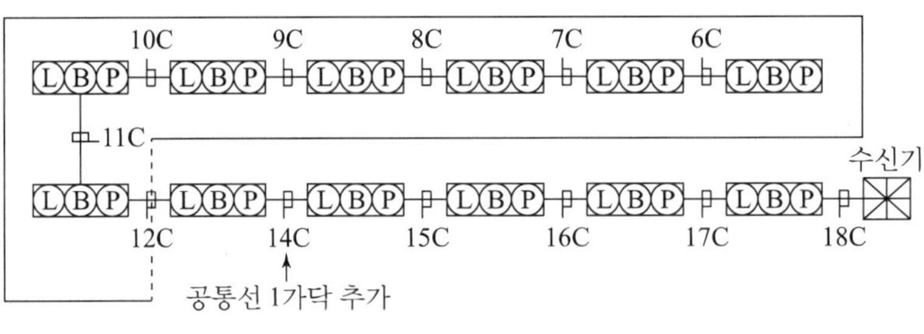

그림 1-62 경계구역 전선 수

표 1-10 내열·내화배선

<table>
<tr><th colspan="2">배선</th><th>배선종류</th><th>비고</th></tr>
<tr><td colspan="2">1. 전원회로 배선</td><td>내화배선</td><td></td></tr>
<tr><td rowspan="3">2. 감지기회로 배선</td><td>아날로그 감지기
R형 수신기용</td><td>쉴드선(차폐선)</td><td>전자파방해를 받지 않는
방식은 제외</td></tr>
<tr><td>감지기 상호간</td><td>내열 또는 내화배선</td><td>HFIX전선 가능</td></tr>
<tr><td>기타</td><td>내열 또는 내화배선</td><td></td></tr>
<tr><td colspan="2">3. 그 밖의 회로 배선</td><td></td><td>내열 또는 내화배선</td></tr>
</table>

※ R형의 통신선에 쉴드선을 사용하는 이유는 전자유도를 방지하기 위한 것이다.

Tip

50층 이상인 건축물에 설치하는 통신·신호배선은 이중배선을 설치하도록 하고 단선(斷線) 시에도 고장표시가 되며 정상 작동할 수 있는 성능을 갖도록 설비를 하여야 한다.

- 수신기와 수신기 사이의 통신배선
- 수신기와 중계기 사이의 신호배선
- 수신기와 감지기 사이의 신호배선

연습문제

01 지하구의 길이가 다음과 같을 때 최소경계구역을 몇 개로 구분해야 하는지 계산하시오.

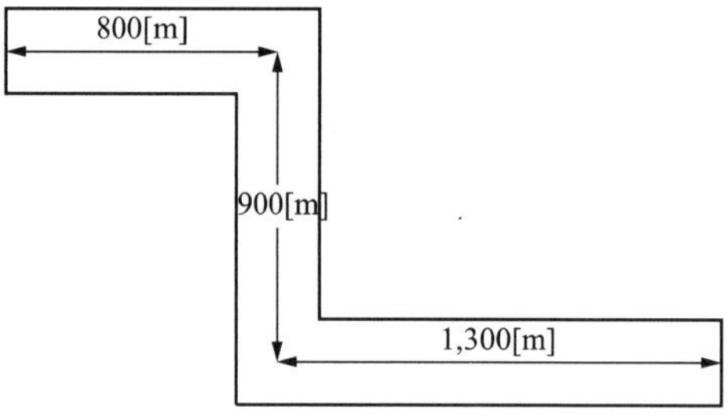

02 감지기의 배선방식인 송배전식과 교차회로 방식에 대해 설명하시오.

03 교차회로 방식을 적용하는 소화설비에는 어떤 것이 있는가?

04 20[m] 이상 높이에 설치할 수 있는 감지기는 어떤 감지기인가?

05 이온화식과 광전식 감지기의 차이점을 비교 설명하시오.

06 자외선과 적외선 감지기의 차이점을 비교 설명하시오.

07 감지기 설치 제외장소는?

08 P형 1급 수신기와 R형 수신기에 대해 비교 설명하시오.

09 자동화재탐지설비의 경계구역 설정 기준에 대해 설명하시오.

10 다음의 내화건축물에 차동식 스포트형 감지기(1종)를 설치하고자 한다. 감지기 부착높이는 4.2[m]일 때 필요한 감지기 개수와 경계구역 수를 구하라.

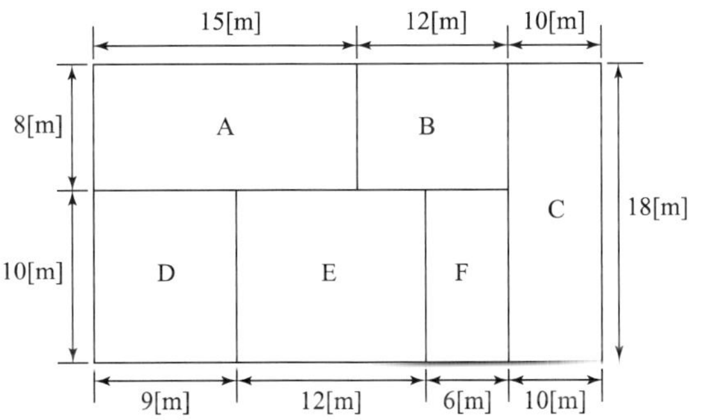

11 감지기 종단저항의 설치목적과 설치기준에 대해 설명하시오.

12 그림은 연면적 5,000[m^3] 지상 5층, 지하 1층인 건물에 설치할 자동화재탐지설비 계통도이다. 주어진 조건에 따라 다음 물음에 답하여라.

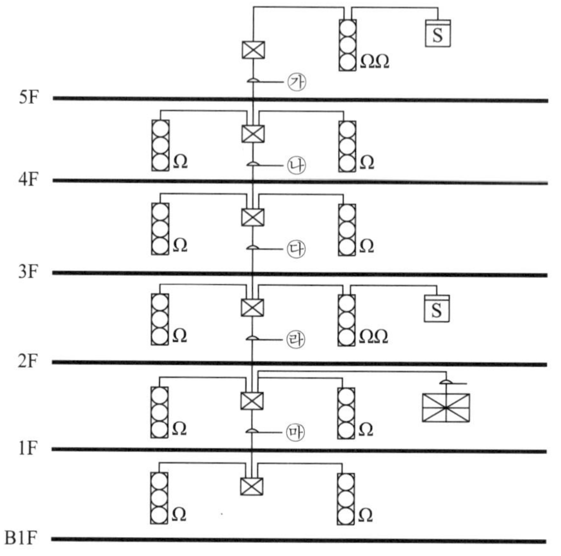

조건
① 전선의 굵기는 2.5[mm^2]로 한다.
② 전선의 종류는 HFIX 전선을 사용한다.
③ 계단 감지기의 회로는 각각 별개의 회로로 구성한다.
④ 수신기는 P형 1급 13회로용을 설치한다.

다음 빈 칸에 전선의 수와 전선의 용도를 쓰시오.

기호	전선의 수	전선의 용도
㉮		
㉯		
㉰		
㉱		
㉲		
㉳		

13 그림은 자동화재탐지설비의 간선 계통도 및 평면도이다. 도면 및 조건을 보고 다음 물음에 답하시오.

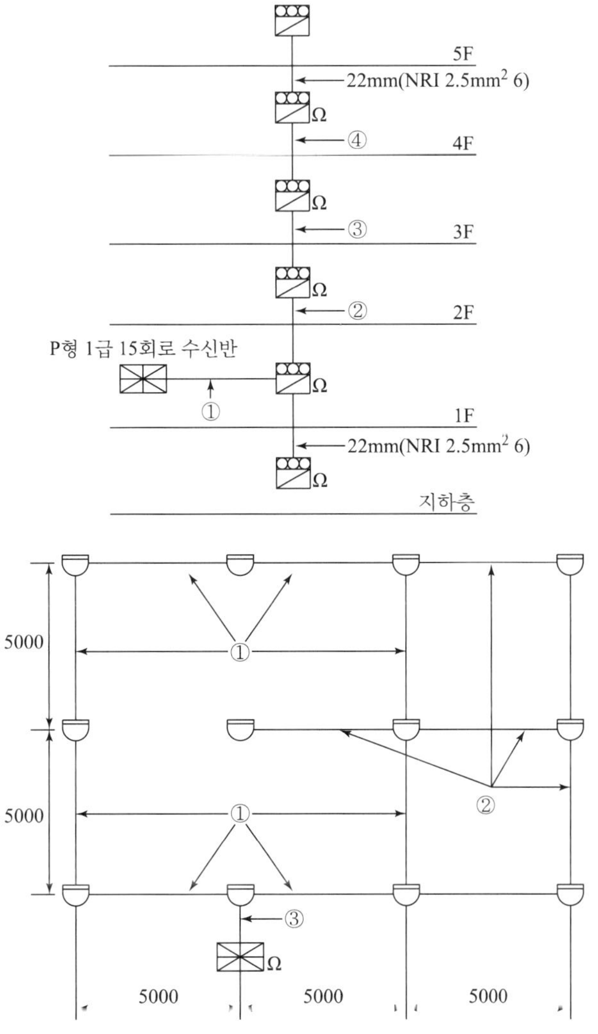

[간선계통도 및 평면도]

> 조건
> ① 화재경보는 발화층 및 직상층, 직하층 우선경보방식이다.
> ② 평면도상의 모든 전선관은 후강전선관이며, 매입 배관이고, 전선은 HFIX 2.5[mm^2]를 사용할 것

(1) 화재경보 계통도의 ①~④에 필요한 최소 전선수 및 전선관을 기입하시오.

(2) 화재경보 평면도의 ①~③에 필요한 전선의 최소수는 얼마인가?

14 다음의 내화건축물에 연기감지기(2종)를 설치하고자 한다. 연기감지기 부착높이는 6.2[m]일 때 필요한 연기감지기 개수는 몇 개인가?

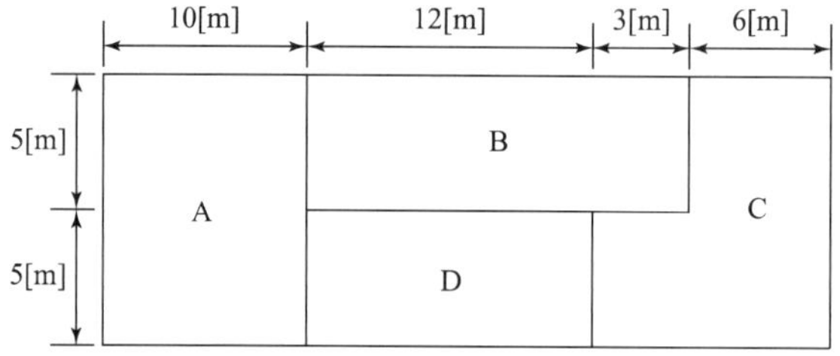

15 옥내소화전함이다. 물음에 답하시오(습식 준비작동 스프링클러이다). (10점)

(1) 다음 가닥수를 산정하시오.

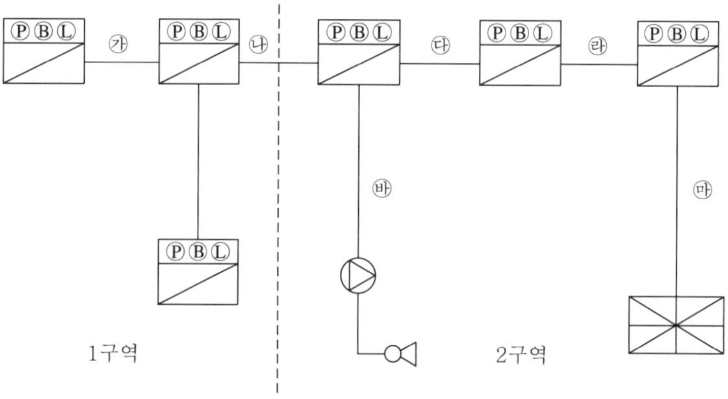

	회로선	회로 공통선	경종선	경종 표시등 공통선	표시등선	응답선	기동 확인 표시등	탬퍼 스위치	압력 스위치	사이렌	공통	합계
㉮	1	1	1	1	1	1	2					8
㉯												
㉰												
㉱												
㉲												
㉳												

(2) 습식 준비작동 스프링클러 개방 후 알림이 울리는 경우 설명하시오.

(3) 경보장치는 수평거리 몇 [m]인가?

16 집합형 중계기와 분산형 중계기에 대하여 설명하시오.

17 발신기의 설치기준에 대해 쓰시오.

CHAPTER 2

비상경보설비 및 단독경보형 감지기(NFTC/PC 201)

비상경보설비는 자동화재탐지설비에서 감지된 화재를 신속하게 특정소방대상물 안에 있는 사람에게 경보하여 피난시키며 또한 초기 소화활동을 용이하게 하기 위한 설비이다. 종류에는 비상벨, 자동식 사이렌 및 단독형 화재경보기가 있다.

단독경보형 감지기란 수신기나 발신기를 설치하지 않고 감지기만 단독으로 설치하는 것으로 음향장치가 내장된 일체형의 감지기이다. 전원은 대부분은 내장된 건전지를 이용하여 작동하는 감지기로서 정온식이나 연기감지기에 한하여 적용하고 있다. 주택 화재감지를 위하여 개발된 것이나 배관, 배선이 필요 없는 관계로 다중이용업소의 경우 구획된 장소에도 사용된다.

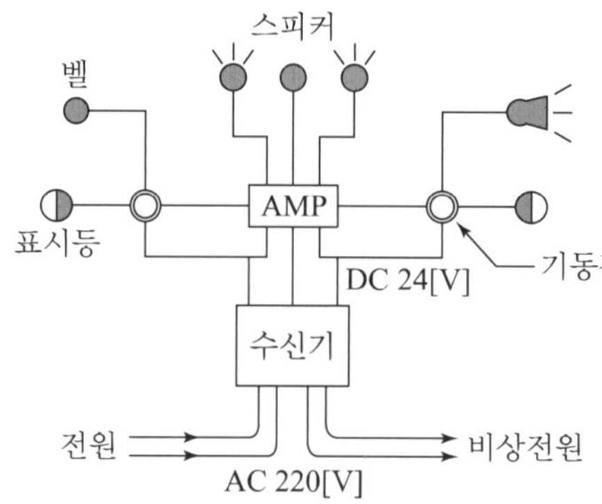

그림 2-1 비상경보설비의 구성

1 설치대상 및 설치기준

(1) 설치대상

1) 비상경보설비

① 연면적이 400[m^2] 이상인 특정소방대상물.

② 지하층 또는 무창층의 바닥면적이 150[m^2] 이상(공연장 100[m^2] 이상)인 특정소방대상물.

③ 지하가 중 터널로서 길이가 500[m] 이상인 것.

④ 50명 이상의 근로자가 작업하는 옥내작업장.

※ 모래·석재 등 불연재료 공장 및 창고시설, 위험물 저장 및 처리 시설 중 가스시설, 사람이 거주하지 않거나 벽이 없는 축사 등 동물 및 식물 관련 시설 및 지하구는 제외

2) 단독경보형 감지기

① 교육연구시설 또는 수련시설 내에 있는 기숙사 또는 합숙소로서 연면적 2,000[m^2] 미만인 것

② 수용인원 100명 이하인 수련시설(숙박시설이 있는 것만 해당)

③ 연면적 400[m^2] 미만의 유치원

④ 공동주택 중 연립주택 및 다세대주택

(2) 설치면제

면제 대상설비	면제 조건
비상경보설비, 단독경보형 감지기	자동화재탐지설비 또는 화재알림설비 설치 시

(3) 설치기준

1) 비상벨·자동식 사이렌의 설치기준

① 부식성가스 또는 습기 등으로 인하여 부식의 우려가 없는 장소에 설치하여야 한다.

② 지구음향장치는 특정소방대상물의 층마다 설치하되, 해당 특정소방대상물의 각 부분으로부터 하나의 음향장치까지의 수평거리가 25[m] 이하가 되도록 하고, 해당 층의 각 부분에 유효하게 경보를 발할 수 있도록 설치하여야 한다.

③ 음향장치는 정격전압의 80[%] 전압에서 음향을 발할 수 있도록 하여야 한다.

④ 음향장치의 음량은 부착된 음향장치의 중심으로부터 1[m] 떨어진 위치에서 90[dB] 이상이 되는 것으로 하여야 한다.

⑤ 발신기는 다음의 기준에 따라 설치하여야 한다. 다만, 지하구의 경우에는 발신기를 설치하지 아니할 수 있다.

(ㄱ) 조작이 쉬운 장소에 설치하고, 조작스위치는 바닥으로부터 0.8[m] 이상 1.5[m] 이하의 높이에 설치할 것

(ㄴ) 특정소방대상물의 층마다 설치하되, 해당 특정소방대상물의 각 부분으로부터 하나의 발신기까지의 수평거리가 25[m] 이하가 되도록 할 것. 다만, 복도 또는 별도로 구획된 실로서 보행거리가 40[m] 이상일 경우에는 추가로 설치하여야 한다.

(ㄷ) 발신기의 위치표시등은 함의 상부에 설치하되, 그 불빛은 부착면으로부터 15[°] 이상의 범위 안에서 부착지점으로부터 10[m] 이내의 어느 곳에서도 쉽게 식별할 수 있는 적색등으로 할 것

⑥ 상용전원은 다음의 기준에 따라 설치하여야 한다.

(ㄱ) 전원은 전기가 정상적으로 공급되는 축전지, 전기저장장치(외부 전기에너지를 저장해 두었다가 필요한 때 전기를 공급하는 장치) 또는 교류전압의 옥내 간선으로 하고, 전원까지의 배선은 전용으로 할 것

(ㄴ) 개폐기에는 "비상벨설비 또는 자동식사이렌설비용"이라고 표시한 표지를 할 것

⑦ 감시상태를 60분간 지속한 후 유효하게 10분 이상 경보할 수 있는 축전지설비(수신기에 내장하는 경우를 포함한다) 또는 전기저장장치(외부 전기에너지를 저장해 두었다가 필요한 때 전기를 공급하는 장치)를 설치하여야 한다.

⑧ 전원회로의 배선은 내화배선에 의하고 그 밖의 배선은 내화배선 또는 내열배선에 따를 것

⑨ 배선은 다른 전선과 별도의 관·덕트(절연효력이 있는 것으로 구획한 때에는 그 구획된 부분은 별개의 덕트로 본다)·몰드 또는 풀박스 등에 설치할 것. 다만, 60[V] 미만의 약전류회로에 사용하는 전선으로서 각각의 전압이 같을 때에는 그러하지 아니하다.

2) 단독경보형 감지기 설치기준

① 단독경보형 감지기는 특정소방대상물의 각 실(이웃하는 실내의 바닥면적이 각각 30[m^2] 미만이고, 벽체 상부의 전부 또는 일부가 개방되어 이웃하는 실내와 공기가 상호 유통하는 경우에는 이를 1개의 실로 본다)마다 설치하되, 바닥면적이 150[m^2]를 초과하는 경우에는 150[m^2]마다 1개 이상 설치할 것.

② 계단실은 최상층의 계단실 천장에 설치할 것.

③ 건전지를 주전원으로 사용하는 단독경보형 감지기는 정상적인 작동상태를 유지할 수 있도록 주기적으로 건전지를 교환할 것.

(4) 경보방식

1) 일제경보방식

10층(공동주택의 경우 15층) 이하의 건축물은 어느 1개 층에 화재가 감지되더라도 모든 층에 화재경보가 울리도록 하여 재실자가 화재정보를 신속히 인지하여 대피할 수 있도록 한다.

2) 우선경보방식

11층(공동주택의 경우 16층) 이상으로 기존 발화층 및 바로 위층에만 경보했던 것을 발화층 및 직상 4개 층에 경보한다.

① 1층에서 발화 시 : 발화층, 그 직상 4개 층 및 지하층
② 2층 이상 층에서 발화 시 : 발화층 및 그 직상 4개 층
③ 지하층에서 발화 시 : 발화층, 그 직상층 및 기타 지하층

발화층	경보층	
	11층(공동주택 16층) 미만	11층(공동주택 16층) 이상
2층 이상 발화	모든 층 일제경보	발화층, 직상 4개 층
1층 발화		발화층, 직상 4개 층, 지하층
지하층 발화		발화층, 직상층, 기타 지하층

연습문제

01 비상경보설비에 대한 설명이다. 다음 각 물음에 답하시오.

(1) 종류 3가지

(2) 특징

02 일제경보방식과 우선경보방식에 대해 설명하시오.

03 단독경보형 감지기 설치기준에 대해 설명하시오.

CHAPTER 3

비상방송설비(NFTC/PC 202)

비상방송설비는 화재 발생 시 자동화재탐지설비에 의해서 감지된 화재신호를 특정소방대상물 내에 있는 사람에게 방송하여 피난 또는 초기 소화활동을 용이하게 하기 위한 설비이다.

기동장치, 확성기(speaker), 음량조정기(attenuator), 증폭기(amplifier), 조작부(operation panel) 기동장치 등으로 구성되어 있다.

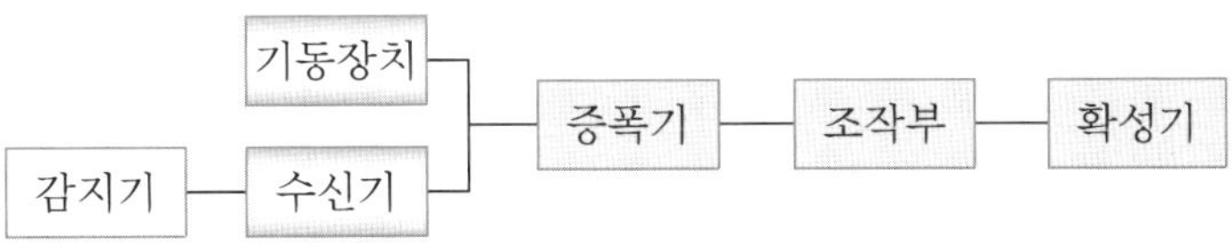

그림 3-1 비상방송설비

1 구성

(1) 기동장치

방송을 기동시켜 주는 장치로 자동화재탐지설비와 연동하는 자동기동 방식과 수동으로 조작되는 수동기동 방식이 있다.

(2) 증폭기

전압 전류의 진폭을 늘려 감도를 좋게 하고 미약한 음성 전류를 커다란 음성 전류로 변화시켜 소리를 크게 한다.

(3) 확성기(Speaker)

소리를 크게 하여 멀리까지 전달될 수 있도록 하는 장치

① 콘형(Cone) : 사무실 등의 천장 매입형으로 설치, 옥내용 3[W]

② 혼형(Horn) : 지하 주차장 등의 벽이나 기둥에 설치, 옥외용 5[W]

(4) 음량조절기

가변저항을 이용하여 전류를 변화시켜 음량을 조절할 수 있는 장치

2 설치대상 및 설치기준

(1) 설치대상

① 연면적이 3,500[m^2] 이상인 특정소방대상물

② 층수가 11층 또는 지하층의 층수가 3층 이상인 특정소방대상물

(2) 설치면제

면제 대상설비	면제 조건
비상방송설비	자동화재탐지설비, 비상경보설비 설치 시

(3) 설치기준

① 확성기의 음성출력은 3[W](실내 1[W]) 이상일 것.

② 확성기는 각 층마다 설치하되, 그 층의 각 부분으로부터 하나의 확성기까지의 수평거리는 25[m] 이하일 것.

③ 음량조정기의 배선은 3선식으로 하여야 한다.

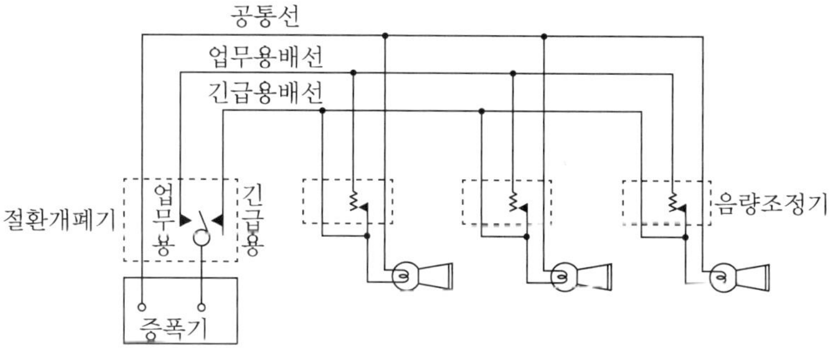

그림 3-2 3선식 배선

④ 조작부의 조작스위치는 바닥으로부터 0.8～1.5[m] 이하의 높이에 설치할 것.

⑤ 조작부는 기동장치의 작동과 연동하여 해당 기동장치가 작동한 층 또는 구역을 표시할 수 있는 것으로 할 것.

⑥ 증폭기 및 조작부는 수위실 등 상시 사람이 근무하는 장소로서 점검이 편리하고 방화상 유효한 곳에 설치할 것.

⑦ 층수가 5층 이상으로서 연면적이 3,000[m^2]를 초과하는 특정소방대상물은 다음에 따라 경보를 발할 수 있도록 하여야 한다.

㈀ 2층 이상의 층에서 발화한 때에는 발화층 및 그 직상층에 경보를 발할 것

㈁ 1층에서 발화한 때에는 발화층·그 직상층 및 지하층에 경보를 발할 것

㈂ 지하층에서 발화한 때에는 발화층·그 직상층 및 기타의 지하층에 경보를 발할 것

⑧ 다른 방송설비와 공용하는 것에 있어서는 화재 시 비상경보 외의 방송을 차단할 수 있는 구조로 할 것

⑨ 다른 전기회로에 따라 유도장애가 생기지 아니하도록 할 것

⑩ 하나의 특정소방대상물에 2 이상의 조작부가 설치되어 있는 때에는 각각의 조작부가 있는 장소 상호간에 동시통화가 가능한 설비를 설치하고, 어느 조작부에서도 해당 특정소방대상물의 전 구역에 방송을 할 수 있도록 할 것

⑪ 기동장치에 따른 화재신고를 수신한 후 필요한 음량으로 화재발생 상황 및 피난에 유효한 방송이 자동으로 개시될 때까지의 소요시간은 10초 이하로 할 것

⑫ 음향장치는 다음의 기준에 따른 구조 및 성능의 것으로 하여야 한다.

㈀ 정격전압의 80[%] 전압에서 음향을 발할 수 있는 것으로 할 것

㈁ 자동화재탐지설비의 작동과 연동하여 작동할 수 있는 것으로 할 것

(4) 상용전원 설치기준

① 전원은 전기가 정상적으로 공급되는 축전지 또는 교류전압의 옥내 간선으로 하고 전원까지 배선은 전용을 한다.

② 개폐기에는 "비상방송설비용"이라고 표시한 표지를 한다.

③ 비상방송설비에는 그 설비에 대한 감시상태를 60분간 지속한 후 유효하게 10분 이상 경보할 수 있는 축전지설비를 설치하여야 한다.

연습문제

01 다음 도면은 사무실건물로 사용되는 어떤 5층 건물에서 비상방송설비를 업무용 방송설비와 겸용하는 경우의 미완성 도면이다. 도면을 보고 다음 각 물음에 답하시오.

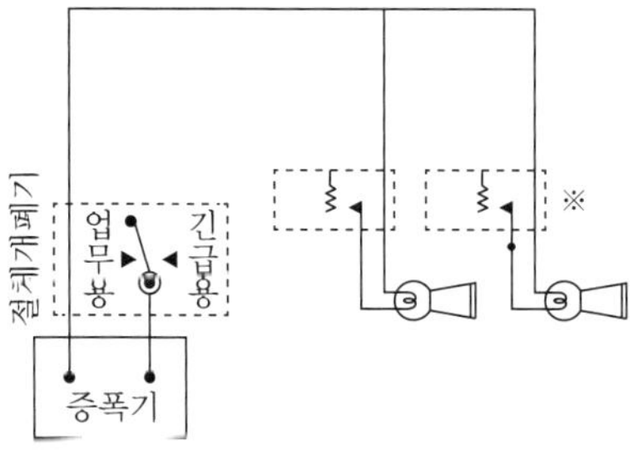

(1) 확성기의 음성입력은 실내에 설치하는 경우 몇 [W] 이상이어야 하는가?

(2) 3층에서 발화한 경우 우선적으로 경보를 발할 수 있어야 하는 층은?

(3) 도면의 ※표()의 명칭은 무엇인가?

(4) 업무용 배선과 긴급용 배선을 도면에 그려 넣으시오.

02 다음을 우선경보방식으로 할 경우 각 부호에 해당하는 전선수를 기입하시오.

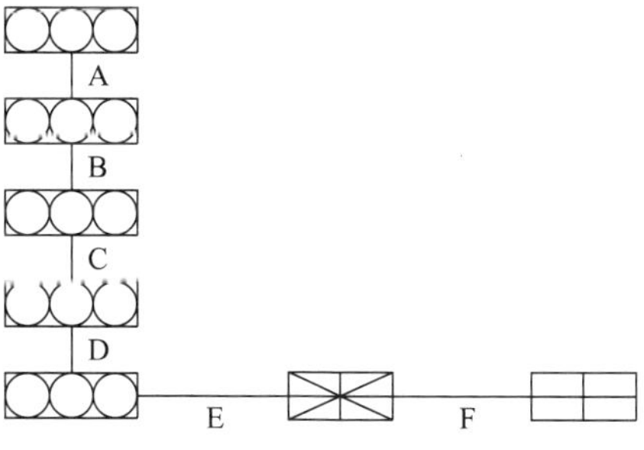

03 다음 (　) 속에 적당한 용어를 넣어라.

(1) 확성기의 음성출력은 (　　) (실내에 설치하는 것에 있어서는 (　　)) 이상이어야 한다.

(2) 확성기는 각 층마다 설치하되, 그 층의 각 부분으로부터 하나의 확성기까지의 수평거리는 (　　) 이하이어야 한다.

(3) 음량조정기를 설치하는 경우 음량조정기의 배선은 (　　)선식으로 하여야 한다.

CHAPTER 4

자동화재속보설비(NFTC/PC 204)

자동화재속보설비란 자동화재탐지설비로부터 화재신호를 받아 통신망을 통하여 음성 등의 방법으로 소방서에 자동적으로 화재발생과 위치를 신속하게 통보해 주는 설비이다. 감지기에서 감지된 화재신호를 수신기에서 수신하여 20초 이내에 오보 또는 화재인가를 판별한 후 소방관서에 자동적으로 3회 이상 반복하여 신고하게 된다.

자동화재탐지설비가 화재신호를 수신하면 오보를 방지하기 위하여 화재신호를 5~7초 지연한 후 계속 화재신호가 수신되면 상용전화를 차단하고, 속보기 전화회선에 자동으로 절환 되어 화재신고 번호 119를 구동시켜 주게 된다. 녹음테이프는 5분 이상 계속하여 통보할 수 있는 용량을 가져야 하며, 신고가 끝나면 일반 전화선로로 자동복귀 되면서 "신고 끝"이란 램프가 점등된다.

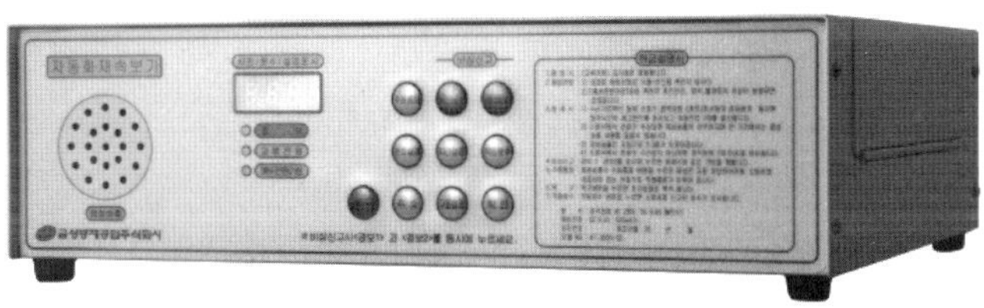

그림 4-1 자동화재속보설비

1 자동화재속보설비의 종류

자동화재 속보기 기능에 따라 A형과 B형 속보기가 있다.

(1) A형 화재 속보기

P형, P형 복합식, GP형, GP형 복합식, R형, R형 복합식, GR형 또는 GR복합식의 수신기

로부터 발하는 화재신호를 수신하여 20초 이내 특정소방대상물의 위치를 3회 이상 소방관서에 자동적으로 통보하여 주는 것으로 지구등이 없다.

(2) B형 화재 속보기

P형 수신기, R형 수신기와 A형 화재 속보기의 기능을 통합한 것으로 수신기로부터 발하는 화재신호를 수신하여 20초 이내 특정소방대상물의 위치를 3회 이상 소방관서에 자동적으로 통보하여 주는 것으로 지구등이 있다.

2 설치대상 및 설치기준

(1) 설치대상

다음의 어느 하나에 해당하는 것으로 한다. 다만, 방재실 등 화재 수신기가 설치된 장소에 24시간 화재를 감시할 수 있는 사람이 근무하고 있는 경우에는 자동화재속보설비를 설치하지 않을 수 있다.

① 노유자 생활시설
② 노유자 시설로서 바닥면적이 500[m^2] 이상인 층이 있는 것
③ 수련시설(숙박시설이 있는 것만 해당)로서 바닥면적이 500[m^2] 이상인 층이 있는 것
④ 문화재 중 「문화재보호법」 제23조에 따라 보물 또는 국보로 지정된 목조건축물
⑤ 근린생활시설 중 다음의 어느 하나에 해당하는 시설
  ㈀ 의원, 치과의원 및 한의원으로서 입원실이 있는 시설
  ㈁ 조산원 및 산후조리원
⑥ 의료시설 중 다음의 어느 하나에 해당하는 것
  ㈀ 종합병원, 병원, 치과병원, 한방병원 및 요양병원(의료재활시설은 제외)
  ㈁ 정신병원 및 의료재활시설로 사용되는 바닥면적의 합계가 500[m^2] 이상인 층이 있는 것
⑦ 판매시설 중 전통시장

<table>
<tr><th>설치대상</th><th>조건</th></tr>
<tr><td>• 수련시설(숙박시설이 있는 것)
• 노유자 시설, 정신병원, 의료재활시설</td><td>바닥면적 500[m²]</td></tr>
<tr><td>목조건축물</td><td>보물 또는 국보</td></tr>
<tr><td>노유자 생활시설, 전통시장, 조산원 및 산후조리원</td><td rowspan="3">전부</td></tr>
<tr><td>의원, 치과의원 및 한의원(입원실 있는 시설)</td></tr>
<tr><td>종합병원, 병원, 치과병원, 한방병원 및 요양병원(의료재활시설 제외)</td></tr>
</table>

(2) 설치면제

면제 대상설비	면제 조건
자동화재속보설비	화재알림설비 설치 시

(3) 설치기준

① 자동화재탐지설비와 연동으로 작동하여 자동적으로 화재신호를 소방관서에 전달되는 것으로 할 것. 이 경우 부가적으로 특정소방대상물의 관계인에게 화재신호를 전달되도록 할 수 있다.

② 조작스위치는 바닥으로부터 0.8[m] 이상 1.5[m] 이하의 높이에 설치할 것

③ 속보기는 소방관서에 통신망으로 통보하도록 하며, 데이터 또는 코드전송방식을 부가적으로 설치할 수 있다. 다만, 데이터 및 코드전송방식의 기준은 소방청장이 정하여 고시한 「자동화재속보설비의 속보기의 성능인증 및 제품검사의 기술기준」에 따른다.

④ 문화재에 설치하는 자동화재속보설비는 ①의 기준에도 불구하고 속보기에 감지기를 직접 연결하는 방식(자동화재탐지설비 1개의 경계구역에 한한다)으로 할 수 있다.

⑤ 속보기는 소방청장이 정하여 고시한 「자동화재속보설비의 속보기의 성능인증 및 제품검사의 기술기준」에 적합한 것으로 설치해야 한다.

연습문제

01 A형 자동화재 속보기와 B형 자동화재 속보기를 비교 설명하시오.

02 B형 자동화재 속보기가 갖추어야 할 기능시험장치 3가지를 쓰시오.

03 자동화재 속보기 설치기준에 대해 설명하시오.

CHAPTER 5

누전경보기(NFTC/PC 205)

누전경보기는 600[V] 이하인 저압전로에서 누설전류 또는 지락전류를 검출하여 해당 특정소방대상물의 관계자에게 경보를 발하는 설비이다.

인체의 감전방지, 누전에 의한 화재, 폭발방지 및 기계기구 손상방지가 주목적이다.

누설전류를 검출하는 영상변류기(ZCT), 그 전류를 증폭하는 수신기, 경보를 발하는 음향장치로 구성된다.

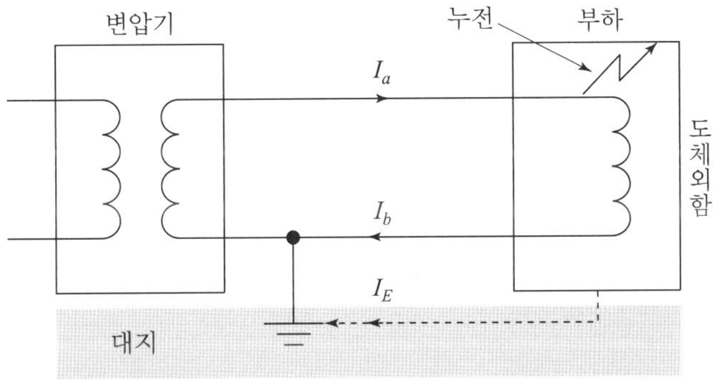

그림 5-1 누전 전로의 경로

1 구성

(1) 수신기

변류기로부터 검출된 신호를 수신하여 누전의 발생을 해당 특정소방대상물의 관계인에게 경보를 통보하는 장치이다.

(2) 변류기

경계전로의 누설전류를 검출하여 이를 수신기에 송신하는 장치이다.

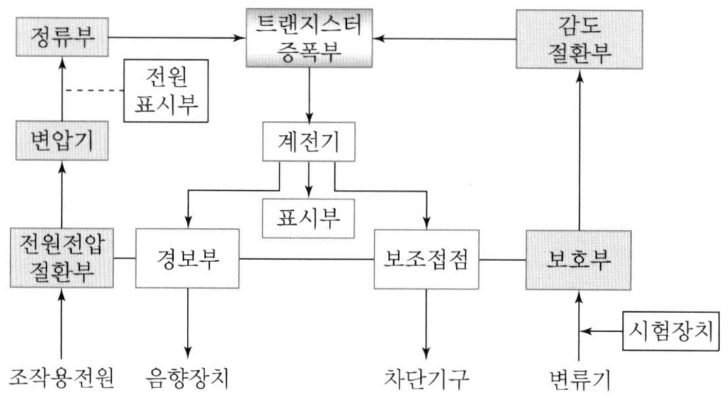

그림 5-2 누전경보기 구성

(3) 차단기구

경계전로에 누설전류가 흐르는 경우 이를 수신하여 그 경계전로의 전원을 자동적으로 차단하는 장치이다.

(4) 음향장치

경보를 발하는 장치이다.

1급 누전경보기 : 70[dB] 이상

2급 누전경보기 : 60[dB] 이상

2 설치대상 및 설치기준

(1) 설치대상

계약전류용량(같은 건축물에 계약 종류가 다른 전기가 공급되는 경우에는 그 중 최대계약전류용량)이 100[A]를 초과하는 특정소방대상물.

(2) 설치면제

면제 대상설비	면제 조건
누전경보기	아크경보기 또는 지락차단장치 설치 시

(3) 설치기준

- 변류기는 특정소방대상물의 형태, 인입선의 시설방법 등에 따라 옥외 인입선의 제1지점의 부하측 또는 제2종 접지선측의 점검이 쉬운 위치에 설치할 것. 다만, 인입선의 형태 또는 특정소방대상물의 구조상 부득이한 경우에는 인입구에 근접한 옥내에 설치할 수 있다.
- 변류기를 옥외의 전로에 설치하는 경우에는 옥외형으로 설치할 것.

표 5-1 설치기준

경계전로의 정격전류	종 별
60[A] 초과	1급 누전경보기
60[A] 이하	1급 누전경보기 또는 2급 누전경보기

1) 음향장치

① 사용전압의 80[%]에서 정상적으로 경보음을 발할 수 있어야 한다.

② 음량은 1[m] 떨어진 위치에서 90[dB] 이상이어야 한다.

2) 전원

① 전원은 전용회로로 하고, 개폐기 및 15[A] 이하의 과전류 차단기(배선용 차단기에 있어서는 20[A] 이하)를 설치해야 한다.

② 전원을 분기할 때에는 다른 차단기에 의하여 전원이 차단되지 않도록 해야 한다.

③ 전원의 개폐기에는 누전경보기용임을 표시한 표시를 해야 한다.

3) 수신기의 설치장소

① 옥내의 점검에 편리한 장소에 설치하되, 가연성 증기·먼지 등이 체류할 우려가 있는 장소의 전기회로에는 해당 부분의 전기회로를 차단할 수 있는 차단기구를 가진 수신기를 설치하여야 한다. 이 경우 차단기구의 부분은 해당 장소 외의 안전한 장소에 설치하여야 한다.

② 음향장치는 수위실 등 상시 사람이 근무하는 장소에 설치할 것

③ 음량 및 음색은 다른 기기의 소음등과 명확히 구별할 수 있을 것

4) 수신기의 설치 제외장소

① 가연성의 증기·먼지·가스 등이나 부식성의 증기·가스 등이 다량으로 체류하는 장소
② 화약류를 제조하거나 저장 또는 취급하는 장소
③ 습도가 높은 장소
④ 온도의 변화가 급격한 장소
⑤ 대전류회로·고주파 발생회로 등에 의해서 영향을 받을 우려가 있는 장소

3 작동원리

(1) 단상식

누설전류가 없는 경우에는 그림 5-3(a)와 같이 회로에 흐르는 왕로전류 I_1과 귀로전류 I_2는 같다. 그러나 전류의 방향이 반대이므로 왕로전류 I_1에 의한 자속 ϕ_1과 귀로전류 I_2에 의한 자속 ϕ_2는 $\phi_1 = \phi_2$가 되어 영상변류기의 합성자속은 0이다.

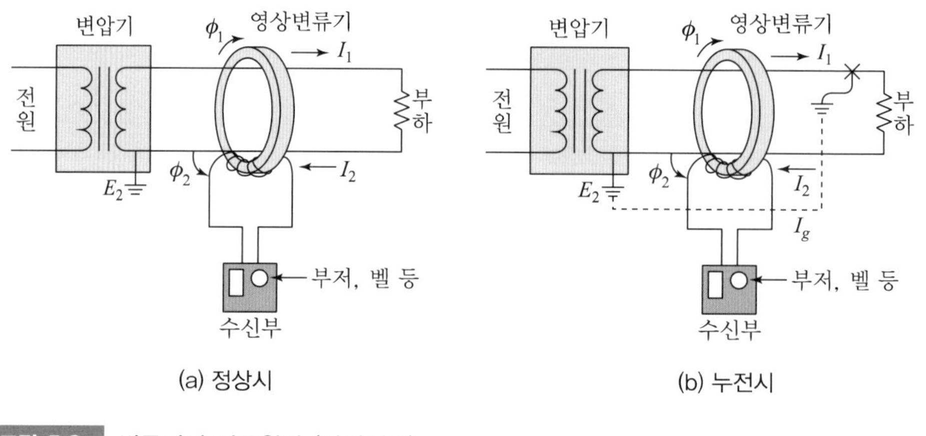

그림 5-3 변류기의 작동원리 (단상전로)

그러나 누전이 발생하여 누설전류 I_g가 흐르면 왕로전류는 $I_1 + I_g$가 되고 귀로전류는 왕로전류 $I_1 + I_g$보다 작아져서 누설전류 I_g에 의한 자속이 생기게 되어 영상변류기에 유기전압을 유도시킨다. 이 전압을 증폭하여 릴레이를 동작시켜 경보를 말한다. 이 때 누설전류 I_g에 의한 자속으로 유기전압은 다음과 같다.

$$E = 4.44 f N_2 \phi_g \times 10^{-8}\,[\mathrm{V}]$$

여기서, E : 유기전압
f : 주파수
N_2 : 변류기 2차 권선수
ϕ_g : 누설전류에 의한 자속

(2) 3상식

1) 정상 시 (누설전류가 없을 때)

그림 5-4(a)는 정상상태의 3상 3선식 교류회로로 부하 L의 a, b, c점에 대해 키르히호프 법칙을 적용하면 각 선전류는 다음 식과 같다.

$$a : I_1 = I_b - I_a$$
$$b : I_2 = I_c - I_b$$
$$c : I_3 = I_a - I_c$$
$$\therefore I_1 + I_2 + I_3 = I_b - I_a + I_c - I_b + I_a - I_c = 0$$

전류의 흐름이 같은 방향은 +, 반대 방향은 −로 표시하면 이들 각 선전류의 벡터의 합은 $I_1 + I_2 + I_3 = 0$이 된다. 따라서 각 선전류는 평형을 이루게 되어 영상변류기 ZCT의 2차측에는 출력이 나타나지 않는다.

2) 누전 시 (누설전류가 흐를 때)

그림 5-4(b)와 같이 c점에서 누전이 발생하여 지락전류가 흐른다면 부하 L의 a, b, c점에 키르히호프 법칙을 적용하면 각 선전류는

$$a : I_1 = I_b - I_a$$
$$b : I_2 = I_c - I_b$$
$$c : I_3 = I_a - I_c + I_g$$
$$\therefore I_1 + I_2 + I_3 = I_b - I_a + I_c - I_b + I_a - I_c + I_g = I_g$$

이들 각 점에서 전류 I_a, I_b, I_c를 합치면, $I_1 + I_2 + I_3 = I_g$라는 누설전류가 발생되고, 누설전류 I_g는 ϕ_g라는 자속을 발생시켜 ϕ_g로 단상의 경우와 마찬가지로 영상변류기에 유기전압을 발생시켜 이 전압을 증폭시켜 수신기에 신호를 보내 경보를 발하여 주는 것이다.

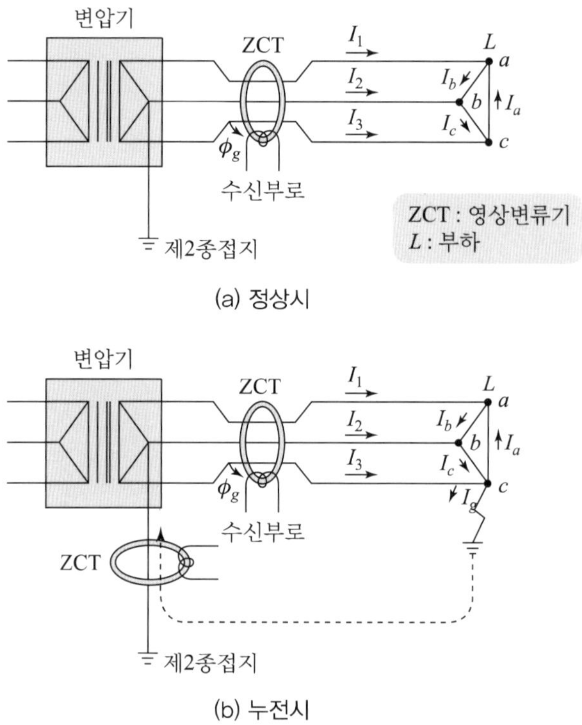

그림 5-4 변류기의 작동원리 (3상전로)

4 검정기술기준

(1) 누전경보기의 구조 및 기능

① 외함은 불연성 또는 난연성 재질로 만들 것

② 극성이 있는 경우에는 오접속방지 조치를 할 것

③ 정격전압이 60[V]를 넘는 기구의 금속제 외함에는 접지단자를 설치할 것

④ 누전경보기의 단자 외의 부분은 견고한 상자에 넣을 것

(2) 부품

1) 감지기에 내장하는 음향장치

① 사용전압의 80[%]인 전압에서 소리를 내어야 할 것

② 음향장치의 중심으로부터 1[m] 떨어진 지점에서 70[dB] 이상일 것 (고장표시용은 60[dB] 이상)

2) 변압기

① 정격 1차 전압은 300[V] 이하로 할 것

② 변압기의 외함에는 접지단자를 설치할 것

3) 차단기를 갖는 누전경보기

① 개폐부는 원활하고 확실하게 작동하여야 하며 정지점이 명확할 것

② 개폐부는 수동으로 개폐되어야 하며 자동적으로 복귀하지 아니할 것

(3) 공칭작동 전류치

누전경보기의 공칭작동 전류치는 200[mA] 이하일 것.

(4) 감도조정장치

감도조정장치를 갖는 누전경보기에 있어서 감도조정장치의 조정범위는 최대치가 1[A]일 것

(5) 변류기

변류기는 직류 500[V]의 절연저항계로 다음에 의한 시험에 5[MΩ] 이상이어야 한다.

① 절연된 1차 권선과 2차 권선 간의 절연저항

② 절연된 1차 권선과 외부금속 간의 절연저항

③ 절연된 2차 권선과 외부금속 간의 절연저항

(6) 수신부

1) 절연저항시험

수신부는 절연된 충전부와 외함간 및 차단기구의 개폐부 절연저항을 직류 500[V]의 절연저항계로 측정하는 경우 5[MΩ] 이상이어야 한다.

2) 반복시험

수신부는 그 정격전압에서 10,000회 누전작동시험을 실시

5 변류기의 바른 결선과 오결선

(1) 전선의 변류기 관통 유무

그림 5-5(a)는 변류기에 중성선만 관통되어 있으므로 중성선의 부하전류가 오동작을 하게 하므로 그림 5-5(b)와 같이 변류기에 전선의 3가닥을 모두 관통시켜야 한다.

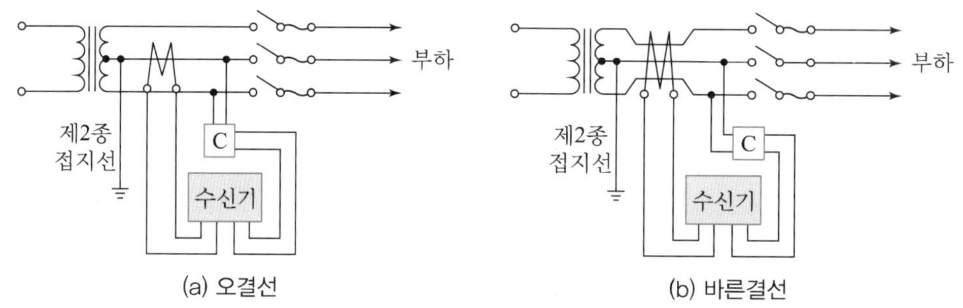

그림 5-5 전선관통 유무

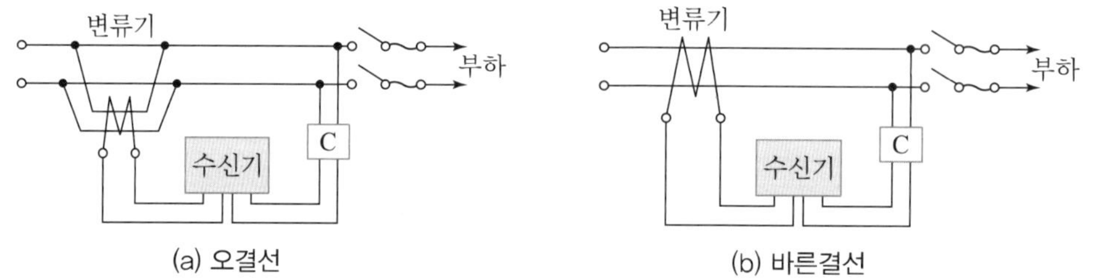

그림 5-6 결선 유무

(2) 접지와 접지선에 관계된 경우

1) 접지선 위치의 적정유무

그림 5-7(a)는 부하전류가 A 접지선에 의해 B 접지선이 분류되며 누전이 없을 때도 동작하므로 그림 5-7(b)와 같이 전원측인 변류기 앞에 접지하여야 한다.

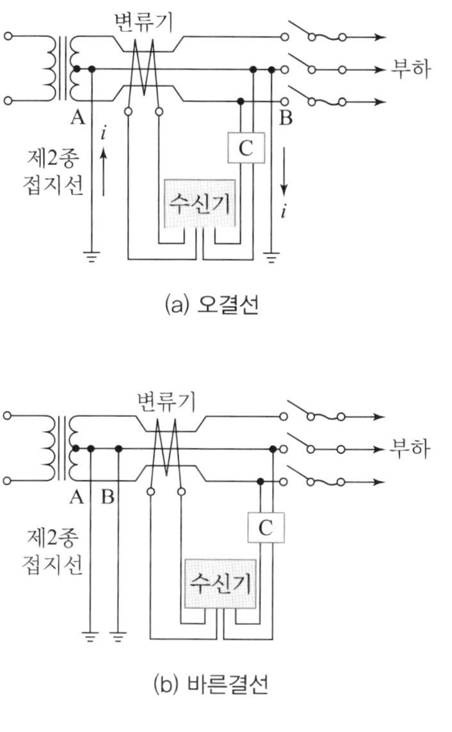

그림 5-7 변류기에 따른 접지선의 위치

2) 접지선에 변류기를 설치하는 경우

그림 5-8은 접지선에 변류기를 설치하는 경우로 (a)와 같이 하면 중성선의 부하전류에서 A, B간의 전류가 분류되어 누전이 없어도 오동작한다. 그러므로 (b)와 같이 A 접지선을 제거한다.

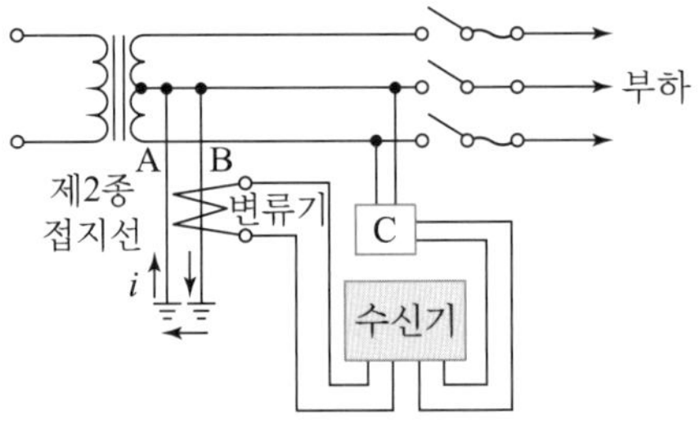

(a) 오결선

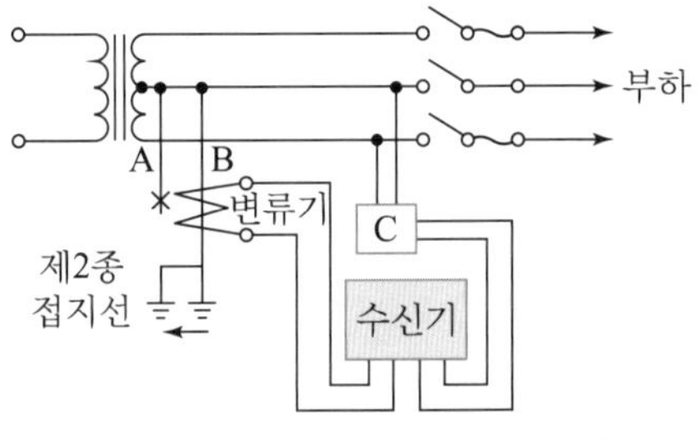

(b) 바른결선

그림 5-8 접지선에 변류기를 설치하는 경우

3) 외함 접지선에 변류기를 설치하는 경우

시험용으로 쓰이는 외함의 접지선에 변류기를 설치할 때 그림 5-9(a)와 같이 하면 직접 변압기에 접지 되어 누전이 되어도 동작하지 않는다. 그러므로 그림 5-9(b)와 같이 외함접지를 변류기 설치점이 아닌 접지측에 접속시켜야 한다.

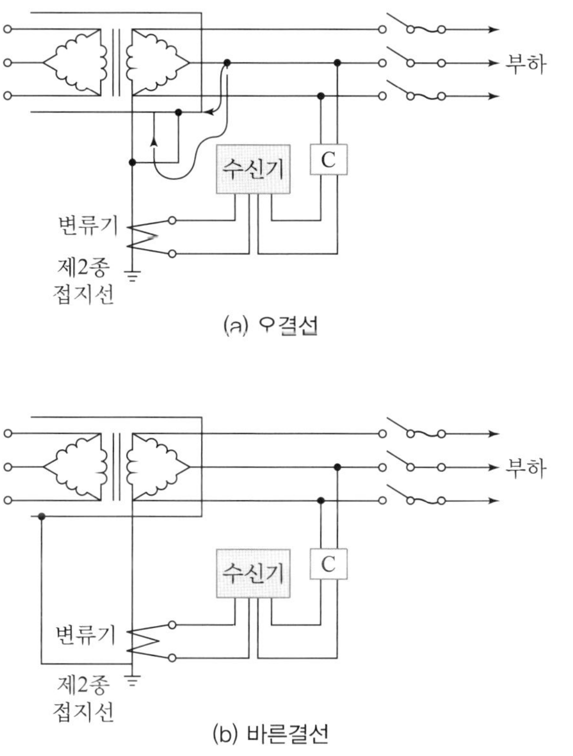

그림 5-9 외함 접지선에 변류기를 설치하는 경우

(3) 접지종류가 다른 경우

제3종 접지를 하는 분전반 외함에 제2종 접지선의 한 점을 그림 5-10(a)와 같이 접속하면 오동작 하므로 그림 5-10(b)와 같이 분전반 외함과 중성선인 제2종 접지선과 제3종 접지선을 분리시켜야 한다.

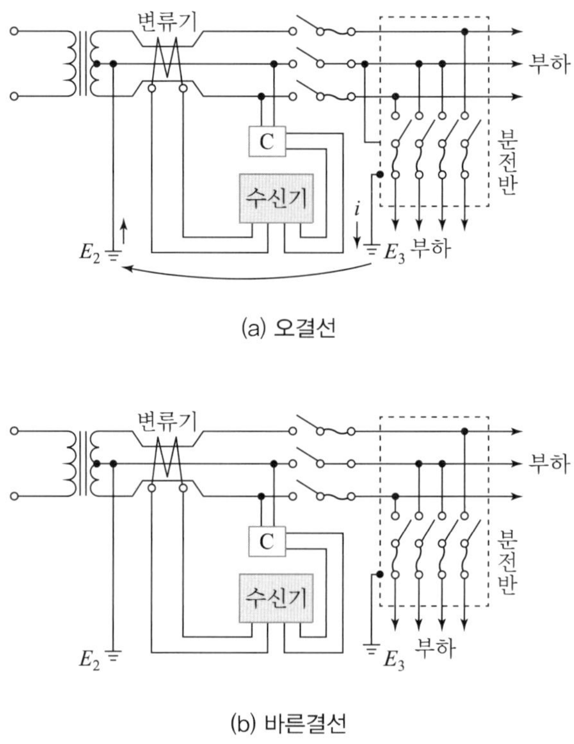

그림 5-10 접지종류가 다른 경우

연습문제

01 누전경보기 1급과 2급의 차이점에 대해 설명하시오.

02 3상 3선식 누전경보기의 작동원리를 설명하시오.

03 ZCT의 명칭 및 용도에 대해 쓰시오.

04 다음 ( ) 속에 적당한 용어를 넣어라.

> 경계전로의 정격전류가 60[A]를 초과하는 전로에는 ( ) 누전경보기를, 60[A] 이하의 전로에 있어서는 ( ) 또는 ( ) 누전경보기를 설치하며 감도조정장치 조절범위의 최댓값은 ( )이다. 전원은 전용회로로 하고, ( ) 및 ( ) 이하의 과전류 차단기(배선용 차단기에 있어서는 ( ) 이하의 각 극을 개폐할 수 있는 것)를 설치해야 한다.

05 누설전류가 흐르지 않았는데도 누전경보기가 경보를 발하였다. 그 원인은?

06 누전경보기의 수신기 설치장소는?

07 다음 그림에서 잘못된 곳을 찾아 수정하시오.

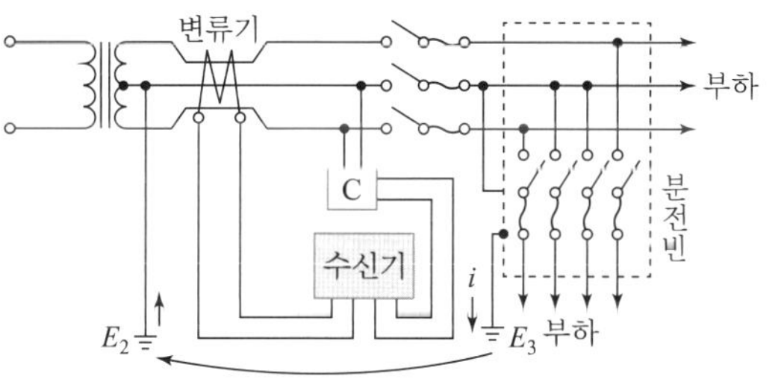

08 누전경보기에 관한 다음 물음에 답하시오.

(1) 누전경보기의 수신기 내부 구조 블록도이다. 빈 곳을 완성하시오.

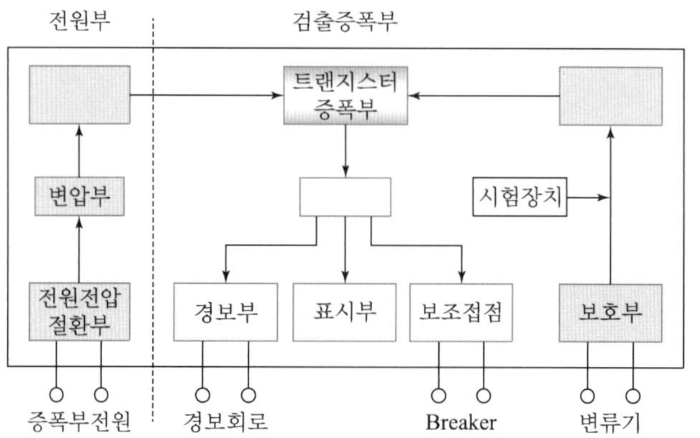

(2) 누전경보기의 수신기 증폭방식을 쓰시오.

(3) 누전경보기의 수신기 전원부의 회로구성을 완성하시오.

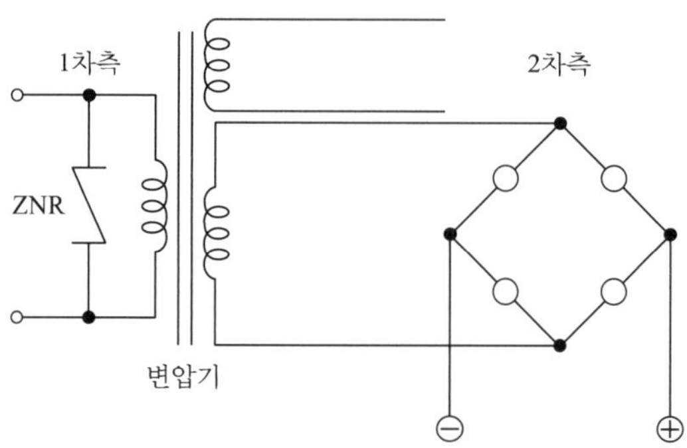

(4) 누전경보기의 수신기 전원부 1차측 설치된 ZNR의 목적은 무엇인가?

CHAPTER 6

가스누설경보기

가스누설경보기란 LNG, LPG 등 가연성 가스의 누설, 체류를 탐지하여 관계자나 이용자에게 자동으로 경보하는 장치이다.

> **Tip**
>
> **도시가스(LNG)와 프로판가스(LPG)의 차이점**
>
> 도시가스(LNG : Liquified Natural Gas＝액화천연가스)는 공기보다 가벼우며 표준비중이 0.61～0.81이다. 따라서 공기 중에 누출시 대기 중으로 쉽게 확산된다.
>
> 프로판가스(LPG : Liquified Petroleum Gas＝액화석유가스)는 표준비중이 프로판은 1.5, 부탄은 2로 공기보다 현저히 무거운 기체이다. 따라서 가스누설이 발생할 경우 창문 등을 열어도 환기되지 않고 건물 밑 부분에 체류하여 점화원이 존재하면 폭발 같은 큰 사고로 이어질 위험이 있어 통풍구나 검지기의 검지부는 바닥측에 설치하여야 한다.

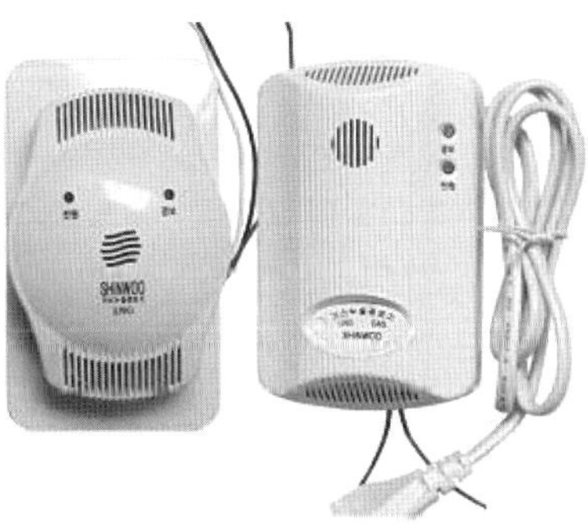

그림 6-1 가스누설 검지기

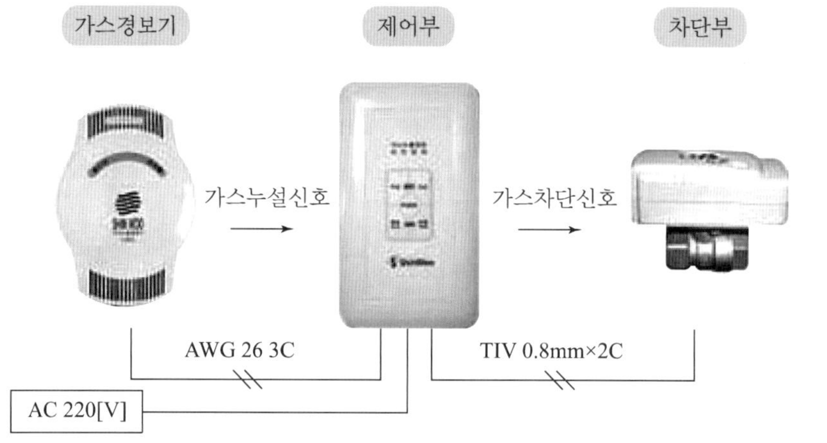

그림 6-2 가스누설경보기 결선도

1 특징

① 단독형과 분리형(공업용, 일반용, 휴대용)으로 구분한다.
② 감지할 수 있는 가스의 농도를 조절할 수 있다.
③ LPG와 같이 공기보다 무거운 가스는 아래쪽에, LNG, 수소 같이 공기보다 가벼운 가스는 위쪽에 경보기를 설치한다.

2 종류

(1) 단독형 : 가정용

하나의 본체에 검지기와 경보부가 일체로 되어 있는 형으로 간편하게 설치할 수 있다.

(2) 분리형 : 영업용 - 1회로, 공업용 - 1회로 이상

분리형은 검지기와 경보부가 분리되어 있는 것으로 검지기는 가스저장실에, 경보부는 경비실과 같이 항상 사람이 상주하는 장소에 설치하여 원거리에서도 저장실의 가스누설상태를 쉽게 감지할 수 있다.

3 설치대상

(1) 충전소(용기)

가스용기 등의 저장탱크로부터 충전하는 곳으로 충전실 내부나 배관설비가 되어 있는 곳

(2) 차량 충전소(Auto-stand)

탱크로리로부터 gas를 공급받아 저장탱크에 저장 auto-stand로 자동차 등에 충전하는 곳으로 저장 탱크실 내부나 배관 설비가 되어 있는 곳

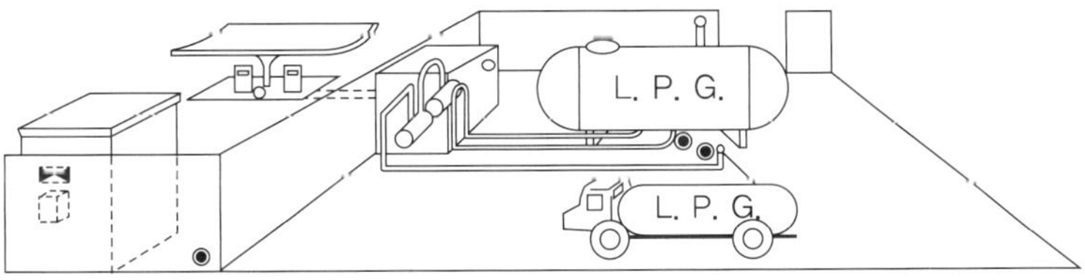

그림 6-3 차량 충전소

(3) 중앙 공급실

다량의 용기를 저장실에 집단수용 하는 중앙 공급시설로 용기 저장실 내부나 배관 등이 되어 있는 곳

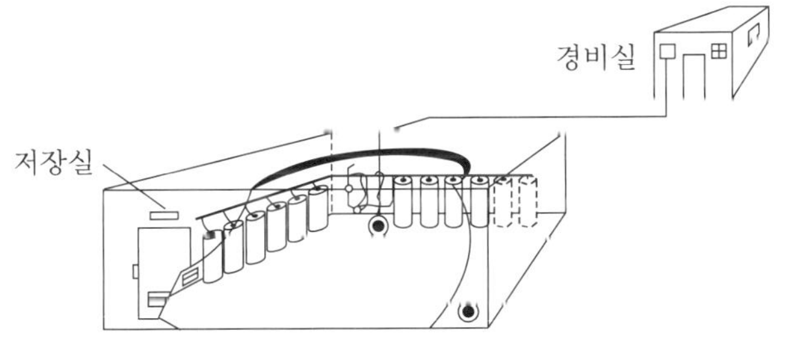

그림 6-4 중앙 공급실

(4) 주방

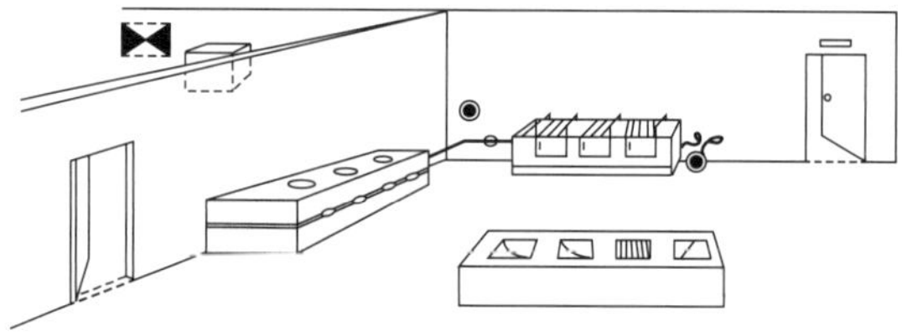

그림 6-5 주방

4 동작 원리에 따른 검지기 종류

(1) 반도체식 가스 검지기

산화주석(SnO_2)이나 산화철(Fe_2O)의 반도체를 히터로 350[℃] 정도 가열하여 두고 여기에 가연성 가스가 접촉하면 가스가 반도체의 표면에 흡착되어 반도체의 자기 저항치가 감소하는 특성을 이용하여 가스누설을 검출하는 것이다. 반도체 소자의 출력은 가스농도에 비례하는데 대개 40～80[V] 정도의 고출력을 얻을 수 있으므로 증폭기를 사용하지 않아도 소형 벨을 울릴 수가 있다. 그러나 반도체식 가스 검지기는 일산화탄소는 검지 못하며 검지소자의 크기는 2[mm] × 4[mm] 정도이다. 이 방식은 가스에 의한 변화가 비교적 안정적이며 큰 출력을 얻을 수 있을 뿐만 아니라 장기간의 안정성에 뛰어난 특징이 있다.

(2) 백금선식 접촉 연소식 검지기

코일상태로 감은 백금선의 표면에 알루미나를 소결시켜 만든 산화촉매를 부착시키고 약 500[℃] 정도로 가열하여 둔다. 가연성 가스가 표면에 접촉하면 백금선의 온도가 상승 전기저항이 커지는 특성을 이용하여 모든 가연성 가스를 검지하고 그 가스의 농도까지 검출할 수 있다. 그러나 출력(최대 50[mV])이 약하므로 경보기를 울리기 위해서는 증폭기(AMP)를 사용해야 한다. 검지소자의 크기는 길이가 약 1[mm] 정도이다.

(3) 기체 열전도식 검지기

백금선 코일에 산화주석(SnO_2) 등의 반도체를 도포하고 이를 가열해 둔 것이다. 공기와 가연성 가스의 열전도도가 다르기 때문에 가연성 가스가 검지소자에 접촉하면 백금선의 온도가 변화하고 이에 따라 전기저항도 변화하는 특성을 이용하여 가스를 검출하는 것이다.

기체 열전도식 검지기도 접촉 연소식 검지기와 같이 모든 가연성 가스를 검지하고 그 농도도 지시할 수 있는데 검출회로의 출력이 약하므로 경보장치를 구동시키려면 증폭기가 필요하다. 검지소자의 크기는 길이가 약 0.5[mm] 정도이다.

5 설치장소

(1) 공기보다 가벼운 가스의 경우

① 연소기구 또는 관통부로부터 수평거리 8[m] 이내, 천장에서 아래로 0.3[m] 이내를 원칙으로 한다. 그러나 천장면에 수평거리 0.6[m] 이상 돌출한 보 등이 있을 때는 그 보 등의 내측(연소기구 등이 있는 쪽) 또는 관통부측에 그림 6-6(a)와 같이 설치한다.

② 천장면에 흡기구가 있는 경우에는 누설된 가스가 흡기구로 빠져나가므로 연소기구로부터 가장 가까운 흡기구 바로 앞에 설치한다.

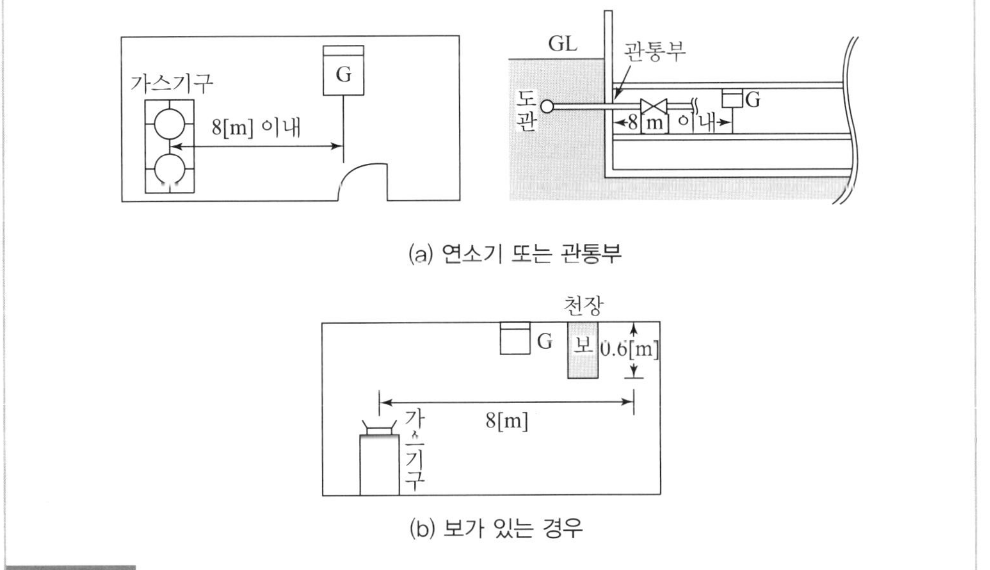

그림 6-6 연소기 또는 관통부의 경우

③ 연소기구가 그림 6-7(b)와 같이 해당 연소기와 천장면에서 0.6[m] 이상 돌출한 보 등에 의하여 구획되어 있지 않는 흡기구가 있을 때에는 연소기에서 가장 가까운 부근에 설치한다.

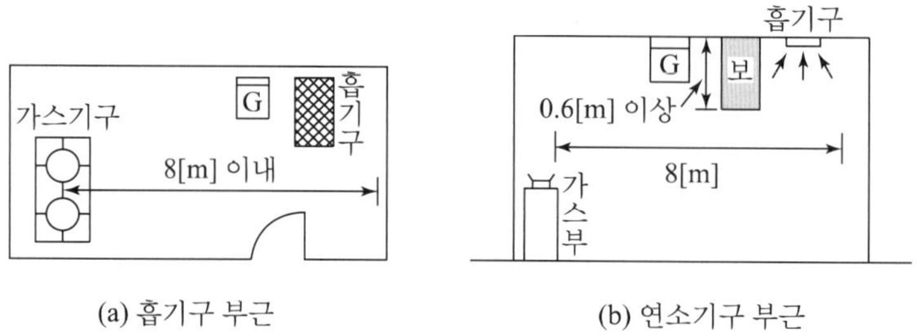

그림 6-7 흡기구가 있는 경우

④ 탐지부의 하단은 천장면 등의 하부 0.3[m] 이내의 위치에 설치하며 그림 6-8에 그 설치 가능여부를 보인다.

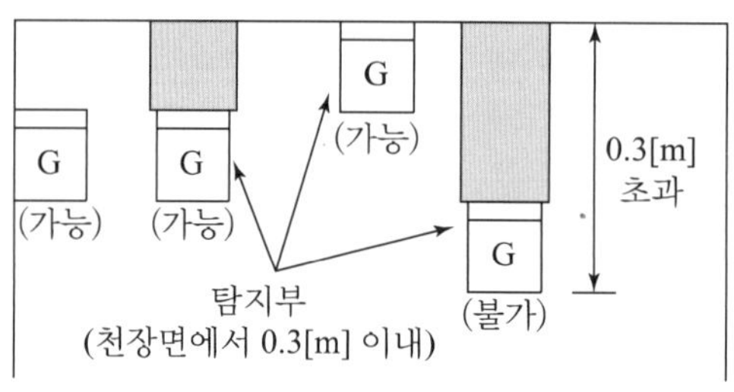

그림 6-8 탐지부의 설치가능 여부

(2) 공기보다 무거운 경우

연소기 또는 관통부로부터는 4[m] 이내, 탐지부의 상단은 바닥면 위로부터 0.3[m] 이내의 벽면에 그림 6-9와 같이 설치한다.

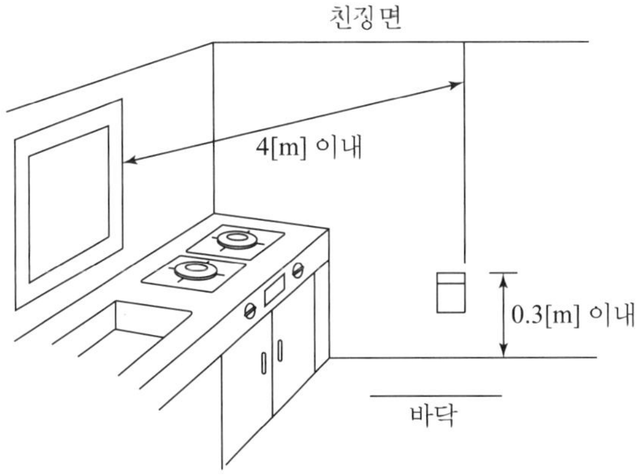

그림 6-9 가스의 비중이 1을 초과하는 경우의 설치

(3) 가스 검지기를 설치해서는 아니 되는 장소

공기보다 무겁거나 가벼움에 관계없이 다음과 같이 가스누설을 유효하게 검출할 수 없는 장소에는 검지기를 설치해서는 아니 된다.

① 출입구 부근 등과 같이 외기가 빈번히 유통하는 장소

② 환기구의 공기 흡출구로부터 1.5[m] 이내의 장소

③ 가스 연소기구의 폐가스에 접하기 쉬운 장소

④ 검지기의 기능유지가 매우 곤란한 장소

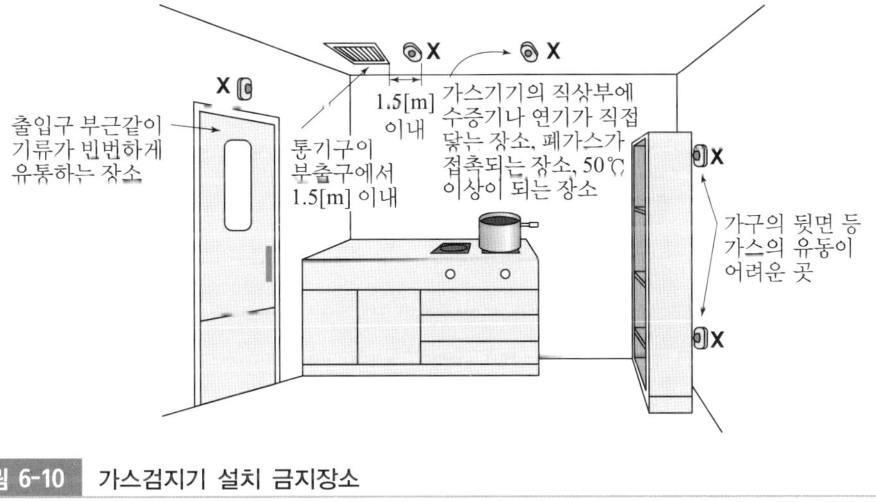

그림 6-10 가스검지기 설치 금지장소

6 검정기술기준

(1) 부품의 구조 및 기능

1) 표시등

① 전구는 사용전압의 130[%]인 교류전압을 20시간 연속하여 가하는 경우 단선, 현저한 광속변화, 흑화, 전류의 저하 등이 발생하지 아니할 것

② 전구는 2개 이상 병렬로 접속할 것(방전등이나 발광다이오드는 제외)

③ 표시등의 점등색

㈀ 누설등 : 황색

㈁ 지구등 : 황색

④ 주위의 밝기가 300[lx]인 장소에서 측정하여 앞면으로부터 3[m] 떨어진 곳에서 켜진 등이 확실히 식별가능 할 것

2) 음향장치

① 사용전압의 80[%]인 전압에서 소리를 내어야 할 것

② 음향장치의 중심으로부터 1[m] 떨어진 지점에서 90[dB] 이상일 것 (고장표시용은 60[dB] 이상)

3) 변압기

① 정격 1차 전압은 300[V] 이하로 하고, 분리형 중 공업용의 변압기 외함에는 접지단자를 설치할 것

② 용량은 최대사용전류에 연속하여 견딜 수 있는 크기 이상일 것.

(2) 반복시험

분리형경보기의 수신부는 가스누설표시의 작동을 정격전압에서 10,000회를 반복하여 실시하는 경우 구조 또는 기능에 이상이 생기지 아니할 것.

(3) 절연저항시험

① 절연된 충전부와 외함 간 : 5[MΩ] 이상

② 교류입력측과 외함 간 : 20[MΩ] 이상

③ 절연된 선로 간 : 20[MΩ] 이상

연습문제

01 비중(공기기준)이 1보다 큰 경우와 작은 경우 가스누설경보기의 설치상의 차이점을 비교 설명하여라.

02 비중이 1보다 큰 것과 작은 것 중 어느 것이 위험성이 크며 그 이유는?

03 가스누설경보기의 단독형 경보기와 분리형 경보기의 차이점을 비교 설명하여라.

04 가스누설경보기의 동작원리에 따른 검지기 종류에 대해 설명하여라.

05 가스검지기의 설치 제외장소는?

PART 02

피난유도설비

CHAPTER 1

유도등 및 유도표지(NFTC/PC 303)

유도등 및 유도표지는 화재 시 건물 내의 거주자에게 안전하게 피난할 수 있도록 피난구 또는 피난 방향을 안내하기 위한 설비이다. 유도등은 전원을 이용하는 것으로 정상상태에서는 상용전원에 의해 점등되고 상용전원이 정전되는 경우에는 비상전원으로 자동 전환되어 켜진다. 유도표지는 피난의 방향과 피난구를 표시한 표지판으로 등화를 갖지 않고 표시면의 자체 휘도로 피난을 유도하는 표지이다.

1 유도등

1.1 유도등

(1) 유도등의 종류

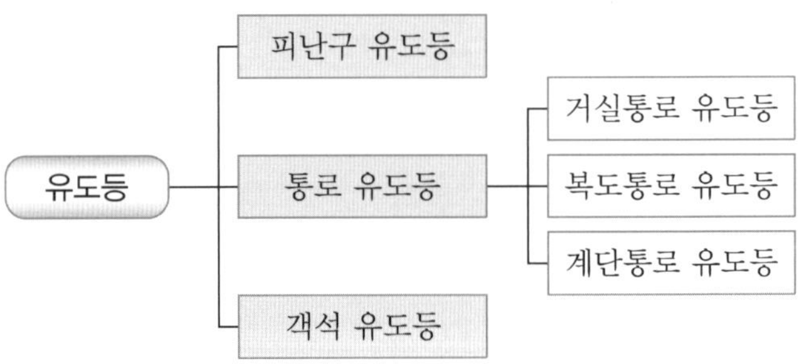

(2) 용도별 설치종류

<table>
<tr><th>설치장소</th><th>종류</th></tr>
<tr><td>1. 공연장·집회장(종교집회장 포함)·관람장·운동시설</td><td rowspan="2">○ 대형피난구 유도등
○ 통로 유도등
○ 객석 유도등</td></tr>
<tr><td>2. 유흥주점영업시설(「식품위생법 시행령」 제21조제8호라목의 유흥주점영업 중 손님이 춤을 출 수 있는 무대가 설치된 카바레, 나이트클럽 또는 그 밖에 이와 비슷한 영업시설만 해당)</td></tr>
<tr><td>3. 위락시설·판매시설·운수시설·관광숙박업·의료시설·장례식장·방송통신시설·전시장·지하상가·지하철역사</td><td>○ 대형피난구 유도등
○ 통로 유도등</td></tr>
<tr><td>4. 숙박시설(제3호의 관광숙박업 외의 것)·오피스텔</td><td rowspan="2">○ 중형피난구 유도등
○ 통로 유도등</td></tr>
<tr><td>5. 제1호부터 제3호까지 외의 건축물로서 지하층·무창층 또는 층수가 11층 이상인 특정소방대상물</td></tr>
<tr><td>6. 제1호부터 제5호까지 외의 건축물로서 근린생활시설·노유자 시설·업무시설·발전시설·종교시설(집회장 용도로 사용하는 부분 제외)·교육연구시설·수련시설·공장·창고시설·교정 및 군사시설(국방·군사시설 제외)·기숙사 ·자동차정비공장·운전학원 및 정비학원·다중이용업소·복합건축물·아파트</td><td>○ 소형피난구 유도등
○ 통로 유도등</td></tr>
<tr><td>7. 그 밖의 것</td><td>○ 피난구 유도표지
○ 통로 유도표지</td></tr>
</table>

비고
1. 소방서장은 특정소방대상물의 위치·구조 및 설비의 상황을 판단하여 대형피난구유도등을 설치해야 할 장소에 중형피난구유도등 또는 소형피난구유도등을, 중형피난구유도등을 설치해야 할 장소에 소형피난구유도등을 설치하게 할 수 있다.
2. 복합건축물과 아파트의 경우, 주택의 세대 내에는 유도등을 설치하지 않을 수 있다.

(3) 피난구 유도등

피난구 또는 피난경로로 사용되는 출입구의 위치를 표시하는 등화로 녹색바탕에 백색글씨로 표시한다.

1) 피난구 유도등 설치장소

① 옥내로부터 직접 지상으로 통하는 출입구 및 그 부속실의 출입구

② 직통계단·직통계단의 계단실 및 그 부속실의 출입구

③ ① 및 ②에 따른 출입구에 이르는 복도 또는 통로로 통하는 출입구

④ 안전구획된 거실로 통하는 출입구

그림 1-1 피난구 유도등

2) 설치기준

피난구 유도등은 피난구의 바닥으로부터 높이 1.5[m] 이상으로서 출입구에 인접하도록 설치하여야 한다.

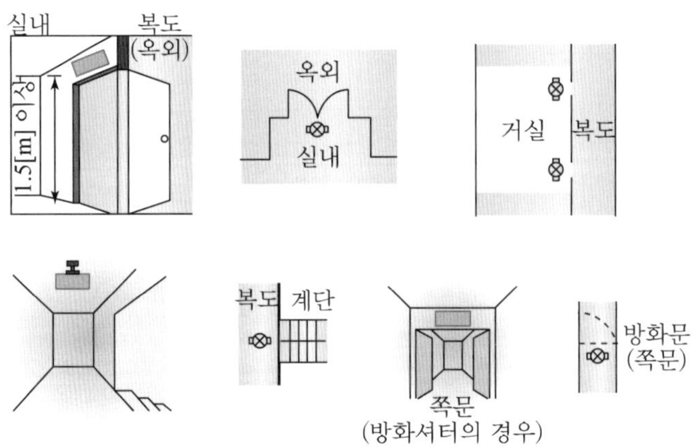

그림 1-2 피난구 유도등

3) 피난구 유도등 및 유도표지 설치 제외장소

① 바닥면적이 1,000[m^2] 미만인 층으로서 옥내로부터 직접 지상으로 통하는 출입구(외부의 식별이 용이한 경우)

② 대각선 길이가 15[m] 이내인 구획된 실의 출입구

③ 거실 각 부분으로부터 하나의 출입구에 이르는 보행거리가 20[m] 이하이고 비상조명등과 유도표지가 설치된 거실의 출입구

④ 출입구가 3개소 이상 있는 거실로 그 거실 각 부분으로부터 하나의 출입구에 이르는 보행거리가 30[m] 이하인 경우에는 주된 출입구 2개소 외의 출입구(유도표지가 부착된 출입구를 말한다). 다만, 공연장 · 집회장 · 관람장 · 전시장 · 판매시설 · 운수시설 · 숙박시설 · 노유자 시설 · 의료시설 · 장례식장의 경우에는 그렇지 않다.

(4) 통로 유도등

피난통로를 안내하기 위한 유도등으로 백색바탕에 녹색문자로 피난 방향을 표시한다. 다만, 계단에 설치하는 것은 피난 방향을 표시하지 아니할 수 있다.

- 통로 유도등
  - 거실통로 유도등 1[lx]
  - 복도통로 유도등 1[lx]
  - 계단통로 유도등 1[lx]

1) 거실통로 유도등

거실, 주차장 등 개방된 통로에 설치하는 유도등으로 피난 방향을 명시한 것.

설치기준

① 거실의 통로에 설치할 것. 다만, 거실의 통로가 벽체 등으로 구획된 경우에는 복도통로 유도등을 설치한다.

② 구부러진 모퉁이 및 보행거리 20[m]마다 설치한다.

③ 바닥으로부터 높이 1.5[m] 이상의 위치에 설치할 것. 다만, 거실통로에 기둥이 설치된 경우에는 기둥부분의 바닥으로부터 높이 1.5[m] 이하의 위치에 설치할 수 있다.

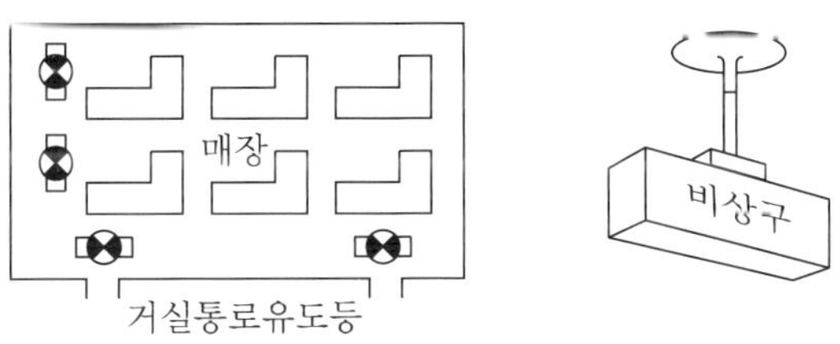

그림 1-3 거실통로 유도등의 설치위치의 예

2) 복도통로 유도등

피난통로가 되는 복도에 설치하는 유도등으로 피난구 방향을 명시한 것.

설치기준

① 복도에 설치하되 피난유도등이 설치된 출입구의 맞은편 복도에는 입체형 유도등으로 설치하거나, 바닥에 설치할 것

② 구부러진 모퉁이 및 ①에 따라 설치된 통로 유도등을 기점으로 보행거리 20[m]마다 설치할 것

$$설치개수 \geq \frac{곡절이\ 없는\ 부분의\ 보행거리[m]}{20[m]} - 1$$

③ 바닥으로부터 높이 1[m] 이하의 위치에 설치할 것. 다만, 지하층 또는 무창층의 용도가 도매시장·소매시장·여객자동차터미널·지하역사 또는 지하상가인 경우에는 복도·통로 중앙부분의 바닥에 설치해야 한다.

④ 바닥에 설치하는 통로 유도등은 하중에 따라 파괴되지 않는 강도의 것으로 할 것

그림 1-4 입체형 유도등

3) 계단통로 유도등

피난통로가 되는 계단이나 경사로에 설치되는 유도등으로 바닥면이나 디딤 바닥면을 비추는 것.

설치기준

① 각 층의 경사로참 또는 계단참마다(1개 층에 경사로참 또는 계단참이 2개 이상 있는 경우에는 2개의 계단참마다) 설치할 것.

② 바닥으로부터 높이 1[m] 이하의 위치에 설치할 것.

그림 1-5 계단통로 유도등

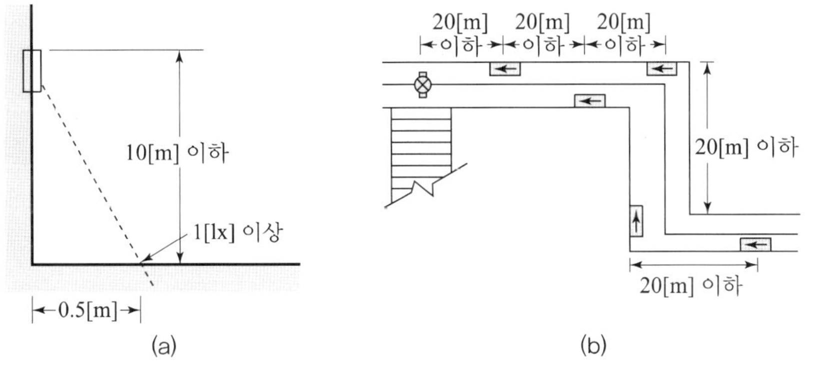

그림 1-6 계단통로 유도등의 설치 예

(5) 객석 유도등

객석 유도등은 객석의 통로, 바닥 또는 벽에 설치하는 유도등으로 공연장, 집회장, 관람장, 운동시설에 설치한다.

그림 1-7 객석 유도등

1) 설치기준

① 객석의 통로, 바닥 또는 벽에 설치한다.

② 객석 내의 통로가 경사로 또는 수평로로 되어 있는 부분은 다음 식에 따라 산출한 개수(소수점 이하의 수는 1로 본다)의 유도등을 설치한다.

$$\text{설치개수} \geq \frac{\text{객석 통로의 직선부분 길이}[m]}{4} - 1$$

③ 객석 내의 통로가 옥외 또는 이와 유사한 부분에 있는 경우에는 해당 통로 전체에 미칠 수 있는 개수의 유도등을 설치한다.

2) 설치 제외장소

① 주간에만 사용되는 장소로 채광이 충분한 객석

② 거실 등 각 부분으로부터 하나의 출입구에 이르는 보행거리가 20[m] 이하인 객석의 통로로 그 통로에 통로 유도등이 설치된 객석

(6) 유도등의 검정기술기준

1) 일반구조

① 상용 전원전압의 110[%] 범위 안에서 유도등 내부의 온도 상승이 기능에 이상이 없어야 할 것.

② 주전원 및 비상전원을 단락사고 등으로부터 보호할 수 있는 퓨즈를 설치할 것.

③ 사용전압은 2[V] 이상 300[V] 이하일 것.

④ 축전지에 배선 등을 직접 납땜하지 아니하여야 할 것.

⑤ 전선의 굵기

인출선 경우 : 단면적 0.75[mm^2] 이상

인출선 외의 경우 : 0.5[mm^2] 이상

⑥ 인출선의 길이는 전선 인출부분으로부터 150[mm] 이상일 것.

⑦ 유도등 내부의 전기회로에 스위치를 설치하는 경우에는 자동복귀형 스위치를 설치하여야 할 것.

⑧ 유도등에는 점검용의 자동복귀형 점멸기를 설치하여야 할 것.

2) 전원

① 유도등의 전원은 축전지 또는 교류전압의 옥내간선으로 하고 전원까지의 배선은 전용으로 할 것.

② 비상전원은 축전지로 하고, 그 용량은 해당 유도등을 유효하게 20분 이상 작동시킬 수 있는 것으로 할 것.

3) 절연저항시험

유도등의 교류입력측과 외함 사이, 절연된 교류입력측과 충전부 사이 및 절연된 충전부와 외함 사이의 절연저항은 직류 500[V]의 절연저항계로 측정한 값이 5[MΩ] 이상일 것.

4) 반복시험

유도등은 정격사용전압에서 2,500회의 작동을 반복하여 실시하는 경우 그 구조 및 기능에 이상이 생기지 아니할 것.

1.2 최근 유도등

(1) 고휘도 유도등

휘도(Brightness)란 눈부심의 밝기로 광원의 광도(luminous intensity)나 피사체의 조도(illumination)와는 다른 개념으로 광원에서 발생하는 빛에 의한 눈부심의 크기로서 이는 유도등을 식별하는 식별도에 대한 중요한 값이 된다.

표 1-1 유도등 특징

	일반 유도등	고휘도 유도등
외형	단조롭고 투박하다.	심플한 디자인
소비전력	고소비 전력	저소비 전력
수명	수명이 짧다.	수명이 길다.
유지보수	불리, 수시 교환	유리, 장수램프 채용
경제성	초기 투자비 싸다.	조금 비싸지만 에너지 절약되어 원가 회수 빠르다.
변색	열변형 및 변색 된다.	열변형 및 변색 없다.

국내 제품으로는 CCFL, LED, T5관 형광등을 사용한 제품이 있으며 이들은 광효율이 높고, 수명이 길며, 전력소모가 적고, 슬림형의 특징을 가지고 있다.

1) 종류

① **고휘도 유도등의 원리** (CCFL : Cold Cathode Fluorescent Lamp)

CCFL은 일종의 가스 방전의 발광 방식으로서 램프 내부에 도포 되어 있는 형광물질을 자극함으로서 빛을 발산 시키는 원리이다.

가는 유리관 속에 형광물질이 도포되어 있고, 그 양끝에는 전극이 밀봉되어 있으며, 램프 내부에는 보통 2~10[mg] 정도의 수은과 아르곤과 네온의 혼합기스를 충전한다.

Lamp 사이에 전압 인가 → 1차 전자 전극 충돌 → 2차 전자 방출 → 전자 충돌(Hg) → 자외선 방출 → 형광체를 통해 → 가시광선을 방출한다.

냉음극형광램프(CCFL)는 일반형광등에 비하여 전력이 적게 소모되고 수명이 길며, 높은 밝기 특성과 램프의 관경이 가늘어 slim type으로의 제작이 가능하다.

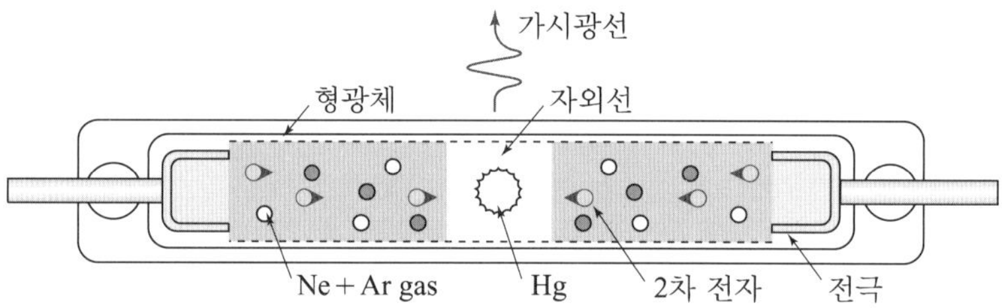

그림 1-8 고휘도 유도등

② LED (Light Emitting Diode)

LED는 발광 diode를 이용한 것으로 형광 램프에 비해 광도는 낮으나 소비전력이 매우 적은 특징을 가지고 있으며 램프의 교체가 필요하지 않는 우수한 장점이 있다.

③ T5 **형광등**

20~60[kHz]의 고주파를 이용하여 전자식 안정기로만 점등되는 형광램프이며 이에 비해 일반 형광등은 60[Hz]로 자기식 안정기를 사용하는 제품이다.

T5의 의미는 형광등 관경에 대한 규격으로 16[mm]의 형광등 규격(관경)을 의미한다.

1.3 특수 유도등 및 유도장치

(1) 특수 유도등 및 유도장치의 특성

1) 스트로보 (방전관) 유도등

연기 속에서 가시거리를 2배로 하려면 유도등의 밝기는 e^2배, 3배로 하려면 e^3배로 해야 하는데, 제논 램프는 순간적이나 형광등의 수백 내지 수천 배 밝으므로 이를 피난구 유도등의 좌우 또는 상하에 설치해서 화재신호 시 초당 2회 정도 섬광을 발하게 하여 연기 속에서도 비상구를 찾아 피난할 수 있도록 하는 섬광 램프이다.

2) 음향장치 부착 유도등

기존 유도등의 대형화, 표시면의 고조도화, 제논램프 유도등으로 조명도를 높여도 농연에서는 한계가 있다. 피난구 유도등 주변에 스피커를 부착하여 화재 시 "삐-뽕 삐-뽕 비상구는 여기 있습니다." 라는 경보음과 음성을 알리는 장치로 시각장애인에게 효과적으로 피난로를 안내해 줄 수 있다.

3) 광점멸 주행에 의한 피난유도시스템

지하공간, 대규모 건축물, 지하상가 등에는 화재 시 동적인 빛과 음향을 사용한 피난유도시스템이 필요하다. 광점멸 주행에 의한 피난유도시스템은 바닥에 일정한 간격으로 매립한 녹색 광원을 피난 방향을 향해 주행시키는 것이다.

4) 허스 효과에 의한 음성 피난유도시스템

여러 개의 스피커를 10[m] 정도의 간격 이내로 설치해서 시간차를 가지고 음성을 발함으로써 음성이 비상구로부터 들려오는 것처럼 느끼게 하여 피난로를 안내하는 것이다. 시각장애인에게도 유효하게 피난로를 안내해 줄 수 있는 방법이다.

1.4 2선식 배선과 3선식 배선

(1) 2선식 배선

점멸기로 유도등을 소등을 하게 되면 자동적으로 예비전원에 의하여 점등이 20분 이상 지속된 후 꺼진다. 소등되면 예비전원에 자동 충전이 되지 않기 때문에 유도등으로서 기능을 상실하게 된다. 그림 1-9는 2선식 배선방법과 구성도이다.

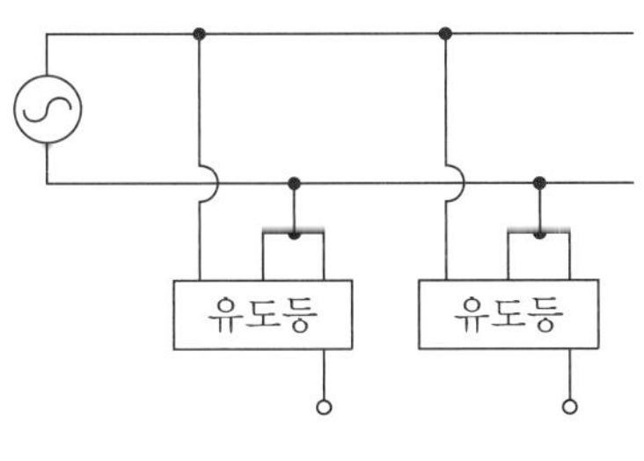

그림 1-9 2선식 유도등

(2) 3선식 배선

점멸기로 유도등을 소등하게 되면 유도등은 꺼지나 예비전원은 충전을 계속되고 있는 상태가 된다. 정전 또는 단선이 되어 교류전압(AC)에 의해 전원공급이 되지 않더라도 자동적으로 충전된 예비전원에 의해 20분 이상 점등이 된다.

3선식 배선 시 반드시 점등되어야 하는 경우

① 자동화재탐지설비의 감지기 또는 발신기 작동 시
② 비상경보설비의 발신기 작동 시
③ 상용전원이 정전되거나 전원선이 단선 시
④ 방재업무를 통제하는 곳 또는 전기실의 배전반에서 수동으로 점등 시
⑤ 자동소화설비가 작동 시

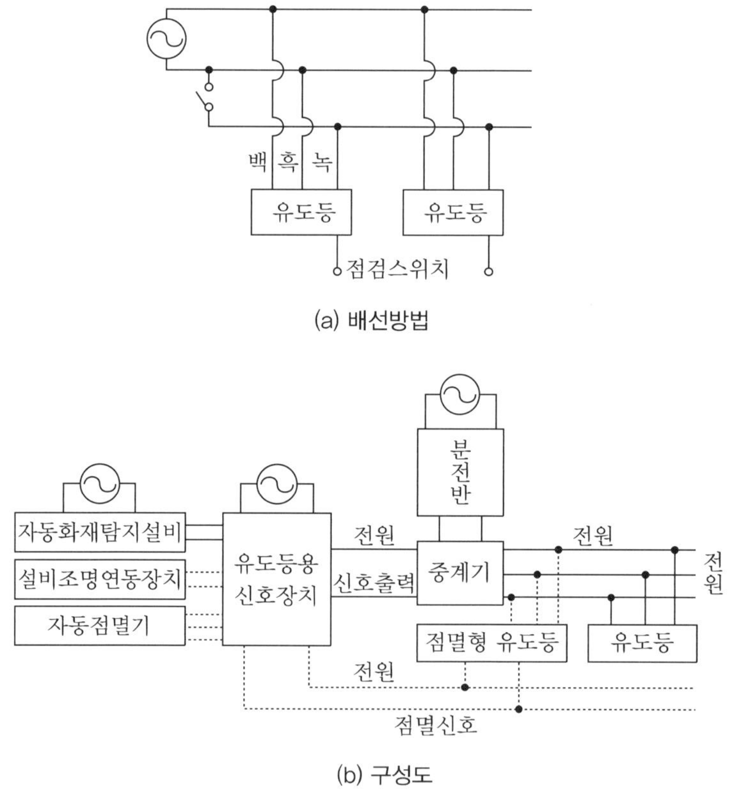

그림 1-10 3선식 배선방법과 구성도

표 1-2 2선식 배선과 3선식 배선의 비교

2선식 배선	3선식 배선
• 점멸기에 의거 소등하게 되면 자동적으로 예비전원에 의한 점등이 20분 이상 지속한 후 꺼진다. • 소등하게 되면 예비전원에 자동충전이 아니 되므로 유도등으로서 기능을 상실하게 된다.	• 점멸기에 의거 소등하게 되면 유도등은 꺼지나 예비전원에 충전은 계속되고 있는 상태이다. • 정전 또는 단선이 되어 교류 전압(AC)에 의한 전원공급이 아니 되면 자동적으로 예비전원에 의거 20분 이상 점등이 된다.

Tip

점멸기(Local switch), 개폐기(Switch), 차단기(Circuit breaker)란

- 점멸기(local switch) : 1개극에 설치하여 개폐할 경우 전류를 차단시켜 주는 개폐기구로서 전등과 같은 경우의 점멸에 주로 사용한다.
- 개폐기(switch) : 단상이나 3상회로에서 2개극이나 2개극에 설치하여 전류와 전압을 차단하는 수동개폐기구로서 인입구의 간선과 분기회로의 분기점이나 또는 부하의 기동이나 정지를 위하여 설치한다.
- 차단기(circuit breaker) : 개폐기와 같이 2개극이나 3개극에 설치하여 과전류(과부하 전류나 단락 시 전류)를 검출하여 자동으로 차단시켜 주는 개폐기구이다. 수동으로도 차단할 수 있으나 전류와 전압을 자동으로 차단하는 목적의 개폐기구로서 개폐기와 달리 차단 능력을 가지고 있다.

1.5 유도등이 녹색인 이유

색의 식별은 명순응시와 암순응시로 나누어 볼 수 있는데 우리 눈의 망막에는 추상체와 간상체라는 두 종류의 시신경이 있다.

추상체는 색채를 느끼고 간상체는 명암을 느낀다. 따라서 밝은 곳에서는 추상체가 반응하고, 어두운 곳에서는 간상체가 반응한다.

푸르키네 현상(Purkinje 現象)은 빛이 약할 경우에 눈은 장파장(長波長)보다 단파장의 빛에 대해 민감해지는 현상으로 밝은 데서는 노랑, 어두운 데서는 청록색이 가장 밝게 느껴진다.

명순응된 눈의 최대비시감도는 555[nm]이고 암순응된 눈의 최대비시감도는 510[nm]로서 짧은 파장으로 이동한다. 따라서 어두워지면 반응이 추상체에서 간상체로 이동하게 되며, 600[nm] 이상이 긴 파장은 볼 수가 없게 된다.

푸르키네 현상(Purkinje 現象)인 장파장보다 단파장의 빛에 대해 민감해지는 이유로 통로 유도등은 백색 바탕에 녹색 문자를 사용 피난구까지의 방향을 유도하고 피난구 유도등은 녹색 바탕에 백색 문자를 사용하여 피난구 위치를 표시한다.

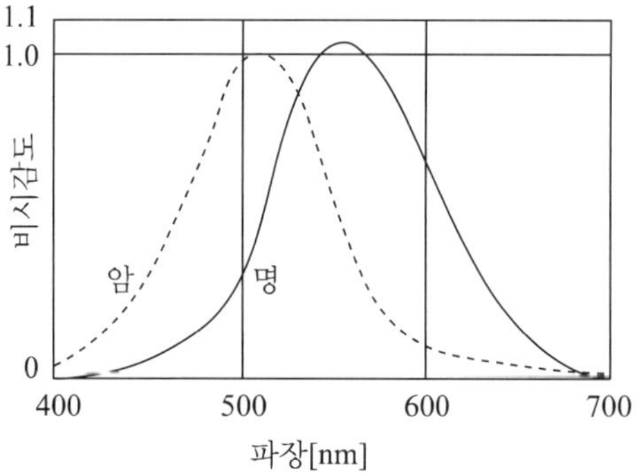

그림 1-11 비시감도

화재처럼 위급 상황에서는 흔히 정전사고가 발생할 가능성이 높으며 이때 색을 구분하는 추상체는 도움이 되지 않으나 오히려 색을 잘 구분하지 못하는 간상체가 중요한 역할을 하게 된다.

그런데 간상체는 세포 생리 구조상 녹색광은 잘 흡수하지만 적색광은 흡수하지 않는 관계로 평소에 눈에 잘 띄던 적색도 어두운 곳에선 잘 보이지 않으며 오히려 연기가 체류하는 어두운 공간에서는 녹색이 식별도가 높기 때문에 유도등을 녹색으로 표시하고 있다.

2 유도표지

화재 시 건물내 거주자가 안전하게 피난할 수 있도록 설치하는 표지판으로 전원이 인입되지 않는 것을 말한다.

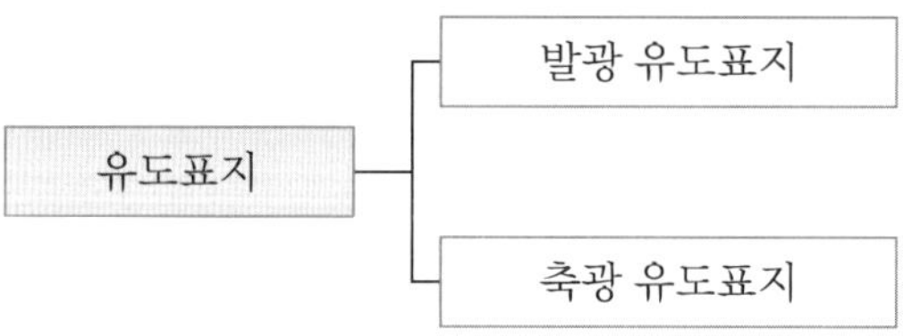

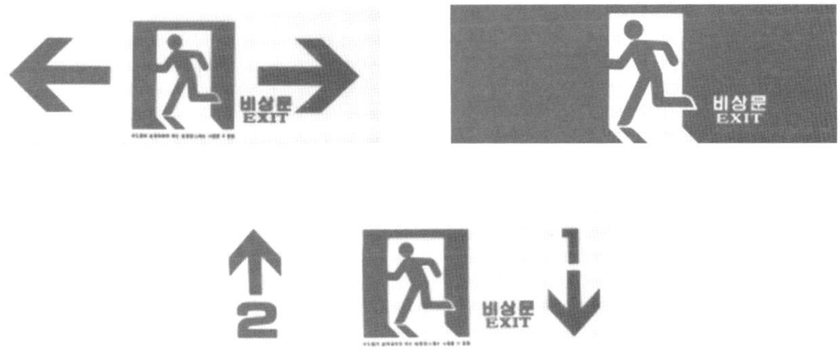

그림 1-12 유도표지

(1) 설치기준

① 계단에 설치하는 것을 제외하고는 각 층마다 복도 및 통로의 각 부분으로부터 하나의 유도표지까지의 보행거리 15[m] 이하가 되는 곳과 구부러진 모퉁이 벽에 설치할 것

$$설치개수 \geq \frac{구부러진\ 곳이\ 없는\ 부분의\ 길이[m]}{15[m]} - 1$$

② 피난구 유도표지는 출입구 상단에 설치하고, 통로 유도표지는 바닥으로부터 높이 1[m] 이하의 위치에 설치할 것

③ 주위에는 이와 유사한 등화·광고물·게시물 등을 설치하지 아니할 것

④ 유도표지는 부착판 등을 사용하여 쉽게 떨어지지 아니하도록 설치할 것

⑤ 축광방식의 유도표지는 외광 또는 조명장치에 의하여 상시 조명이 제공되거나 비상조명등에 의한 조명이 제공되도록 설치할 것

3 피난유도선

피난유도선은 햇빛이나 전등불에 따라 축광하거나 전류에 따라 빛을 발하는 유도체로서 어두운 상태에서 피난을 유도할 수 있도록 띠 형태로 설치되는 피난유도시설을 말한다.

(1) 종류

1) 축광방식 피난유도선

축광방식 피난유도선은 전원 공급없이 전등이나 태양 등에서 발산되는 빛을 흡수하여 이를 축적시킨 상태에서 어두울 경우 일정기간동안 발광하여 피난을 유도하는 기능의 피난유도선이다.

2) 광원점등방식의 피난유도선

광원점등방식 피난유도선은 수신기의 화재신호 및 수동조작으로 광원을 점등시켜 피난을 유도하는 기능의 피난유도선이다.

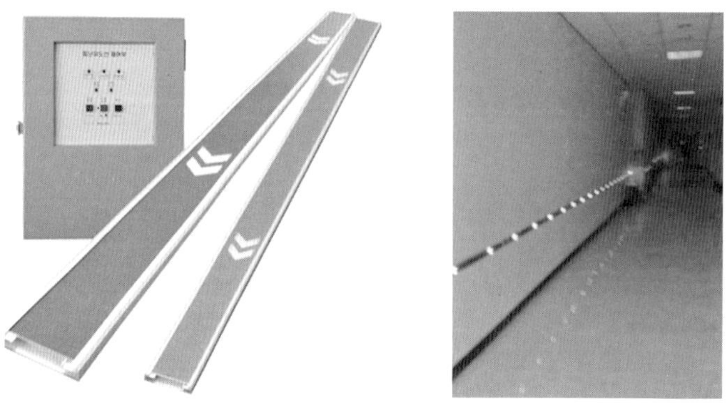

그림 1-13 피난유도선

(2) 설치기준

1) 축광방식 피난유도선

① 구획된 각 실로부터 주출입구 또는 비상구까지 설치할 것
② 바닥으로부터 높이 50[cm] 이하의 위치 또는 바닥 면에 설치할 것
③ 피난유도 표시부는 50[cm] 이내의 간격으로 연속되도록 설치

④ 부착대에 의하여 견고하게 설치할 것

⑤ 외광 또는 조명장치에 의하여 상시 조명이 제공되거나 비상조명등에 의한 조명이 제공되도록 설치할 것

2) 광원점등방식의 피난유도선

① 구획된 각 실로부터 주출입구 또는 비상구까지 설치할 것

② 피난유도 표시부는 바닥으로부터 높이 1[m] 이하의 위치 또는 바닥면에 설치할 것

③ 피난유도 표시부는 50[cm] 이내의 간격으로 연속되도록 설치하되 실내장식물 등으로 설치가 곤란할 경우 1[m] 이내로 설치할 것

④ 수신기로부터의 화재신호 및 수동조작에 의하여 광원이 점등되도록 설치할 것

⑤ 비상전원이 상시 충전상태를 유지하도록 설치할 것

⑥ 바닥에 설치되는 피난유도 표시부는 매립하는 방식을 사용할 것

⑦ 피난유도 제어부는 조작 및 관리가 용이하도록 바닥으로부터 0.8[m] 이상 1.5[m] 이하의 높이에 설치할 것

(3) 설치대상

① 다중이용업소 영업장 안의 통로 또는 복도가 있는 경우
다만, 통로 또는 복도에 유도등·유도표지 또는 비상조명등이 설치되어 있거나 통로 또는 복도가 유사시 대피하기 쉬운 구조인 경우 제외

② 다중이용업소 중 고시원업 또는 산후조리업의 영업장에 있는 통로 또는 복도

Tip

간이피난유도선 성능 및 설치기준

① 간이피난유도선은 광원점등방식으로 공사장의 출입구까지 설치하고 공사의 작업 중에는 상시 점등되어야 한다.

② 설치위치는 바닥으로부터 높이 1[m] 이하로 하며, 작업장의 어느 위치에서도 출입구로의 피난방향을 알 수 있는 표시를 하여야 한다.

연습문제

01 피난구 유도등 설치장소와 설치 제외장소를 쓰시오.

02 다음 ( ) 속에 적당한 용어를 넣어라.

(1) 피난구 유도등은 피난구 바닥으로부터 높이 ( ) 이상의 곳에 설치한다.

(2) 피난구 유도등의 조도는 피난구로부터 ( )의 거리에 문자 및 색채를 쉽게 식별할 수 있어야 한다.

(3) 복도 통로 유도등은 바닥으로부터 높이 ( ) 이하의 위치에 설치한다.

(4) 통로 유도등의 ( ) 바탕에 ( ) 글씨 또는 문자로 하고 피난구 유도등은 ( ) 바탕에 ( ) 글씨 또는 문자로 한다.

03 객석 유도등의 설치장소는?

04 객석 통로의 직선거리가 30[m]이다. 객석 유도등은 몇 개 설치하여야 하는가?

05 유도등의 2선식 배선과 3선식 배선에 대해 설명하고 3선식 배선의 자동점등조건에 대해 설명하시오.

06 푸르키네 현상이란?

07 다음 (　　)속에 적당한 용어를 넣어라.

(1) 유도표지는 주위 조도 (　　)에서 (　　)분간 발광 후 직선거리 (　　) 떨어진 위치에서 쉽게 식별할 수 있고 휘도는 주위 조도 (　　)에서 (　　)분간 발광 후 1[m^2]당 (　　)[mcd] 이상이어야 한다.

(2) 피난구에 설치하는 유도표지는 바닥으로부터 높이 (　　) 이하의 위치에 설치한다.

08 유도등의 설치 등에 대한 다음 물음에 답하시오.

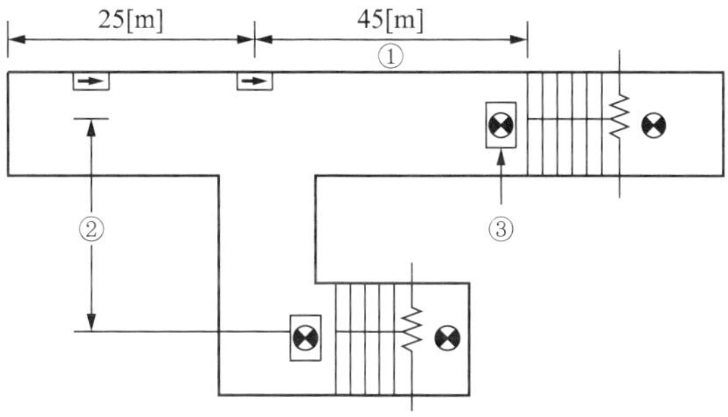

(1) 이 설비에서 정상으로 동작하다가 사용전원이 차단되었을 때 비상전원이 동작하여야 할 시간은 얼마 이상인가?

(2) ①부분의 유도등 설치수량은 얼마로 하여야 하는가?

(3) 통로 유도등은 피난구까지의 보행거리 ②가 얼마를 넘을 때 시설하여야 하는가?

(4) ③은 어떤 종류의 유도등이라 할 수 있는가?

(5) ③의 설치에 적당한 곳을 쓰시오.

(6) ③의 제작 시 표시면의 문자 및 색채를 용이하게 식별할 수 있는 최대거리는 몇 [m]이어야 하는가?

(7) 통로 유도등을 설치할 때 그 조명도는 통로 유도등의 바로 밑으로부터 0.5[m] 떨어진 바닥에서 측정하여 몇 [lx] 이상이어야 하는가?

CHAPTER 2

비상조명등(NFTC/PC 304)

비상조명등은 화재발생 등에 따른 정전 시에 원활한 피난활동을 할 수 있도록 거실 및 피난통로 등에 설치되어 자동 점등되는 조명등을 말한다. 축전지가 내장되어 상용전원이 차단되었을 때 자동적으로 예비전원으로 전환되며, 20분 이상 점등되는 것이다.

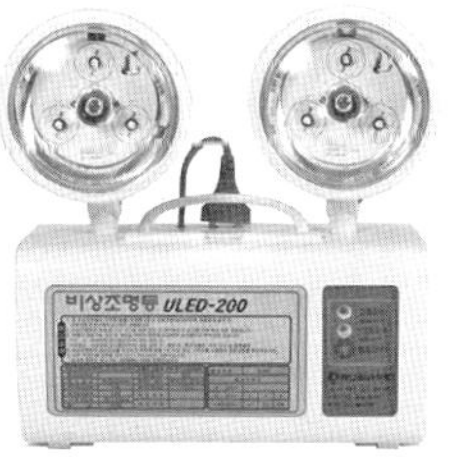

그림 2-1 비상조명등

1 비상조명등 종류

(1) 전용형

상용전원 광원과 비상전원 광원이 분리되어 있거나 또는 비상시에 점등하는 비상용 광원만 내장되어 있는 비상조명등을 말한다.

(2) 겸용형

동일한 광원을 상용전원 광원과 비상전원 광원으로 겸하여 사용하는 비상조명등을 말한다.

2 비상조명등 설치대상 및 설치기준

(1) 설치대상

① 지하층을 포함하는 층수가 5층 이상인 건축물로서 연면적 3,000[m^2] 이상인 것
② ①항에 해당하지 않는 특정소방대상물로서 그 지하층 또는 무창층의 바닥면적이 450[m^2] 이상인 것
③ 지하가 중 터널로서 그 길이가 500[m] 이상인 것

(2) 설치기준

① 특정소방대상물의 각 거실과 그로부터 지상에 이르는 복도·계단 및 그 밖의 통로에 설치해야 한다.
② 조도는 비상조명등이 설치된 장소의 각 부분의 바닥에서 1[lx] 이상이 되도록 해야 한다.
③ 예비전원을 내장하는 비상조명등에는 평상시 점등 여부를 확인할 수 있는 점검스위치를 설치하고 해당 조명등을 유효하게 작동시킬 수 있는 용량의 축전지와 예비전원 충전장치를 내장해야 한다.
④ 예비전원을 내장하지 않은 비상조명등의 비상전원은 자가발전설비, 축전지설비 또는 전기저장장치(외부 전기에너지를 저장해 두었다가 필요한 때 전기를 공급하는 장치)를 다음의 기준에 따라 설치해야 한다.
㈀ 점검이 편리하고 화재 및 침수 등의 재해로 인한 피해를 받을 우려가 없는 곳에 설치할 것
㈁ 상용전원이 정전된 경우 자동으로 비상전원으로 전환되는 것으로 할 것
㈂ 비상전원의 설치 장소는 다른 장소와 방화구획 할 것
㈃ 비상전원을 실내에 설치하는 때에는 그 실내에 비상조명등을 설치할 것
⑤ 예비전원과 비상전원은 비상조명등을 20분 이상 유효하게 작동시킬 수 있는 용량으로 할 것. 다만, 다음의 특정소방대상물의 경우에는 그 부분에서 피난층에 이르는 부분의 비상조명등을 60분 이상 유효하게 작동시킬 수 있는 용량으로 해야 한다.
㈀ 지하층을 제외한 층수가 11층 이상인 층
㈁ 지하층 또는 무창층으로서 용도가 도매시장·소매시장·여객자동차터미널·지하역사 또는 지하상가

(3) 설치 제외장소

① 거실의 각 부분으로부터 하나의 출입구에 이르는 보행거리가 15[m] 이내인 부분
② 의원·경기장·공동주택·의료시설·학교의 거실

(4) 설치면제

면제 대상설비	면제 조건
비상조명등	피난구 유도등, 통로 유도등 설치 시

3 휴대용 비상조명등 기준

휴대용 비상조명이란 화재 발생 등으로 정전시 안전하고 원활한 피난을 위하여 피난자가 휴대할 수 있는 조명등을 말한다.

(1) 설치대상

① 숙박시설
② 수용인원 100명 이상의 영화상영관, 판매시설 중 대규모점포, 철도 및 도시철도 시설 중 지하역사, 지하가 중 지하상가

(2) 적합기준

① 다음의 장소에 설치할 것
　(ㄱ) 숙박시설 또는 다중이용업소에는 객실 또는 영업장 안의 구획된 실마다 잘 보이는 곳(외부에 설치 시 출입문 손잡이로부터 1[m] 이내 부분)에 1개 이상 설치
　(ㄴ) 대규모점포(지하상가 및 지하역사는 제외)와 영화상영관에는 보행거리 50[m] 이내마다 3개 이상 설치
　(ㄷ) 지하상가 및 지하역사에는 보행거리 25[m] 이내마다 3개 이상 설치
② 설치높이는 바닥으로부터 0.8[m] 이상 1.5[m] 이하의 높이에 설치할 것
③ 어둠 속에서 위치를 확인할 수 있도록 할 것
④ 사용 시 자동으로 점등되는 구조일 것
⑤ 외함은 난연성능이 있을 것

⑥ 건전지를 사용하는 경우에는 방전 방지조치를 해야 하고, 충전식 배터리의 경우에는 상시 충전되도록 할 것

⑦ 건전지 및 충전식 배터리의 용량은 20분 이상 유효하게 사용할 수 있는 것으로 할 것.

(3) 설치 제외장소

지상 1층 또는 피난층으로서 복도나 통로 또는 창문 등의 개구부를 통하여 피난이 용이한 경우 숙박시설로서 복도에 비상조명등을 설치한 경우 설치하지 않을 수 있다.

연습문제

01 비상조명등의 작동용량이 60분 이상 확보되어야 하는 경우는?

02 비상조명등과 유도등의 차이점을 기술하시오.

03 다음 (　) 속에 적당한 용어를 넣어라.

(1) 비상조명등의 조도는 설치된 장소의 각 부분의 바닥에서 (　　) 이상 되어야 한다.

(2) 예비전원은 해당 조명등을 (　　) 이상 유효하게 작동시킬 수 있는 용량의 축전지와 예비전원 충전장치를 내장하여야 한다.

(3) 축전지설비 설치 시 축전지실 벽과의 거리는 (　　) 이상 되게 하고, 침수의 우려가 없도록 한다.

04 휴대용 조명등 도입 이유와 시설기준에 대해 기술하시오.

CHAPTER 3

비상콘센트설비(NFTC/PC 504)

화재가 발생하면 건물 내의 전원이 대부분 차단되므로 출동한 소방대의 소화활동장비에 전원을 공급하기 위해서 이동용 자가발전기를 사용하거나 외부로부터 전원을 사용해야 하는데, 고층건물이나 지하층은 전원공급에 많은 어려움이 있다. 그래서 일정한 규모 이상의 건물에는 화재발생시 소화활동에 필요한 전원을 전용으로 공급받을 수 있는 설비를 설치하도록 하고 있는데 이를 비상콘센트설비라고 한다. 이 설비는 일반전원이 차단되더라도 비상콘센트에 공급되는 전원에 영향을 최소화 할 수 있도록 분기하고, 전원에서 비상콘센트까지는 전용배선으로 하고, 배선은 내화배선으로 한다.

그림 3-1 비상콘센트

1 비상콘센트설비의 구성도

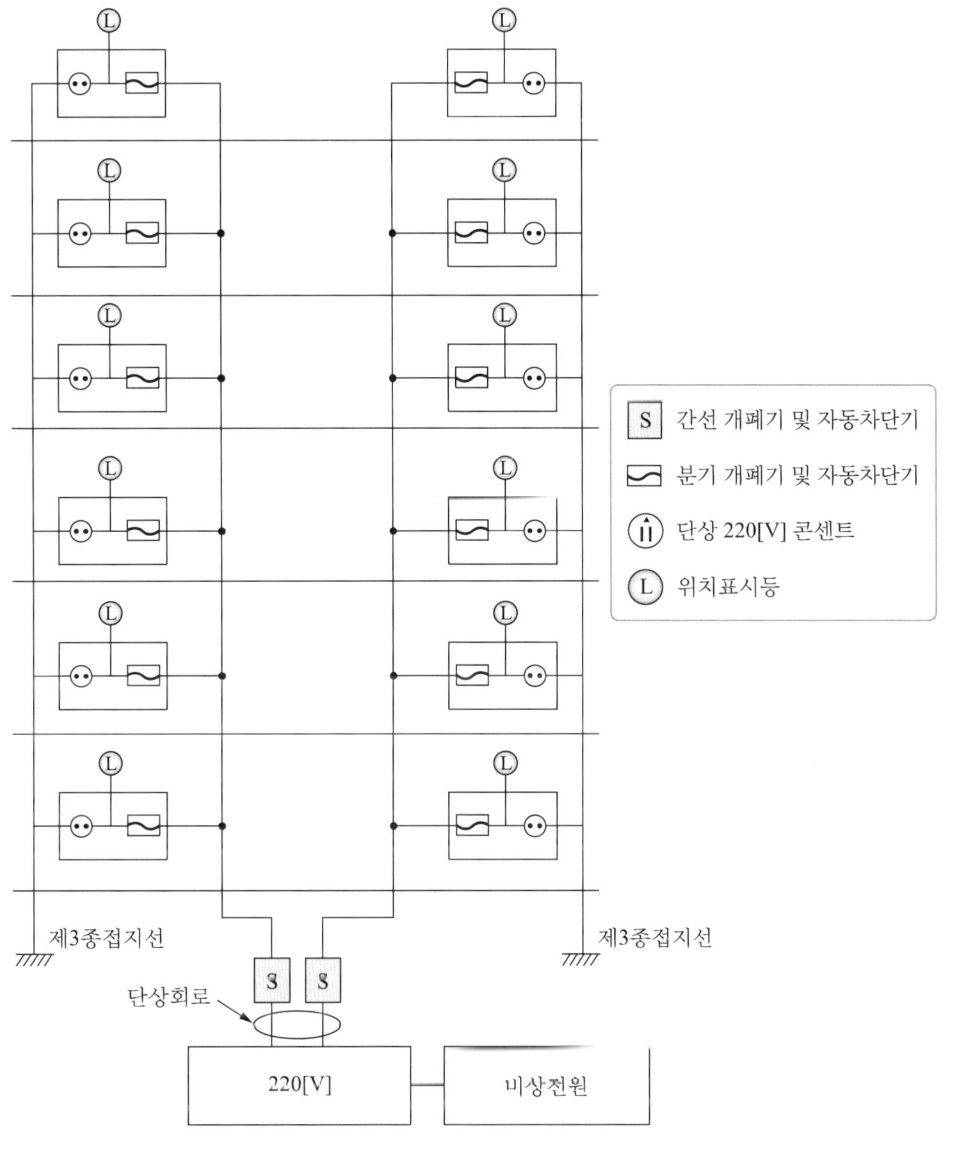

그림 3-2 비상콘센트설비 구성도

비상콘센트설비는 그림과 같이

① 상용전원 ② 비상전원 ③ 간선개폐기 및 자동차단기
④ 분기개폐기 및 자동차단기 ⑤ 단상 콘센트(220V) ⑥ 내화배선
⑦ 위치 표시등 ⑧ 접지계통 ⑨ 비상콘센트 보호함

등으로 구성되어 있다.

2 설치대상 및 설치기준

(1) 설치대상

① 지하층을 포함 11층 이상인 경우 11층 이상의 층
② 지하층의 층수가 3층 이상이고 지하층 바닥면적의 합계가 1,000[m^2] 이상은 지하 모든 층
③ 지하가 중 터널로서 길이가 500[m] 이상인 것

(2) 설치기준

1) 전원회로

① 비상콘센트설비의 전원회로는 단상교류 220[V]인 것으로서, 그 공급용량은 1.5[kVA] 이상인 것으로 할 것.
② 전원회로는 각 층에 있어서 전압별로 2개 이상이 되도록 설치할 것. 다만, 설치해야 할 층의 비상콘센트가 1개인 때에는 하나의 회로로 할 수 있다.
③ 전원회로는 주배전반에서 전용회로로 할 것. 다만, 다른 설비회로의 사고에 따른 영향을 받지 않도록 되어 있는 것은 그렇지 않다.
④ 전원으로부터 각 층의 비상콘센트에 분기되는 경우에는 분기배선용 차단기를 보호함 안에 설치할 것.
⑤ 콘센트마다 배선용 차단기(KS C 8321)를 설치해야 하며, 충전부가 노출되지 않도록 할 것.
⑥ 개폐기에는 "비상콘센트"라고 표시한 표지를 할 것.
⑦ 비상콘센트용의 풀박스 등은 방청도장을 한 것으로서, 두께 1.6[mm] 이상의 철판으로 할 것.

⑧ 하나의 전용회로에 설치하는 비상콘센트는 10개 이하로 할 것. 이 경우 전선의 용량은 각 비상콘센트(비상콘센트가 3개 이상인 경우에는 3개)의 공급용량을 합한 용량 이상의 것으로 해야 한다.

2) 플러그접속기

① 접지형 2극 플러그접속기(KS C 8305)를 사용해야 한다.

② 칼받이의 접지극에는 접지공사를 해야 한다.

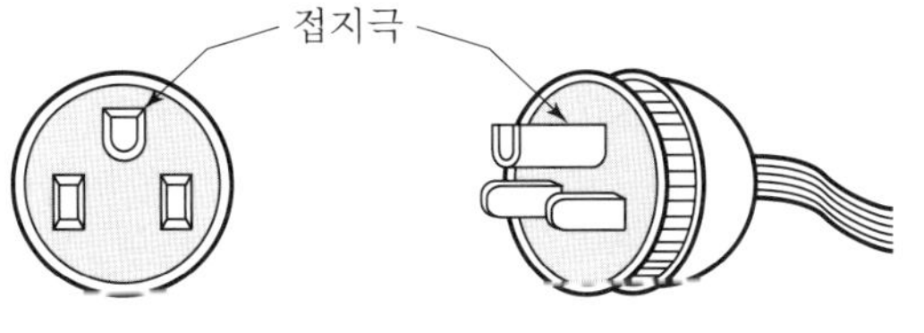

그림 3-3 플러그접속기

3) 비상콘센트 기준

① 바닥으로부터 높이 0.8[m] 이상 1.5[m] 이하의 위치에 설치할 것.

② 비상콘센트의 배치는 아파트 또는 바닥면적이 1,000[m^2] 미만인 층은 계단의 출입구(계단의 부속실을 포함하며 계단이 2 이상 있는 경우에는 그 중 1개의 계단을 말한다)로부터 5[m] 이내에, 바닥면적 1,000[m^2] 이상인 층(아파트를 제외한다)은 각 계단의 출입구 또는 계단부속실의 출입구(계단의 부속실을 포함하며 계단이 3 이상 있는 층의 경우에는 그 중 2개의 계단을 말한다)로부터 5[m] 이내에 설치하되, 그 비상콘센트로부터 그 층의 각 부분까지의 거리가 다음의 기준을 초과하는 경우에는 그 기준 이하가 되도록 비상콘센트를 추가하여 설치할 것.

㈀ 지하상가 또는 지하층의 바닥면적의 합계가 3,000[m^2] 이상인 것은 수평거리 25[m]

㈁ ㈀에 해당하지 않는 것은 수평거리 50[m]

4) 절연저항 및 절연내력

① 절연저항은 전원부와 외함 사이를 500[V] 절연저항계로 측정할 때 20[MΩ] 이상일 것

② 절연내력은 전원부와 외함 사이에 정격전압이 150[V] 이하인 경우에는 1,000[V]의 실효전압을, 정격전압이 150[V] 이상인 경우에는 그 정격전압에 2를 곱하여 1,000을

더한 실효전압을 가하는 시험에서 1분 이상 견디는 것으로 할 것

5) 비상콘센트의 보호함

① 보호함에는 쉽게 개폐할 수 있는 문을 설치할 것

② 보호함 표면에 "비상콘센트"라고 표시한 표지를 할 것

③ 보호함 상부에 적색의 표시등을 설치할 것. 다만, 비상콘센트의 보호함을 옥내소화전함 등과 접속하여 설치하는 경우에는 옥내소화전함 등의 표시등과 겸용할 수 있다.

3 비상전원의 내화, 내열 배선

(1) 내화전선(FR-8)

내화전선은 강전 배전선로에 사용하는 것으로 단심케이블, 평행케이블, 환형케이블이 있다. 840[℃]의 고온에서는 도체저항이 상온의 4배 이상으로 되기 때문에 일반적으로 전압강하로부터 정해지며 전선 허용전류 식은 다음과 같다.

$$I = \frac{\Delta E}{K_1,\ K_2,\ K_0,\ l}\ [\mathrm{A}]$$

여기서, ΔE : 허용전압강하[V]

K_1 : 결선방식에 의한 상수 (단상2선식=2, 3상3선식= $\sqrt{3}$)

K_2 : 20[℃]와 T[℃]에서의 도체저항비 = $\dfrac{R(T[℃])}{R(20[℃])}$

l : 케이블 길이[km]

① 노출배선을 원칙으로 하나 부득이 금속관에 넣을 경우에는 금속관내 공기의 온도 축적으로 전선관이 외부보다 높게 되는 수가 있으므로 이를 고려하여 전선관은 2[m] 이하로 하여야 한다.

② 노출용 내화케이블을 케이블 래크(cable rack), 케이블 트레이(cable tray) 등에 여러 선을 포설하는 경우에는 1단으로 배선하되 노출용 내화케이블을 하단부에 배선하는 경우에는 2단으로 할 수 있다.

③ 노출용 내화케이블을 금속덕트 또는 단열성이 없는 불연구조의 덕트 등에 포설하는 경우에 덕트의 길이는 2[m] 이하로 하고 그 양단은 충분히 개방하여 공기의 유통이

원활해야 한다.

④ 노출용 내화케이블을 합성수지관, 합성수지제 덕트 등에 수납할 경우에는 관 또는 길이에 제한 없이 사용할 수 있다.

⑤ 내화구조의 벽에 매설하는 경우, 불연전용실, 파이프 샤프트 등이 밀폐된 장소에 시설하는 경우 금속관의 길이에 관계없이 노출 내화케이블을 금속관에 시설하여야 한다.

사용전선의 종류	공사방법
1. 450/750[V] 저독성 난연 가교 폴리올레핀 절연 전선 2. 0.6/1[kV] 가교 폴리에틸렌 절연 저독성 난연 폴리올레핀 시스 전력 케이블 3. 6/10[kV] 가교 폴리에틸렌 절연 저독성 난연 폴리올레핀 시스 전력용 케이블 4. 가교 폴리에틸렌 절연 비닐시스 트레이용 난연 전력 케이블 5. 0.6/1[kV] EP 고무절연 클로로프렌 시스 케이블 6. 300/500[V] 내열성 실리콘 고무 절연전선(180[℃]) 7. 내열성 에틸렌-비닐 아세테이트 고무절연 케이블 8. 버스덕트(Bus duct) 9. 기타 「전기용품 및 생활용품 안전관리법」 및 「전기설비기술기준」에 따라 동등 이상의 내화성능이 있다고 주무부장관이 인정하는 것	금속관·2종 금속제 가요전선관 또는 합성수지관에 수납하여 내화구조로 된 벽 또는 바닥 등에 벽 또는 바닥의 표면으로부터 25[mm] 이상의 깊이로 매설해야 한다. 다만, 다음의 기준에 적합하게 설치하는 경우에는 그렇지 않다. 가. 배선을 내화성능을 갖는 배선전용실 또는 배선용 샤프트·피트·덕트 등에 설치하는 경우 나. 배선전용실 또는 배선용 샤프트·피트·덕트 등에 다른 설비의 배선이 있는 경우에는 이로부터 15[cm] 이상 떨어지게 하거나 소화설비의 배선과 이웃하는 다른 설비의 배선 사이에 배선지름(배선의 지름이 다른 경우에는 가장 큰 것을 기준으로 한다)의 1.5배 이상의 높이의 불연성 격벽을 설치하는 경우
내화전선	케이블공사의 방법에 따라 설치해야 한다.

비고 : 내화전선의 내화성능은 KS C IEC 60331-1과 2(온도 830[℃]/가열시간 120분) 표준 이상을 충족하고 난연성능 확보를 위해 KS C IEC 60332-3-24 성능 이상을 충족할 것

(2) 내열전선(FR-3)

내열전선은 약전배전 선로 및 신호용에 사용되며 도체 위에 특수 절연들을 씌우고 내열 보강층으로 보호시킨 다음 그 위에 난연성 시스 처리한 것이다.

사용전선의 종류	공사방법
1. 450/750[V] 저독성 난연 가교 폴리올레핀 절연 전선 2. 0.6/1[kV] 가교 폴리에틸렌 절연 저독성 난연 폴리올레핀 시스 전력 케이블 3. 6/10[kV] 가교 폴리에틸렌 절연 저독성 난연 폴리올레핀 시스 전력용 케이블 4. 가교 폴리에틸렌 절연 비닐시스 트레이용 난연 전력 케이블 5. 0.6/1[kV] EP 고무절연 클로로프렌 시스 케이블 6. 300/500[V] 내열성 실리콘 고무 절연전선(180[℃]) 7. 내열성 에틸렌-비닐 아세테이트 고무절연 케이블 8. 버스덕트(Bus duct) 9. 기타 「전기용품 및 생활용품 안전관리법」 및 「전기설비기술기준」에 따라 동등 이상의 내열성능이 있다고 주무부장관이 인정하는 것	금속관·금속제 가요전선관·금속덕트 또는 케이블(불연성덕트에 설치하는 경우에 한한다.) 공사방법에 따라야 한다. 다만, 다음의 기준에 적합하게 설치하는 경우에는 그렇지 않다. 가. 배선을 내화성능을 갖는 배선전용실 또는 배선용 샤프트·피트·덕트 등에 설치하는 경우 나. 배선전용실 또는 배선용 샤프트·피트·덕트 등에 다른 설비의 배선이 있는 경우에는 이로부터 15[cm] 이상 떨어지게 하거나 소화설비의 배선과 이웃하는 다른 설비의 배선 사이에 배선지름(배선의 지름이 다른 경우에는 가장 큰 것을 기준으로 한다)의 1.5배 이상의 높이의 불연성 격벽을 설치하는 경우
내화전선	케이블공사의 방법에 따라 설치해야 한다.

(3) 배선전용실 배선

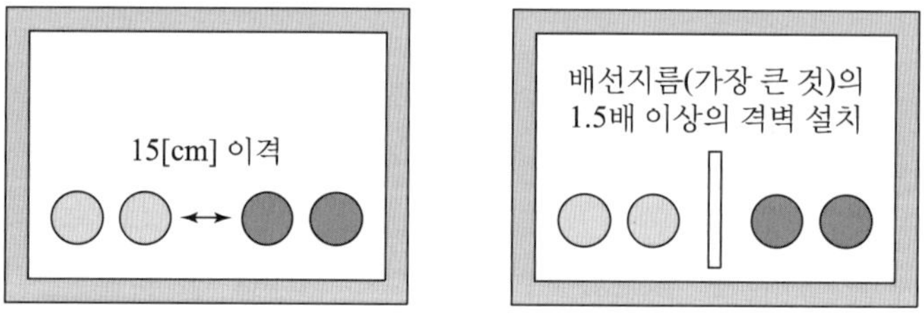

그림 3-4 배선전용실 배선

내열/내화 단면구조

FR-8 단면구조 (내화)	FR-3 단면구조 (내열)
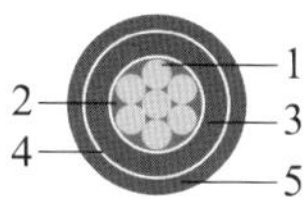	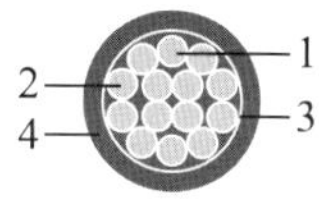
① 도체(conductor) ② 내화층(fire-proof layer) ③ 절연체(insulation) ④ 내화보강층(fire-protect layer) ⑤ 쉬이즈(sheath)	① 도체(conductor) ② 절연체(insulation) ③ 내화보강층(fire-protect layer) ④ 쉬이즈(sheath)

(4) 배선 Block diagram

내화배선 또는 내열배선이 필요한 소방용 설비 등에 관계되는 배선은 다음과 같다.

▬ 는 내화배선, ▬ 는 내열배선, —— 는 일반배선, ········ 는 수도관 또는 가스관

1) 옥내소화전설비

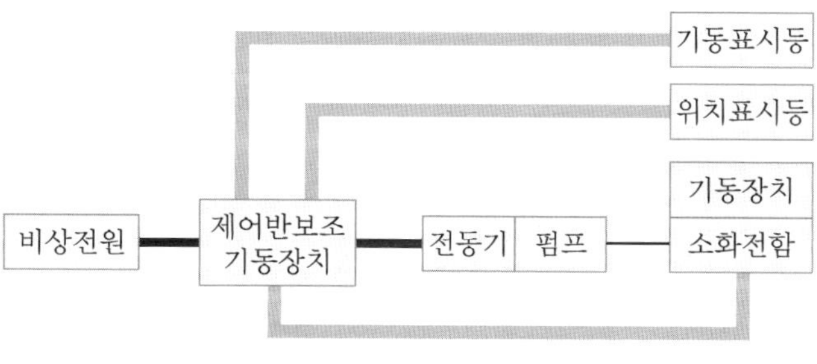

2) 옥외소화전설비

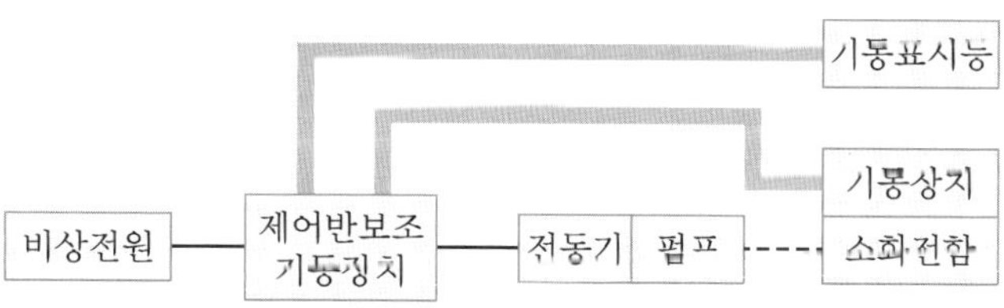

3) 스프링클러설비 · 물분무소화설비 · 포소화설비

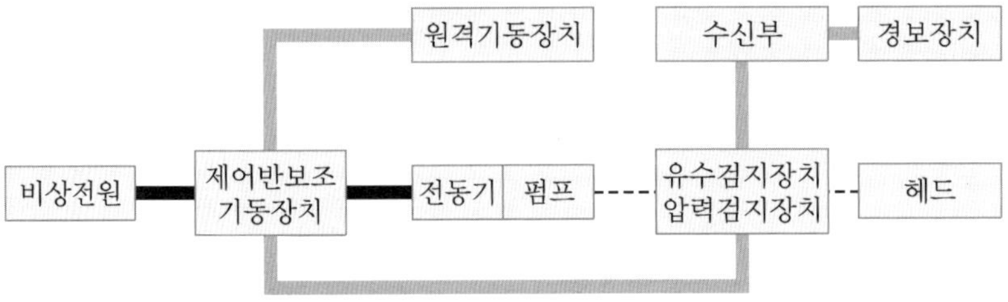

4) 이산화탄소 소화설비 · 할로겐화합물 소화설비 · 분말소화설비

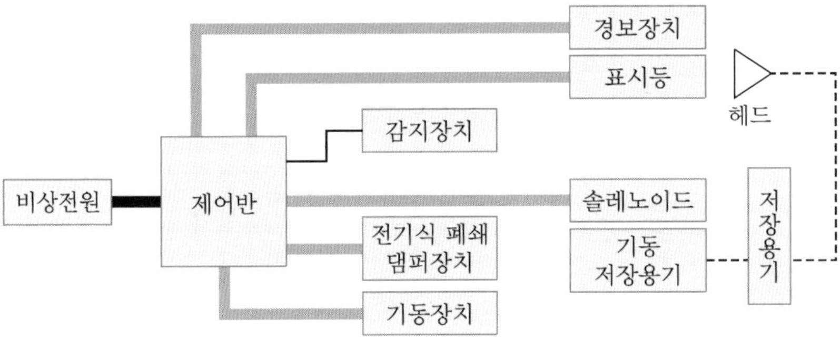

5) 자동화재탐지설비

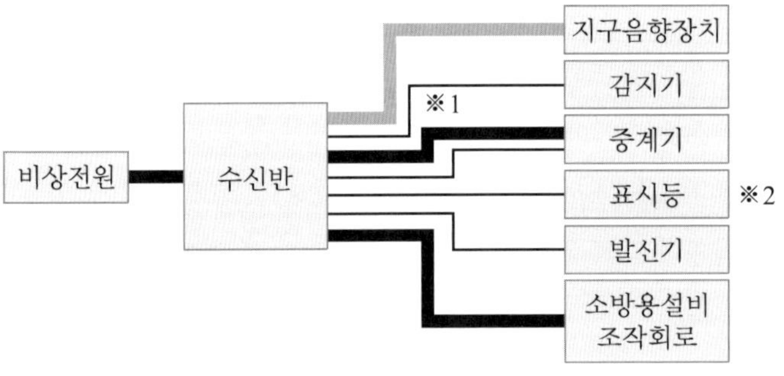

※1. 중계기의 비상전원회로

※2. 발신기를 다른 소방용설비등의 기동장치와 겸용할 경우 발신기 상부표시등의 회로는 비상전원에 연결된 내열배선으로 한다.

6) 비상벨·자동식 사이렌

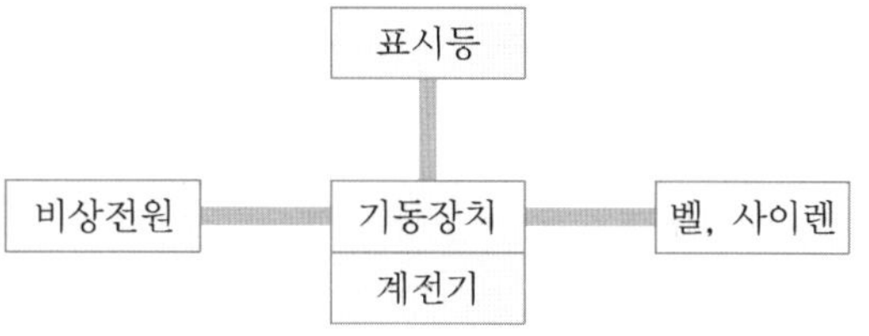

7) 방송설비

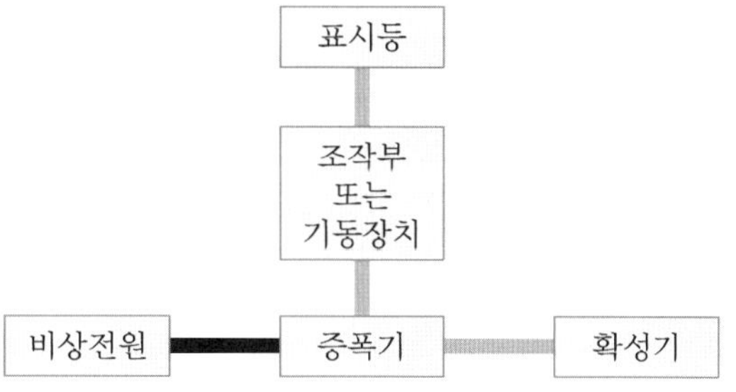

8) 유도등

9) 제연설비

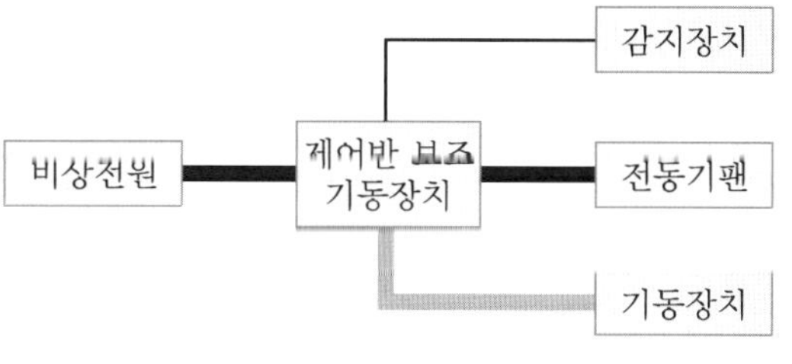

10) 가스누설경보설비

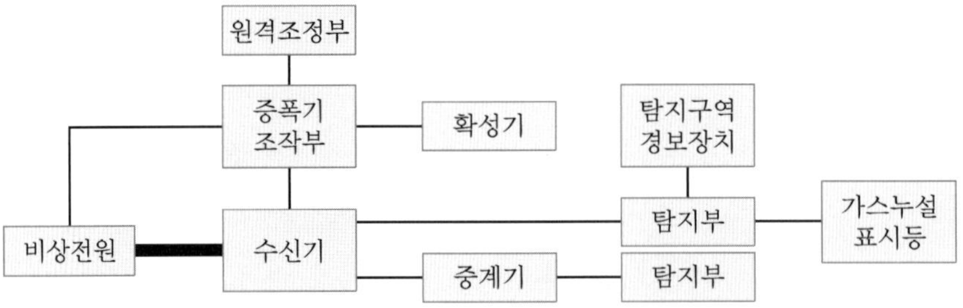

11) 연결송수관설비

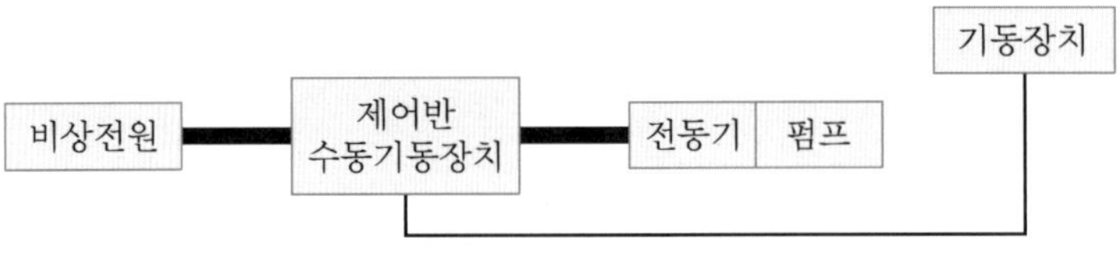

12) 비상콘센트설비

13) 무선통신보조설비

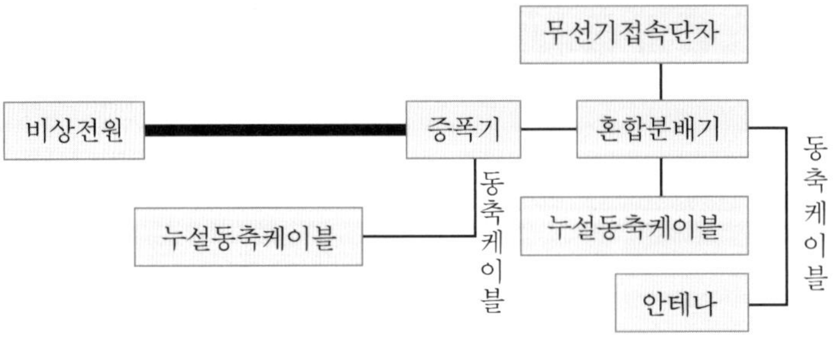

14) 비상조명등설비

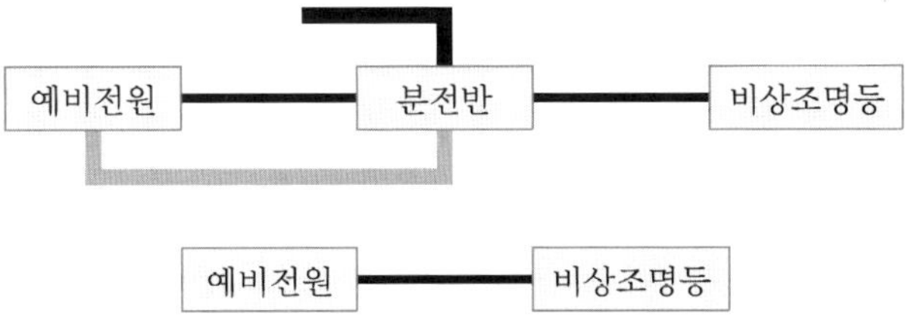

연습문제

01 비상콘센트의 설치기준에 대해 설명하시오.

02 지하 3층, 지상 28층 특정소방대상물에 비상콘센트를 설치하려면 전원회로는 몇 회로를 구성하여야 하는가? (단, 1개 층의 비상콘센트 수는 1개이다.)

03 비상콘센트설비에 대한 다음 각 물음에 답하시오.

(1) 전원회로의 공급용량은 몇 [kVA] 이상인 것으로 하여야 하는가?

(2) 하나의 전용회로에 설치하는 비상콘센트는 몇 개 이하로 하여야 하는가?

(3) 비상콘센트 플러그접속기의 칼받이의 접지극에는 제 몇 종 접지공사를 하여야 하는가?

(4) 비상콘센트의 그림기호를 그리시오.

CHAPTER 4

무선통신보조설비(NFTC/PC 505)

지하층이나 지하상가는 그 구조상 전파의 반송특성이 나빠서 무선교신이 용이하지 않아 화재현장에서 활동하는 소방대와 지상 소방대원간의 무선교신이 어렵게 된다. 그래서 일정규모 이상의 특정소방대상물에 전파가 도달하기 어려운 것을 보완하기 위해서 누설동축케이블이나 안테나를 설치하여 원활하게 무선교신을 할 수 있도록 한 것이 무선통신보소설비이다.

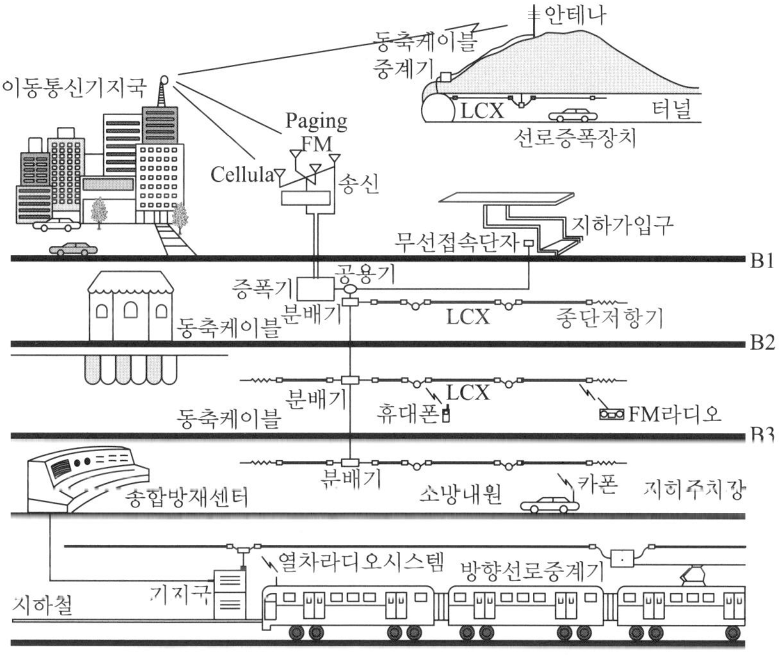

그림 4-1 무선통신보조설비

1 무선통신설비의 종류

(1) 누설 동축케이블

동축케이블과 누설 동축케이블을 조합한 것으로 그림 4-2와 같이 사용한다.

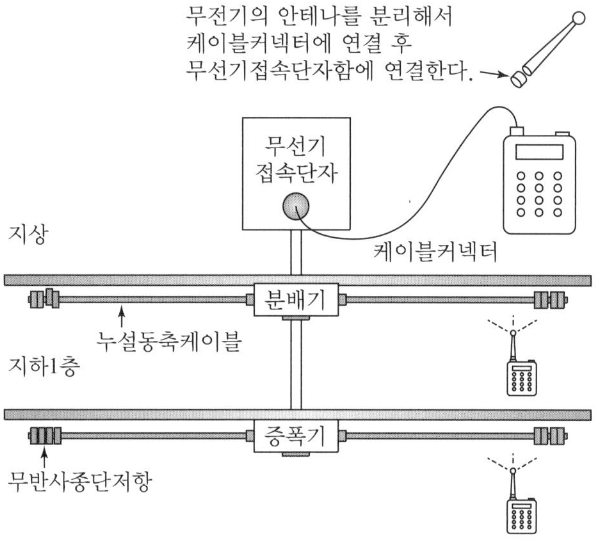

그림 4-2 누설 동축케이블 시설

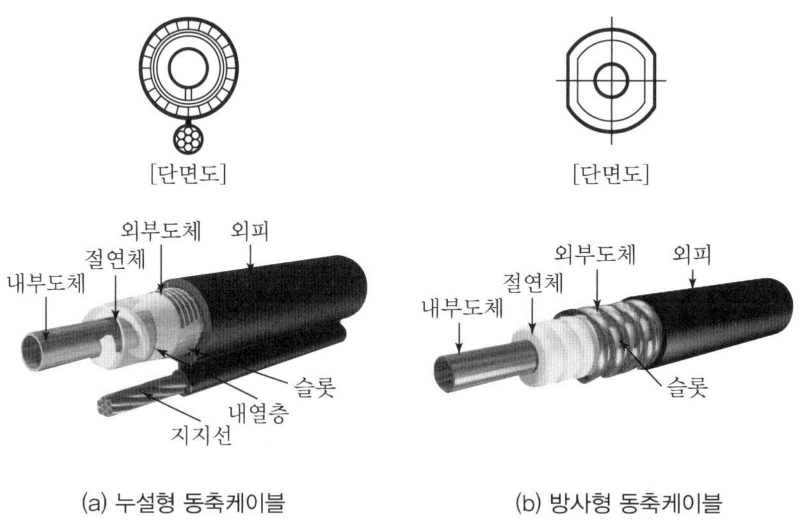

그림 4-3 동축케이블

누설 동축케이블의 특징은 다음과 같은 것이 있다.

① 터널, 지하철역 등 폭이 좁고 긴 지하가나 건축물 내부에 적합하다.

② 전파를 균일하고 광범위하게 방사할 수 있다.

③ Cable이 외부에 노출되므로 유지 보수가 용이하다.

(2) 안테나 방식

안테나의 특징은 다음과 같은 것이 있다.

① 장애물이 적은 대강당, 극장 등에 적합하다.

② 말단에서는 전파의 강도가 떨어져서 통화의 어려움이 있다.

③ 누설 동축케이블 방식보다 경제적이다.

④ Cable을 반자 내 은폐할 수 있으므로 화재 시 영향이 적고 미관을 해치지 않는다.

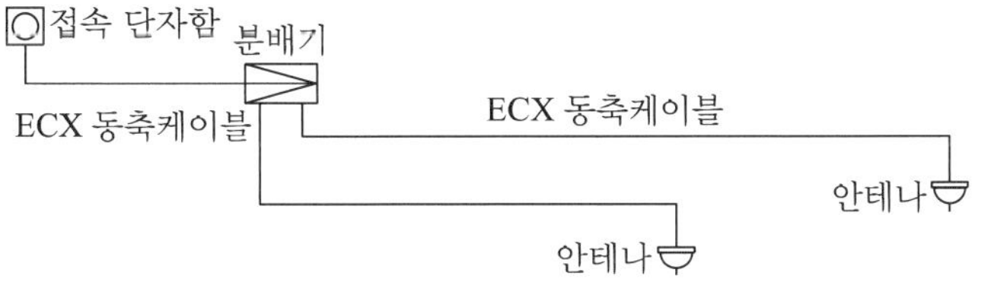

그림 4-4 안테나 방식

(3) 누설 동축케이블 및 안테나 방식

누설 동축케이블의 장점과 안테나의 장점을 이용한 것으로 그림 4-5와 같이 사용한다.

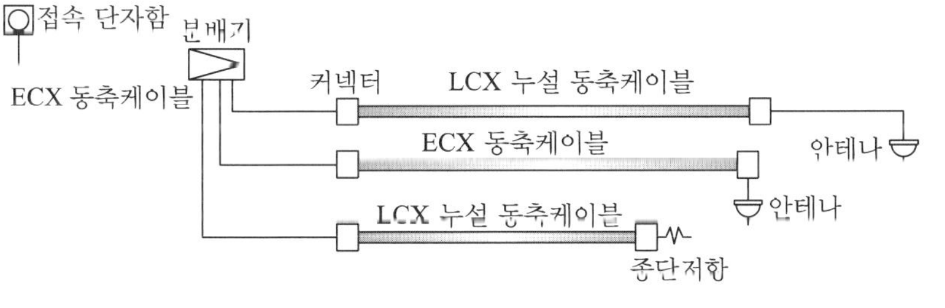

그림 4-5 누설 동축케이블과 안테나 방식

2 설치대상 및 설치기준

(1) 설치대상

① 지하가(터널 제외)로서 연면적 1,000[m^2] 이상인 것

② 지하층의 바닥면적의 합계가 3,000[m^2] 이상인 것 또는 지하층의 층수가 3층 이상이고 지하층의 바닥면적의 합계가 1,000[m^2] 이상인 것은 지하층의 모든 층

③ 지하가 중 터널로서 길이가 500[m] 이상인 것

④ 지하구 중 공동구

⑤ 층수가 30층 이상인 것으로서 16층 이상 부분의 모든 층

(2) 설치제외

지하층으로서 특정소방대상물의 바닥부분 2면 이상이 지표면과 동일하거나 지표면으로부터의 깊이가 1[m] 이하인 경우에는 해당 층에 한해 무선통신보조설비를 설치하지 아니할 수 있다.

(3) 설치면제

면제 대상설비	면제 조건
무선통신보조설비	이동통신 구내 중계기 선로설비, 무선이동중계기 설치 시

(4) 설치기준

1) 누설 동축케이블

① 소방전용 주파수대에서 전파의 전송 또는 복사에 적합한 것으로서 소방전용의 것으로 할 것. 다만, 소방대 상호간의 무선 연락에 지장이 없는 경우에는 다른 용도와 겸용할 수 있다.

② 누설 동축케이블과 이에 접속하는 안테나 또는 동축케이블과 이에 접속하는 안테나로 구성할 것

③ 누설 동축케이블 및 동축케이블은 불연 또는 난연성의 것으로서 습기 등의 환경조건에 따라 전기의 특성이 변질되지 않는 것으로 하고, 노출하여 설치한 경우에는 피난 및 통행에 장애가 없도록 할 것

④ 누설 동축케이블 및 동축케이블은 화재에 따라 해당 케이블의 피복이 소실된 경우에 케이블 본체가 떨어지지 않도록 4[m] 이내마다 금속제 또는 자기제 등의 지지금구로 벽·천장·기둥 등에 견고하게 고정할 것. 다만, 불연재료로 구획된 반자 안에 설치하는 경우에는 그렇지 않다.

⑤ 누설 동축케이블 및 안테나는 금속판 등에 따라 전파의 복사 또는 특성이 현저하게 저하되지 않는 위치에 설치할 것

⑥ 누설 동축케이블 및 안테나는 고압의 전로로부터 1.5[m] 이상 떨어진 위치에 설치할 것. 다만, 해당 전로에 정전기 차폐장치를 유효하게 설치한 경우에는 그렇지 않다.

⑦ 누설 동축케이블의 끝부분에는 무반사 종단저항을 견고하게 설치할 것

⑧ 누설 동축케이블 및 동축케이블의 임피던스는 50[Ω]으로 하고, 이에 접속하는 안테나, 분배기 기타의 장치는 해당 임피던스에 적합한 것으로 해야 한다.

2) 옥외안테나

① 건축물, 지하가, 터널 또는 공동구의 출입구(「건축법 시행령」 제39조에 따른 출구 또는 이와 유사한 출입구) 및 출입구 인근에서 통신이 가능한 장소에 설치할 것

② 다른 용도로 사용되는 안테나로 인한 통신장애가 발생하지 않도록 설치할 것

③ 옥외안테나는 견고하게 파손의 우려가 없는 곳에 설치하고 그 가까운 곳의 보기 쉬운 곳에 "무선통신보조설비 안테나"라는 표시와 함께 통신 가능거리를 표시한 표지를 설치할 것

④ 수신기가 설치된 장소 등 사람이 상시 근무하는 장소에는 옥외안테나의 위치가 모두 표시된 옥외안테나 위치표시도를 비치할 것

3) 분배기, 분파기, 혼합기

① 먼지, 습기 및 부식 등에 따라 기능에 이상을 가져오지 않도록 할 것

② 임피던스는 50[Ω]의 것으로 할 것

③ 점검에 편리하고 화재 등의 재해로 인한 피해의 우려가 없는 장소에 설치할 것

4) 증폭기 및 무선중계기

① 상용전원은 전기가 정상적으로 공급되는 축전지설비, 전기저장장치(외부 전기에너지를 저장해 두었다가 필요한 때 전기를 공급하는 장치) 또는 교류전압의 옥내간선으로 하고, 전원까지의 배선은 전용으로 할 것

② 증폭기의 전면에는 주회로 전원의 정상 여부를 표시할 수 있는 표시등 및 전압계를 설치할 것

③ 증폭기에는 비상전원이 부착된 것으로 하고, 해당 비상전원 용량은 무선통신보조설비를 유효하게 30분 이상 작동시킬 수 있는 것으로 할 것
④ 증폭기 및 무선중계기를 설치하는 경우에는 「전파법」 제58조의2에 따른 적합성 평가를 받은 제품으로 설치하고 임의로 변경하지 않도록 할 것
⑤ 디지털 방식의 무전기를 사용하는데 지장이 없도록 설치할 것

3 무선통신보조설비 구성요소

(1) 옥외안테나

옥외안테나란 감시제어반 등에 설치된 무선중계기의 입력과 출력포트에 연결되어 송수신 신호를 원활하게 방사·수신하기 위해 옥외에 설치하는 장치를 말한다.

그림 4-6 옥외안테나

(2) 누설 동축케이블(LCX : Leakage Co-Axial Cable)

누설 동축케이블은 동축케이블의 외부도체에 슬롯(slot)을 만들어서 전파가 외부로 새어나갈 수 있도록 한 케이블로, 내열성을 가지게 한 것을 내열 누설 동축케이블이라고 부른다.

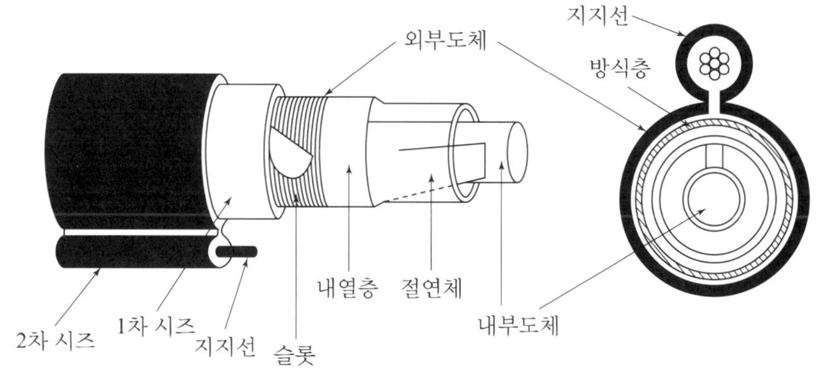

그림 4-7 누설 동축케이블(LCX)의 구조

(3) 분배기(Allotter)

분배기는 신호의 전송로가 분기되는 장소에 설치하는 것으로 임피던스 매칭(matching)과 신호 균등분배를 위해서 사용하는 장치이다.

(4) 분파기(Branching filter)

서로 다른 주파수의 합성된 신호를 분리하기 위해서 사용하는 장치이다.

(5) 혼합기(Mixer)

2개 이상의 입력신호를 원하는 비율로 조합한 출력이 발생하도록 하는 장치이다.

(6) 증폭기(Amplifier)

증폭기는 누설 동축케이블의 길이가 길어짐에 따라 저항의 증가로 출력이 약해지므로 이를 증폭하는 장치이다. 전파의 출력을 높이기 위해서 증폭기에는 전원이 설치되는데, 전원은 상용전원으로 축전지와 교류전원이 사용될 수 있다.

(7) 무반사 종단저항

무선통신용 신호가 동축케이블의 끝에 도달하면 갑자기 임피던스가 무한대로 되므로 그

지점에서 반사하여 왔던 길로 되돌아가 메아리가 생기는데 이런 반사파를 없애기 위해 설치하는 것이 무반사 종단저항이다.

(8) 접속단자(Cable connector)

동축케이블과 분배기, 누설 동축케이블과 분배기 등은 서로 규격이 다르므로 이들을 서로 결합시키기 위해서 사용하는 접속기구이다.

(9) 동축케이블의 그레이딩

신호레벨은 케이블을 따라 전파되어 가면서 점점 감쇄되어 약해지므로 이를 평준화시키기 위해서 신호레벨이 높은 곳에는 결합손실이 큰 케이블을 사용하고 신호레벨이 낮은 곳에는 결합손실이 작은 케이블을 사용하여 평준화 시켜 주는 것을 그레이딩(grading)이라고 한다.

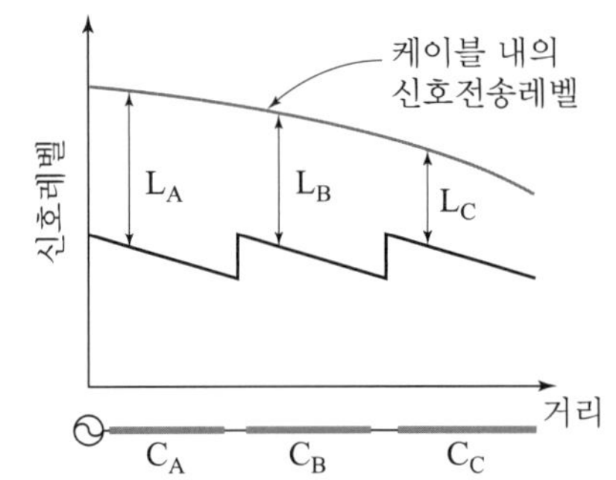

그림 4-8 동축케이블 그레이딩

Tip

임피던스 매칭

Impedance Matching(정합)

연습문제

01 무선통신보조설비의 증폭기 설치기준 3가지를 쓰시오.

02 누설 동축케이블에 대해 설명하시오.

03 무반사 종단저항이란?

04 동축케이블의 그레이딩이란?

05 다음 (　　) 속에 적당한 용어를 넣어라.

> 무선기의 접속단자는 지상 (　　)에 설치하고, 누설 동축케이블은 고압의 전로로부터 (　　) 이상 떨어져야 하며, 증폭기의 비상전원은 해당 설비를 유효하게 (　　) 이상 작동할 수 있는 것으로 한다.

CHAPTER 5

비상전원수전설비(NFTC/PC 602)

비상전원(Emergency power)이란 정전이나 단선·단락 사고 등으로 인하여 상용전원의 공급이 중단되었을 경우 외부전원의 공급이 없이 특정소방대상물에서 소방시설을 일정시간 사용하기 위한 별도의 전원공급장치이다.

국내 소방관련법령에서는 원칙적으로 용어를 비상전원(emergency power)이라고 하나 건축관련법령에서는 예비전원(standby power)이라고 표현하고 있다. 다만, 국내 검정기준에서는 예비전원과 비상전원을 혼용하고 있다.

1 비상전원의 종류

(1) 자가발전설비

1) 개념

건물 내 자가용 발전기를 설치하는 것으로 일반적으로 자가용 발전기는 경유나 LPG를 연료로 하고 정전 시 소방설비에 전원을 공급하는 것으로 주로 소화설비 및 소화활동설비의 펌프나 송풍기에 적용한다. 이외에 내연기관에 의해 펌프를 운전하는 엔진펌프를 설치할 수도 있다.

2) 특징

① 정전 시 비상전원으로 자동절환 및 급전 시 상용전원으로 복구되어야 한다. 비상발전기의 비상부하 접속점에 ATS(Auto Transfer Switch)를 설치하고, 상용전원회로와 비상발전기회로의 개폐는 상호 interlock이 되도록 한다.

② 기동시간이 짧고, 전압의 신뢰도가 높아야 한다.

③ 20분 이상 안정되게 연속해서 전원공급이 가능하여야 한다.

④ 최대용량의 특정소방대상물 부하를 동시에 사용할 수 있어야 한다.

⑤ 효율이 높고 작동 및 보수가 용이하여야 한다.

(2) 축전지설비

1) 개념

축전지설비는 전기에너지를 화학에너지로 축적시켜 놓고 필요시 화학에너지를 전기에너지로 바꾸어 쓰는 설비로 축전지, 충전장치, 보안장치, 제어장치 등으로 구성된다.

발전기가 주로 펌프와 같은 동력용 부하에의 비상전원이라면 축전지설비는 상용전원이 정전되었을 때 자가용 발전설비가 기동하여 정격전압을 확보할 때까지의 중간전원으로 사용된다. 소방시설 중 경보설비의 비상전원은 축전지설비만을 인정하고 있다.

2) 특징

① 축전지와 충전장치를 갖춘 독립된 직류전원이다.
② 용량의 한계로 인하여 비상전원 측면에서는 발전기의 기동용이나, 장치류의 비상전원 등에 한하여 적용한다.
③ 경보설비, 유도등, 무선통신보조설비에서는 유일한 비상전원이다.
④ 발전기에 비해 즉시 전원공급이 가능하다.
⑤ 발전설비에 비해 유지관리 및 보수가 용이하다.

2 비상전원의 수전설비(NFTC/PC 602)

(1) 개념

자동식 소화설비를 설치하여야 하는 소규모건물에도 비상발전기를 설치·유지관리 하여야 하는 문제점을 개선하기 위하여 도입된 것으로 상용전원의 신뢰도와 내화성능을 향상시킨 제한적인 범위의 비상전원설비이다. 정전 시에는 비상전원 수전설비는 단전되므로 비상전원으로서의 기능을 수행할 수 없으나 화재 초기에는 정전이 없다고 가정하고 초기화재시 사용상 지장이 없도록 한 제한적인 기능의 비상전원이다.

(2) 특징

① 정전 시 비상전원으로서의 기능이 상실된다.
② 스프링클러, 간이스프링클러, 포소화설비, 비상콘센트설비에 한하여 제한된 특정소방대상물에만 적용할 수 있는 비상전원설비이다.
③ 상용전원이 공급되는 시점까지만 비상전원으로서 적용이 가능하다.

(3) 수전전압별 종류

1) 고압 또는 특별고압 수전의 경우

① 전용의 방화구획 내에 설치할 것.

② 소방회로 배선은 일반회로 배선과 불연성의 격벽으로 구획할 것. 다만, 소방회로 배선과 일반회로 배선을 15[cm] 이상 떨어져 설치한 경우는 그렇지 않다.

③ 일반회로에서 과부하, 지락사고 또는 단락사고가 발생한 경우에도 이에 영향을 받지 아니하고 계속하여 소방회로에 전원을 공급시켜 줄 수 있어야 할 것.

④ 소방회로용 개폐기 및 과전류차단기에는 "소방시설용"이라 표시할 것.

⑤ 전기회로는 표 5-1과 같이 결선할 것.

표 5-1 고압 또는 특별고압 수전의 전기회로

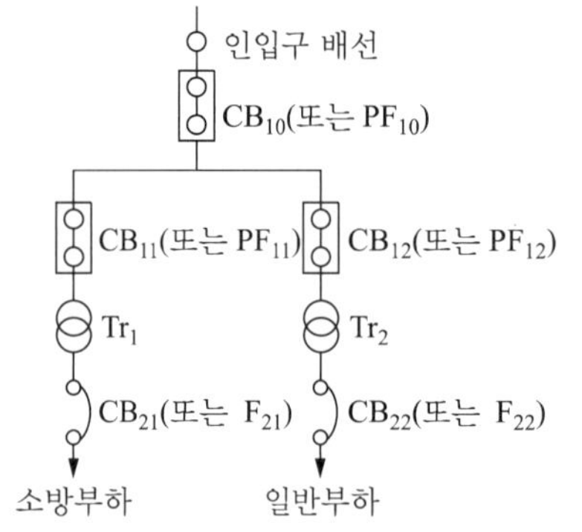

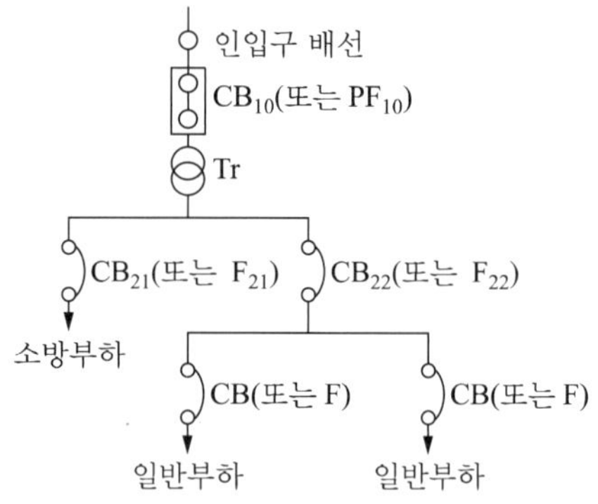

1. 전용의 전력용 변압기에서 소방부하에 전원을 공급하는 경우	2. 공용의 전력용 변압기에서 소방부하에 전원을 공급하는 경우
가. 일반회로의 과부하 또는 단락사고 시에 CB_{10}(또는 PF_{10})이 CB_{12}(또는 PF_{12}) 및 CB_{22}(또는 F_{22})보다 먼저 차단되어서는 안 된다. 나. CB_{11}(또는 PF_{11})은 CB_{12}(또는 PF_{12})와 동등 이상의 차단용량일 것	가. 일반회로의 과부하 또는 단락사고 시에 CB_{10}(또는 PF_{10})이 CB_{22}(또는 PF_{22}) 및 CB(또는 F)보다 먼저 차단되어서는 안 된다. 나. CB_{21}(또는 PF_{21})은 CB_{22}(또는 F_{22})와 동등 이상의 차단용량일 것

약호	명칭	약호	명칭
CB	전력차단기	CB	전력차단기
PF	전력퓨즈(고압 또는 특별고압용)	PF	전력퓨즈(고압 또는 특별고압용)
F	퓨즈(저압용)	F	퓨즈(저압용)
Tr	전력용 변압기	Tr	전력용 변압기

2) 저압수전의 경우

① 일반회로에서 과부하 · 지락사고 또는 단락사고가 발생한 경우에도 이에 영향을 받지 아니하고 계속하여 소방회로에 전원을 공급시켜 줄 수 있어야 할 것

② 소방회로용 개폐기 및 과전류 차단기에는 “소방전용”이라 표시할 것.

③ 전기회로는 표 5-2와 같이 결선할 것

표 5-2 저압수전의 전기회로

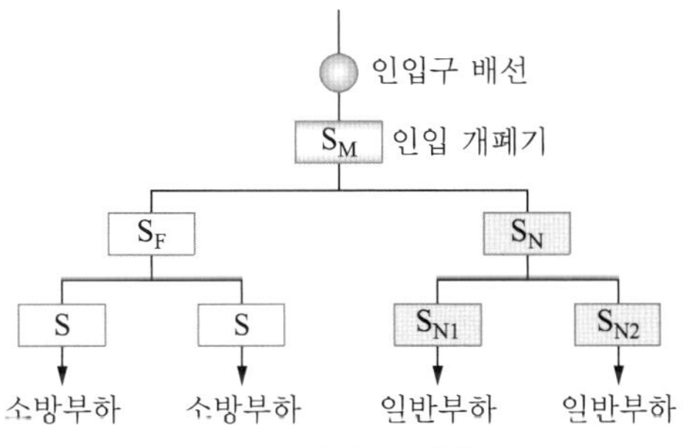

1. 일반회로의 과부하 또는 단락사고 시 SM이 SN, SN_1 및 SN_2보다 먼저 차단되어서는 안 된다.
2. SF는 SN과 동등 이상의 차단용량일 것

약호	명칭
S	저압용 개폐기 및 과전류 차단기

CHAPTER 6

도로터널 화재안전기술/성능기준(NFTC/PC 603)

도로터널이라 함은 「도로법」 제11조에서 규정한 도로의 일부로서 자동차의 통행을 위해 지붕이 있는 지하 구조물을 말한다.

1 도로터널의 기준

(1) 비상경보설비

1) 발신기

① 발신기는 주행차로 한쪽 측벽에 50[m] 이내의 간격으로 설치하며, 편도 2차선 이상의 양방향 터널이나 4차로 이상의 일방향 터널의 경우에는 양쪽의 측벽에 각각 50[m] 이내의 간격으로 엇갈리게 설치할 것

② 발신기는 바닥면으로부터 0.8[m] 이상 1.5[m] 이하의 높이에 설치할 것

2) 시각경보장치(Strobe light)

시각경보기는 주행차로 한쪽 측벽에 50[m] 이내의 간격으로 비상경보설비 상부 직근에 설치하고, 전체 시각경보기는 동기방식에 의해 작동될 수 있도록 할 것

3) 음향장치

① 음향장치는 발신기 설치위치와 동일하게 설치할 것. 다만, 비상방송설비의 화재안전기술기준(NFTC/PC 202)에 적합하게 설치된 방송설비를 비상경보설비와 연동하여 작동하도록 설치한 경우에는 비상경보설비의 지구음향장치를 설치하지 않을 수 있다.

② 음향장치의 음량은 부착된 음향장치의 중심으로부터 1[m] 떨어진 위치에서 90[dB] 이상이 되도록 할 것

(2) 자동화재탐지설비

1) 감지기

① 터널에 설치할 수 있는 감지기 종류

㈀ 차동식 분포형 감지기

㈁ 정온식 감지선형 감지기(아날로그식에 한함)

㈂ 중앙기술심의위원회의 심의를 거쳐 터널화재에 적응성이 있다고 인정된 감지기

② 감지기의 설치기준

㈀ 감지기의 감열부(열을 감지하는 기능을 갖는 부분)와 감열부 사이의 이격거리는 10[m] 이하로, 감지기와 터널 좌·우측 벽면과의 이격거리는 6.5[m] 이하로 설치할 것

㈁ ㈀의 규정에도 불구하고 터널 천장의 구조가 아치형의 터널에 감지기를 터널 진행방향으로 설치하고자 하는 경우에는 감열부와 감열부 사이의 이격거리를 10[m] 이하로 하여 아치형 천장의 중앙 최상부에 1열로 감지기를 설치해야 하며, 감지기를 2열 이상으로 설치하고자 하는 경우에는 감열부와 감열부 사이의 이격거리는 10[m] 이하로 감지기 간의 이격거리는 6.5[m] 이하로 설치할 것

㈂ 감지기를 천장면(터널 안 도로 등에 면한 부분 또는 상층의 바닥 하부면)에 설치하는 경우에는 감지기가 천장면에 밀착되지 않도록 고정금구 등을 사용하여 설치할 것

㈃ 형식승인 내용에 설치방법이 규정된 경우에는 형식승인 내용에 따라 설치할 것.

2) 경계구역

① 하나의 경계구역의 길이는 100[m] 이하로 해야 한다.

② 감지기의 설치기준 규정에도 불구하고 감지기의 작동에 의하여 다른 소방시설 등이 연동되는 경우로서 해당 소방시설 등의 작동을 위한 정확한 발화위치를 확인할 필요가 있는 경우에는 경계구역의 길이가 해당 설비의 방호구역 등에 포함되도록 설치해야 한다.

(3) 비상조명등

1) 조도

상시 조명이 소등된 상태에서 비상조명등이 점등되는 경우 터널 안의 차도 및 보도의 바닥면 조도는 10[lx] 이상, 그 외 모든 지점의 조도는 1[lx] 이상이 될 수 있도록 설치할 것

2) 비상전원

① 비상조명등은 상용전원이 차단되는 경우 자동으로 비상전원으로 60분 이상 점등되도록 설치할 것

② 비상조명등에 내장된 예비전원이나 축전지설비는 상용전원의 공급에 의하여 상시 충전상태를 유지할 수 있도록 설치할 것

(4) 제연설비

① 설계화재강도 20[MW]를 기준으로 하고, 이때의 연기발생률은 80[m^3/s]로 하며, 배출량은 발생된 연기와 혼합된 공기를 충분히 배출할 수 있는 용량 이상을 확보할 것

② ①에도 불구하고, 화재강도가 설계화재강도 보다 높을 것으로 예상될 경우 위험도분석을 통하여 설계화재강도를 설정하도록 할 것

1) 제연설비 다음의 기준

① 종류환기방식의 경우 제트팬의 소손을 고려하여 예비용 제트팬을 설치하도록 할 것

② 횡류환기방식(또는 반횡류환기방식) 및 대배기구 방식의 배연용 팬은 덕트의 길이에 따라서 노출온도가 달라질 수 있으므로 수치해석 등을 통해서 내열온도 등을 검토한 후에 적용하도록 할 것

③ 대배기구의 개폐용 전동모터는 정전 등 전원이 차단되는 경우에도 조작상태를 유지할 수 있도록 할 것

④ 화재에 노출이 우려되는 제연설비와 전원공급선 및 제트팬 사이의 전원공급장치 등은 250[℃]의 온도에서 60분 이상 운전상태를 유지할 수 있도록 할 것

2) 제연설비 기동

다음의 어느 하나에 의하여 자동 및 수동으로 기동될 수 있도록 해야 한다.

① 화재감지기가 동작되는 경우

② 발신기의 스위치 조작 또는 자동소화설비의 기동장치를 동작시키는 경우

③ 화재수신기 또는 감시제어반의 수동조작스위치를 동작시키는 경우

④ 제연설비의 비상전원은 제연설비를 유효하게 60분 이상 작동할 수 있도록 해야 한다.

(5) 연결송수관설비

① 연결송수관설비의 방수노즐선단에서의 방수압력은 0.35[MPa] 이상, 방수량은 400[L/min] 이상을 유지할 수 있도록 할 것

② 방수구는 50[m] 이내의 간격으로 옥내소화전함에 병설하거나 독립적으로 터널 출입구 부근과 피난연결통로에 설치할 것

③ 방수기구함은 50[m] 이내의 간격으로 옥내소화전함 안에 설치하거나 독립적으로 설치하고, 하나의 방수기구함에는 65[mm] 방수노즐 1개와 15[m] 이상의 호스 3본을 설치하도록 비치할 것

(6) 무선통신보조설비

① 무선통신보조설비의 옥외안테나는 방재실 인근과 터널의 입구 및 출구, 피난연결통로 등에 설치해야 한다.

② 라디오 재방송설비가 설치되는 터널의 경우에는 무선통신보조설비와 겸용으로 설치할 수 있다.

(7) 비상콘센트설비

1) 전원회로

① 비상콘센트설비의 전원회로는 단상교류 220[V]인 것으로서, 그 공급용량은 1.5[kVA] 이상인 것으로 할 것

② 전원회로는 주배전반에서 전용회로로 할 것. 다만, 다른 설비의 회로 사고에 따른 영향을 받지 않도록 되어 있는 것은 그렇지 않다.

2) 콘센트

① 콘센트용 배선용 차단기

콘센트마다 배선용 차단기(KS C 8321)를 설치해야 하며, 충전부가 노출되지 않도록 할 것

② 콘센트 배치

주행차로의 우측 측벽에 50[m] 이내의 간격으로 바닥으로부터 0.8[m] 이상 1.5[m] 이하의 높이에 설치할 것

CHAPTER 7

건설현장의 화재안전기술/성능기준(NFTC/PC 606)

1 기술/성능기준

(1) 소화기

화재현장에 비치하여 화재 발생 시 인근 작업자가 수동 조작하여 소화활동에 활용

① 각 층 계단실마다 계단실 출입구 부근에 능력단위 3단위 이상인 소화기 2개 이상을 설치하고, 작업을 하는 경우 작업종료 시까지 작업지점으로부터 5[m] 이내의 쉽게 보이는 장소

② 능력단위 3단위 이상인 소화기 2개 이상과 대형소화기 1개 이상을 추가 배치할 것

③ "소화기"라고 표시한 축광식 표지를 소화기 설치장소 보기 쉬운 곳에 부착하여야 한다.

(2) 간이소화장치

공사장에 설치 된 상수도 배관에 연결하거나 이동용 임시가압장치(펌프)를 이용하여 물을 방사하는 장치

① 화재위험작업 시 25[m] 이내 설치

② 지하 1층과 지상 1층에 상시 배치

③ 방수압력 0.1[MPa], 방수량 65[LPM], 수원 20분 용량

(3) 비상경보장치

화재를 발견한 작업자가 수동으로 조작하여 화재발생 사실을 주변에 알려 피난을 유도하는 장치

① 피난층 또는 지상으로 통하는 각 층 직통계단의 출입구마다 설치할 것

② 발신기를 누를 경우 해당 발신기와 결합된 경종이 작동할 것. 이 경우 다른 장소에 설치된 경종도 함께 연동하여 작동되도록 설치할 수 있다.

③ 발신기의 위치표시등은 함의 상부에 설치하되, 그 불빛은 부착면으로부터 15[°] 이상의 범위 안에서 부착지점으로부터 10[m] 이내의 어느 곳에서도 쉽게 식별할 수 있는 적색등으로 할 것
④ 시각경보장치는 발신기함 상부에 위치하도록 설치하되 바닥으로부터 2[m] 이상 2.5[m] 이하의 높이에 설치하여 건설현장의 각 부분에 유효하게 경보할 수 있도록 할 것
⑤ "비상경보장치"라고 표시한 표지를 비상경보장치 상단에 부착할 것
⑥ 비상벨 음량 100[dB](1[m] 이내), 비상전원 20분 이상 확보

(4) 가스누설경보기

가연성가스를 발생시키는 작업을 하는 지하층 또는 무창층 내부(내부에 구획된 실이 있는 경우에는 구획실마다)에 가연성가스를 발생시키는 작업을 하는 부분으로부터 수평거리 10[m] 이내에 바닥으로부터 탐지부 상단까지의 거리가 0.3[m] 이하인 위치에 설치할 것

(5) 간이피난유도선

① 지하층이나 무창층에는 간이피난유도선을 녹색 계열의 광원점등방식으로 해당 층의 직통계단마다 계단의 출입구로부터 건물 내부로 10[m] 이상의 길이로 설치할 것
② 바닥으로부터 1[m] 이하의 높이에 설치하고, 피난유도선이 점멸하거나 화살표로 표시하는 등의 방법으로 작업장의 어느 위치에서도 피난유도선을 통해 출입구로의 피난방향을 알 수 있도록 할 것
③ 층 내부에 구획된 실이 있는 경우에는 구획된 각 실로부터 가장 가까운 직통계단의 출입구까지 연속하여 설치할 것

(6) 비상조명등

① 지하층이나 무창층에서 피난층 또는 지상으로 통하는 직통계단의 계단실 내부에 각 층마다 설치할 것
② 비상조명등이 설치된 장소의 조도는 각 부분의 바닥에서 1[lx] 이상이 되도록 할 것
③ 비상경보장치가 작동할 경우 연동하여 점등되는 구조로 설치할 것

(7) 방화포

① 용접·용단 작업 시 11[m] 이내에 가연물이 있는 경우 해당 가연물을 방화포로 보호할 것

소화기	간이소화장치	비상경보장치	간이피난유도선

가스누설경보기	방화포	비상조명등
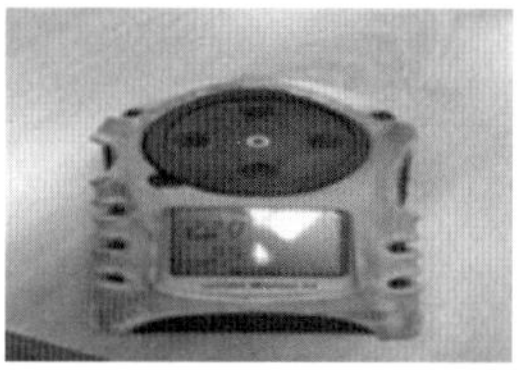	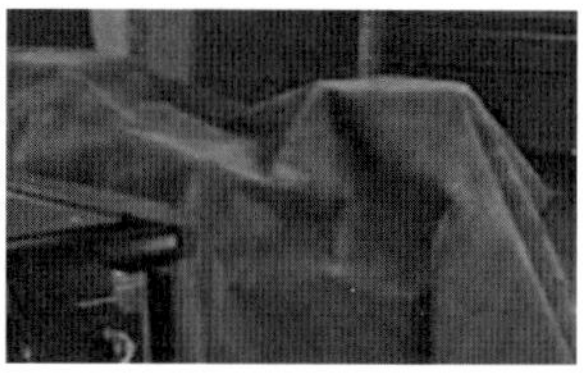	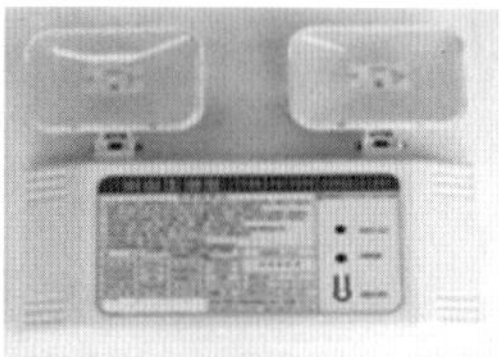

2 설치대상

종류	설치대상	면제기준
소화기	전 대상(건축허가동의 대상)	-
간이소화장치	① 연면적 3,000[m^2] 이상 ② 지하층, 무창층 또는 4층 이상의 층. 바닥면적이 600[m^2] 이상인 작업장	옥내소화전 또는 대형소화기 설치 시
비상경보장치	① 연면적 400[m^2] 이상 ② 지하층 또는 무창층. 바닥면적이 150[m^2] 이상인 작업장	자동화재탐지설비, 비상방송설비 설치 시
방화포	용접·용단 작업이 진행되는 작업현장	-
간이피난유도선	바닥면적이 150[m^2] 이상인 지하층 또는 무창층의 작업현장	유도등, 비상조명등, 피난유도선 설치 시
가스누설경보기		-
비상조명등		

PART 03

전기설비 및 자동제어

CHAPTER 1

전기설비

1 간선

건물 내에서 사용하고 있는 전력은 전력회사, 자가발전설비 및 축전지로부터 공급받고 있다. 이러한 전력은 변압기 및 배전반을 통해 전등기구, 콘센트 및 각 부하에 공급된다. 전원에서 변압기 또는 배전반 사이를 접속하는 배전선로 및 배전반에서 각 수용장소에 설치된 전등 분전반 또는 동력 제어반에 이르는 배전선로를 전력간선 또는 간선이라 한다.

(1) 간선의 구성

1) 급전선(Feeder)

변전소 또는 발전소로부터 배전 간선에 이르기까지 도중에 부하가 접속되지 않은 선로를 말하며 송전선이라고도 한다.

2) 간선(Main Line)

자가발전기, 축전지 등의 전원에서 배전반까지의 선로 및 변압기에서 배전반까지의 선로 그리고 배전반에서 동력 제어반이나 전등 분전반까지의 주요 선로

3) 분기선(Branch Line)

전등 분전반이나 동력 제어반에서 분기한 선로(전등이나 콘센트, 전동기의 배전에 쓰이며 중간에 과전류차단기를 설치)이다.

(2) 간선의 굵기 선정 시 고려 사항

1) 허용전류

도체의 절연피복물의 최고 허용온도나 주위 상황에 따라 허용전류(Admittable Current)값은 달라진다.

Tip

허용전류의 계산식은 다음과 같다.

$$I_a = I_L \times (1.1 \text{ 또는 } 1.25)\frac{1}{K}$$

여기서, I_a : 간선의 최소 허용전류
I_L : 전부하 전류
K : 허용전류 온도감소계수

허용전류의 계산방법

(1) 전부하전류(Load Current)

① 직류의 경우 : $I_L = \frac{P}{V}$ [A]

② 교류 단상의 경우 : $I_L = \frac{P}{V\cos\theta \cdot \eta}$ [A]

③ 교류 3상의 경우 : $I_L = \frac{P}{\sqrt{3}\,V\cos\theta \cdot \eta}$ [A]

(2) 계수 1.1 또는 1.25배의 적용

① $I_L \leq 50[A] \times 1.25$

② $I_L > 50[A] \times 1.1$

2) 전압강하

전압강하는 송전단과 수전단 사이에 생기는 전압의 차를 말하며, 간선 및 분기회로에서의 전압강하는 표준전압의 2[%] 이내로 한다.

3) 기계적 강도

전선은 인장력에 충분히 견딜 수 있는 강도를 가져야 한다.

4) 전력손실

전력손실은 작을수록 좋으며, 전력손실이 작을수록 배선이 양호하다.

5) 장래 부하의 변동

장래에 부하가 증설될 것을 감안하여 간선의 여유 굵기를 선정한다.

(3) 간선의 종류

1) 사용목적에 따른 분류

① **동력 간선**
엘리베이터, 송수펌프 등에 전력을 공급하기 위한 간선

② **전등 간선**
전등기구나 전기기구 등에 전력을 공급하기 위한 간선

③ **소방 간선**
발신기, 소화전함, 수동 조작반, 연동 제어기 등에 전력을 공급하기 위한 간선

④ **특수 간선**
전자계산기 등 특수기기를 가동하기 위한 간선

2) 전원에 따른 분류

전력회사에서 수전하는 경우를 상용전원, 내부의 자가발전설비나 축전기에 의해 전원을 공급받는 경우를 비상전원 또는 예비전원이라 한다.

2 배선 원칙 및 기본사항

(1) 전압

1) 전압의 종류

표 1-1 전압의 종류

전압구분	현행 기준	KEC
저압	교류 : 600[V] 이하 직류 : 750[V] 이하	교류 : 1,000[V] 이하 직류 : 1,500[V] 이하
고압	7,000[V] 이하	7,000[V] 이하
특고압	7,000[V] 초과	7,000[V] 초과

2) 전압강하

전압강하(Voltage drop)는 전선에 전류 I가 흐르면 전선의 저항 R 때문에 IR의 전압강하가 일어난다. 이때 IR을 R에 의한 전압강하라 한다.

전압강하 때문에 전원측보다 부하측의 전압이 낮아지고 그 값이 일정 이상 되면 전기설비가 제대로 기능을 하지 못하게 된다.

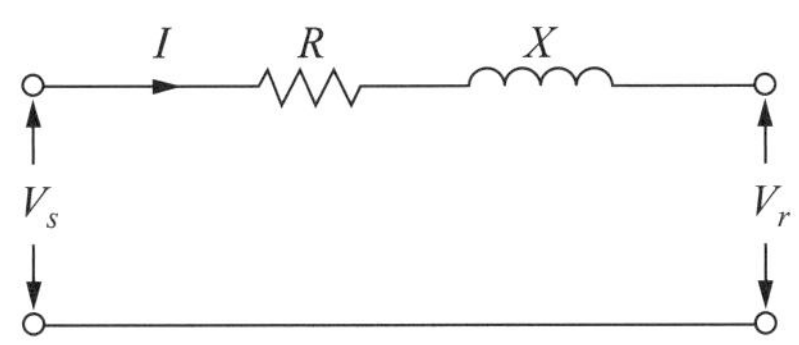

그림 1-1 송수진단 진압

그림 1-1에서 전선 한 가닥의 전압강하 e는 다음 식과 같이 나타낼 수 있다.

$$e = V_s - V_r = I(R + jX) = I(R\cos\theta + jX\sin\theta)$$

여기서, V_s : 송전단 전압
V_r : 수전단 전압
R : 전선 1가닥의 저항
X : 전선 1가닥의 리액턴스

① 단상 2선식인 경우

회로의 리액턴스를 무시하고 역률을 1, 표준 연동의 고유저항을 1/58[Ω/m-mm^2], 전선의 도전율을 97[%]로 가정하면 단상 2선식의 경우 전압강하는 다음 식과 같다.

$$e = V_s - V_r = (R \cdot I) \times 2 = \frac{1}{58} \times \frac{100}{97} \times \frac{L}{A} \times I \times 2 \cong \frac{35.6LI}{1{,}000A}\,[\mathrm{V}]$$

여기서, V_s : 송전단 전압
V_r : 수전단 전압
A : 도체 단면적[mm^2]
L : 선로의 길이[m]

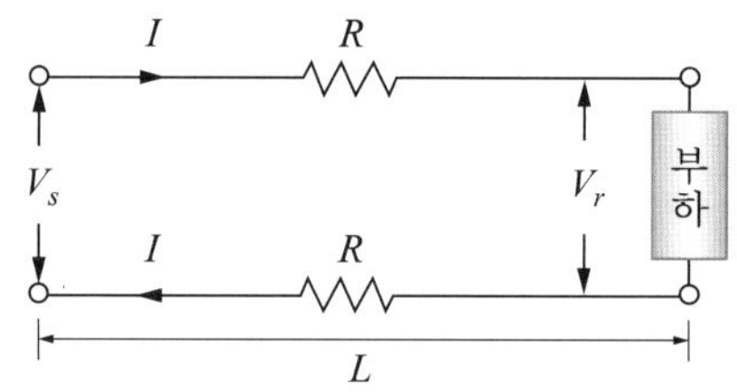

그림 1-2 단상 2선식 회로

② 3상 3선식

3상 3선식의 경우 전압강하는 다음식과 같다.

$$e = \sqrt{3} \times (I \cdot R) = \sqrt{3} \times I \times \frac{1}{58} \times \frac{100}{97} \times \frac{L}{A} \cong \frac{30.8LI}{1,000A} \text{ [V]}$$

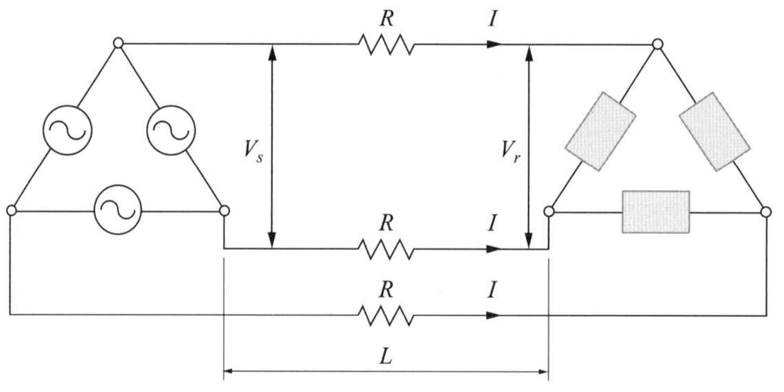

그림 1-3 3상 3선식 회로의 전압강하

③ 3상 4선식 또는 단상 3선식

이 방식은 부하가 평형 되어 있어 중성선에 전류가 흐르지 않는다고 가정하여 계산한다.

$$e = (R \cdot I) = \frac{1}{58} \times \frac{100}{97} \times \frac{L}{A} \times I \cong \frac{17.8LI}{1,000A} \text{ [V]}$$

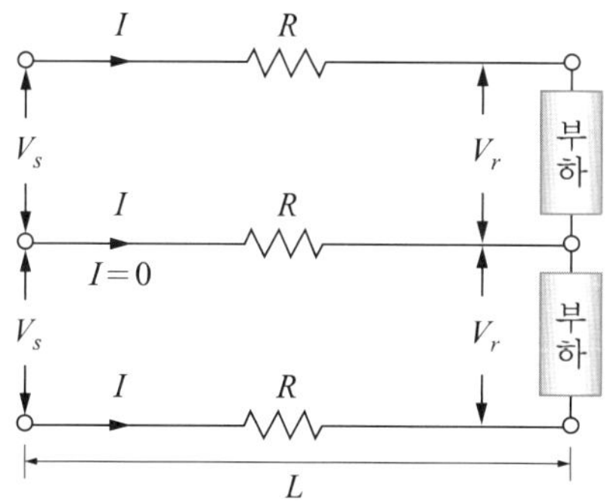

그림 1-4 단상 3선식 및 3상 4선식 회로의 전압강하

표 1-2 전압강하

전기 방식	전압강하
단상 2선식	$\frac{35.6LI}{1,000A}$ [V]
3상 3선식	$\frac{30.8LI}{1,000A}$ [V]
단상 선식, 3상 4선식	$\frac{17.8LI}{1,000A}$ [V]

④ 전압강하율

전압강하를 수전단 전압으로 나누어 %로 표시한 것을 전압강하율이라 한다.

$$\text{전압강하율} = \frac{\text{전압강하}}{\text{수전단 전압}} \times 100 = \frac{V_s - V_r}{V_r} \times 100$$

$$= \frac{I(R\cos\theta + X\sin\theta)}{V_r} \times 100$$

여기서, V_s : 송전단 전압

V_r : 수전단 전압

저압 배선 중의 전압강하는 간선 및 분기회로에서 각각 표준전압의 2[%] 이하로 하는 것을 원칙으로 하며, 수용가 내에 시설한 변압기에 의하여 공급되는 경우에 간선의 전압강하는 3[%] 이하로 할 수 있다.

⑤ **전압변동률**

부하단에서 전압변동의 폭을 수전단 전압으로 나누어 %로 표시한 것을 전압변동률이라 한다.

$$전압변동률 = \frac{V_{ro} - V_r}{V_r} \times 100\,[\%]$$

여기서, V_{ro} : 무부하시 수전단 전압
V_r : 수전단 전압

(2) 분기회로

저압 옥내간선으로부터 분기하여 분기 과전류보호기를 거쳐 전등 또는 콘센트와 같은 전기기기에 이르는 배선을 분기회로(Branch circuit)라 한다.

전기기기를 안전하게 사용하고 또한 고장 발생 시 파급되는 범위를 가능한 한 축소하고 신속한 복귀를 위하여 모든 부하는 분기회로에서 사용되어야 한다.

1) 전등 및 소형전기기계 기구의 분기회로

① 사용전압이 220[V]인 경우 설비용량을 3300[VA]로 나눈 값

② 사용전압이 110[V]인 경우 설비용량을 1650[VA]로 나눈 값

2) 분기회로의 차단기 용량

① 정격전류가 50[A]를 초과하는 경우 하나의 전기사용 기계 기구에 흐르는 분기회로를 보호하는 정격전류가 그 전기사용 기계 기구 정격전류의 1.3배를 초과하지 아니할 것

② 전동기 등에만 흐르는 과전류차단기의 정격전류는 부하측 전선의 허용전류의 2.5배한 값 이하일 것

3) 분기회로의 전선 굵기

① 전동기 등의 정격전류가 50[A] 이하일 경우에는 그 정격전류의 1.25배 이상의 허용전류의 것일 것

② 전동기 등의 정격전류가 50[A] 초과할 경우에는 그 정격전류의 1.1배 이상의 허용전류의 것일 것

4) 수용률, 부하율, 부등률

① **수용률**

수용가의 부하들이 모두 동시에 사용되는 경우는 없기 때문에 배전설비 용량을 모든 부하설비의 용량만큼 준비하지는 않는다. 수용률이란 어느 기간 중에 수용가의 최대 수용전력과 수용가에 설치되어 있는 부하설비용량의 합과의 비를 말한다.

$$수용률 = \frac{최대수용전력\ [\mathrm{kW}]}{부하설비용량\ [\mathrm{kW}]} \times 100$$

② **부하율**

부하율은 전기설비가 어느 정도 유효하게 사용하고 있는가를 나타내는 척도이고 어떤 기간 중의 평균수용전력과 그 기간 중의 최대수용전력과의 비이다.

부하율은 기준에 따라 일부하율, 월부하율, 연부하율 등으로 나타내며 부하율이 클수록 전기설비가 유효하게 사용하고 있음을 나타낸다.

$$부하율 = \frac{평균수용전력\ [\mathrm{kW}]}{최대수용전력\ [\mathrm{kW}]} \times 100 = \frac{총\ 전력량 \div 총\ 시간}{최대부하}$$

③ **부등률**

각 부하의 최대수용전력의 합을 어떤 시간의 최대수용전력의 합으로 나눈 값을 부등률이라 하며 부등률을 항상 1보다 크다.

$$부등률 = \frac{최대수용전력\ 합\ [\mathrm{kW}]}{합성\ 최대수용전력\ [\mathrm{kW}]} \geq 1$$

(3) 전선

1) 전선의 구비조건

① 도전율이 클 것

② 내구성이 좋을 것

③ 비중이 작을 것

④ 기계적 강도가 클 것

⑤ 경제적일 것

2) 전선의 굵기 3요소

① 전선의 기계적 강도

② 허용전류

③ 전압강하

3) 전선의 접속

① 전선의 강도를 20[%] 이상 감소시키지 아니할 것(강도를 80[%] 이상 유지)

② 접속슬리브, 전선접속기류를 사용하여 접속하거나 또는 납땜을 할 것

③ 접속부분은 절연전선의 절연물과 동등 이상의 절연효력이 있는 것으로 충분히 피복할 것

④ 접속점의 전기저항을 증가시키지 않도록 할 것

(4) 배선도가 나타내는 의미

1) 옥내배선의 기호

내 용	도면기호	비 고
천장은폐배선	────────	(1) 천장은폐배선 중 천장 속의 배선을 구별하는 경우는 천장 속의 배선에 ──·──·──를 사용하여도 좋다.
바닥은폐배선	── ── ── ──	(2) 노출배선 중 바닥면 노출배선을 구별하는 경우는 바닥면 노출배선에 ──::──::──를 사용하여도 좋다.
노출배선	- - - - - - - - -	(3) 전선의 종류를 표시할 필요가 있는 경우는 기호를 기입한다.
		(4) 절연전선의 굵기 및 전선수는 다음과 같이 기입한다. 단위가 명백한 경우는 단위를 생략하여도 좋다. 보기 : ─///─ (1.6) ─//─ (2) ─//─ ($2mm^2$) ─///─ (8) 숫자 방기의 보기 : ──── 1.6 × 5 / 5.5 × 1
		(5) 케이블의 굵기 및 선심수(또는 쌍수)는 다음과 같이 기입하고 필요에 따라 전압을 기입한다. 보기 : 1.6[mm] 3심인 경우 ──── 1.6 − 3C 0.5[mm] 100쌍인 경우 ──── 0.5 − 100P 다만, 시방서 등에 케이블의 굵기 및 선심수가 명백한 경우는 기입하지 않아도 좋다.

		(6) 전선의 접속점은 다음에 따른다.
		(7) 배관은 다음과 같이 표시한다. 1.6(19) 강제 전선관인 경우 1.6(VE 16) 경질 비닐 전선관인 경우 1.6(F_2 17) 2종 금속제 가요전선관인 경우 1.6(PF 16) 합성수지제 가요관인 경우 (19) 전선이 들어있지 않은 경우
		(8) 플로어 덕트의 표시는 다음과 같다. 보기 : (F7) (FC6) 정크션 박스를 표시하는 경우는 다음과 같다.
		(9) 금속 덕트의 표시는 다음과 같다. MD
		(10) 금속선 홈통의 표시는 다음과 같다. 1종 MM_1 2종 MM_2
		(11) 라이팅 덕트의 표시는 다음과 같다. LD LD □는 피드인 박스를 표시한다. 필요에 따라 전압, 극수, 용량을 기입한다. 보기 : LD125V 2P 15A
		(12) 접지선의 표시는 다음과 같다. 보기 : E 2.0
		(13) 접지선과 배관을 동일관 내에 넣는 경우는 다음과 같다. 보기 : 2.0(25) E 2.0
		(14) 케이블의 방화구획 관통부는 다음과 같이 표시한다.
		(15) 정원등 등에 사용하는 지중매설배선은 다음과 같다.
		(16) 옥외배선은 옥내배선의 그림기호를 준용한다.

2) 배선도의 의미

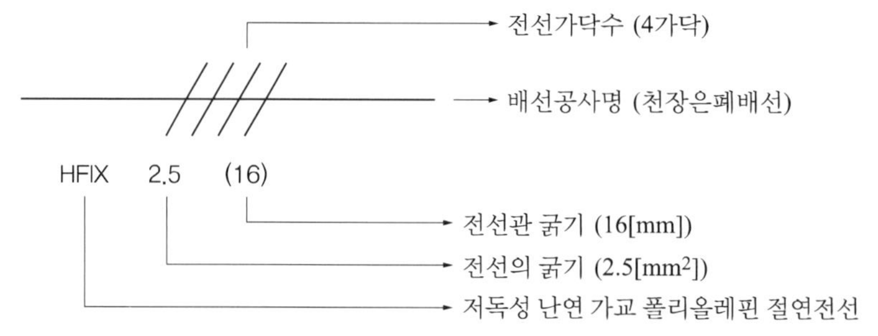

그림 1-5 배선의 의미

위 배선도가 나타내는 의미는 16[mm] 후강전선관에 2.5[mm^2] 저독성 난연 가교폴리올레핀 절연전선 4가닥을 넣어 천장에 은폐배선 한다는 것이다.

표 1-3 전선의 종류

약 호	명 칭	최고허용온도
OW	옥외용 비닐절연전선	60[℃]
DV	인입용 비닐절연전선	
NR	450/750[V] 일반용 단심 비닐절연전선	70[℃]
HFIX	450/750[V] 저독성 난연 가교폴리올레핀 절연전선	90[℃]
NRI	300/500[V] 기기배선용 단심 비닐절연전선	
CV	가교폴리에틸렌 절연비닐 외장케이블	
MI	미네랄 인슐레이션 케이블	
IH	하이파론 절연전선	95[℃]
FP	내화케이블	-
HP	내열전선	
GV	접지용 비닐전선	
E	접지선	

예제 1-1 다음 도면에서 그림과 같이 되어 있을 때 이 배선표시가 의미하는 내용을 다음에 의하여 답하시오.

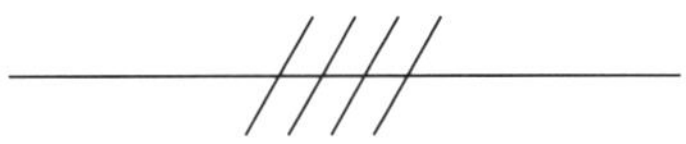

HFIX 2.5 (16)

(1) 배선공사는 어떻게 하여야 하는가?

(2) 배선공사의 종류를 구체적으로 답하고, 그 관의 굵기를 쓰시오.

(3) 전선의 종류, 굵기 및 그 가닥수는?

풀이 (1) 천장은폐배선

(2) ① 배관공사의 종류 : 후강전선관 공사

② 관의 굵기 : 16[mm]

(3) ① 전선의 종류 : 저독성 난연 가교 폴리올레핀 절연전선

② 전선의 굵기 : 2.5[mm^2]

③ 전선 가닥수 : 4가닥

(5) 저압전로의 절연 저항

전선과 전선, 전선과 대지의 절연이 불충분하면 누설전류로 인한 화재사고, 감전사고, 전력 손실 등이 발생할 수 있으므로 아래 표와 같은 절연 저항값 이상이 되도록 유지 관리하여야 한다.

표 1-4 절연 저항

전로의 사용 전압 구분		절연 저항값
400[V] 미만	대지전압 150[V] 이하의 경우	0.1[MΩ] 이상
	대지전압 150[V]를 넘고 300[V] 이하의 경우	0.2[MΩ] 이상
	대지전압 300[V]를 넘고 400[V] 이하의 경우	0.3[MΩ] 이상
400[V] 이상		0.4[MΩ] 이상

(6) 접지공사

접지는 어떤 대상물을 대지와 전기적으로 연결하는 것으로, 접지공사는 일반 전기설비, 전화설비, 위험물설비 및 소방설비 등의 도전부와 땅속에 묻은 접지 극을 전선으로 연결하는 것을 말한다.

1) 접지의 종류 및 목적

① **계통접지(전로접지)**

(ㄱ) 종류

직접접지, 저항 접지, 비접지, 소호리액터 접지

(ㄴ) 목적

㉮ 직접접지 : 1선 지락 시 대지 전위의 상승을 억제하고, 보호계전기의 동작을 확실하게 하기 위함이다.

㉯ 소호리액터 접지 : 안전정도를 향상 시키고 지락전류를 소멸하기 위함이다.

② **기기(기계·기구) 등의 외함 접지**

(ㄱ) 구분

㉮ 고압 및 특고압은 제1종 접지공사를 한다.

㉯ 변압기 2차측 1단자(300[V] 이하) 및 중성점에는 제2종 접지공사를 한다.

㉰ 400[V] 미만은 제3종 접지공사를 한다.

㉱ 400[V] 이상 저압회로는 특별 3종 접지공사를 한다.

(ㄴ) 접지의 목적

㉮ 감전사고 예방

㉯ 화재사고 예방

㉰ 기기의 손상방지 및 절연파괴 방지

㉱ 변압기 고압 및 저압 혼촉 시 저압측 전위상승을 억제하여 계통의 기계·기구의 절연보호

2) 접지저항의 3요소

① 접지선과 접지전극의 저항

② 접지전극 표면과 토양 사이의 접촉저항

③ 전극주변 토양의 저항

3) 접지공사의 종류 및 저항 값

① **제1종 접지**

제1종 접시의 공사별 용도는 다음과 같다.

(ㄱ) 특고압 계기용 변성기의 2차측 전로

(ㄴ) 고압전로에 시설하는 피뢰기

(ㄷ) 고압용 기계기구의 철대 및 금속제 외함

② **제2종 접지**

(ㄱ) 고압 및 특별고압 전로와 저압전로를 결합하는 변압기 저압측의 중성점 또는 1단자

(ㄴ) 고압 및 특별고압 전로와 저압전로를 결합하는 변압기에서 고압 및 특별고압 권선과 저압 권선 사이에 설치하는 금속제 혼촉 방지판

③ **제3종 접지공사**

400[V] 이하인 저압용 전기기기의 철대나 외함에 누전이 발생하였을 경우, 감전의 위험성을 감소시키기 위하여 실시하는 접지공시이다.

④ **특별 제3종 접지공사**

400[V]를 초과하는 저압용 기기의 철대나 외함에 누전이 발생하여 감전의 위험이 큰 경우에 실시하는 접지공사이다.

표 1-5 접지공사의 종류

접지대상	기존 접지방식	KEC 접지방식
(특)고압설비	1종 : 접지저항 10[Ω] 이하	• 계통접지 : TN, TT, IT 계통 • 보호접지 : 등전위본딩 등 • 피뢰 시스템 접지
600[V] 이하 설비	특3종 : 접지저항 10[Ω] 이하	
400[V] 이하 설비	3종 : 접지저항 10[Ω] 이하	
변압기	2종 : $\frac{150}{\text{1선 지락전류}}$ 10[Ω] 이하	변압기 중성점 접지로 명칭변경

접지대상	기존 접지도체 최소 단면적	KEC 접지/보호도체 최소 단면적
(특)고압설비	1종 : 6[mm^2] 이상	상도체 단면적 S[mm^2]에 따라 선정 • $S \leq 16$: S • $16 < S \leq 35$: 16 • $35 < S$: $S/2$ 또는 차단시간 5초 이하의 경우 • $S = \sqrt{I^2 t}/k$
600[V] 이하 설비	특3종 : 2.5[mm^2] 이상	
400[V] 이하 설비	3종 : 2.5[mm^2] 이상	
변압기	2종 : 16[mm^2] 이상	

3 비상전원설비

상용전원이 정전되었을 때 피해가 클 수 있으므로 이를 보완하기 위하여 비상전원설비가 필요하다. 또한, 소방법, 건축법에 비상전원의 설비를 의무화하고 있으며 비상전원은 다음의 것을 말한다.

- 수용장소에 시설하고 상용전원이 정전 시 비상용 예비전원, 보안용 전원, 업무용 전원
- 소방설비 등의 전원으로 상용전원의 정전 시 사용하는 비상전원
- 비상 조명장치, 배연설비, 비상 인입구의 등화, 비상 배수설비, 비상 엘리베이터, 방화셔터 등의 전원으로 상용전원의 정전 시 사용하는 전원

전원의 종류는 다음과 같다.

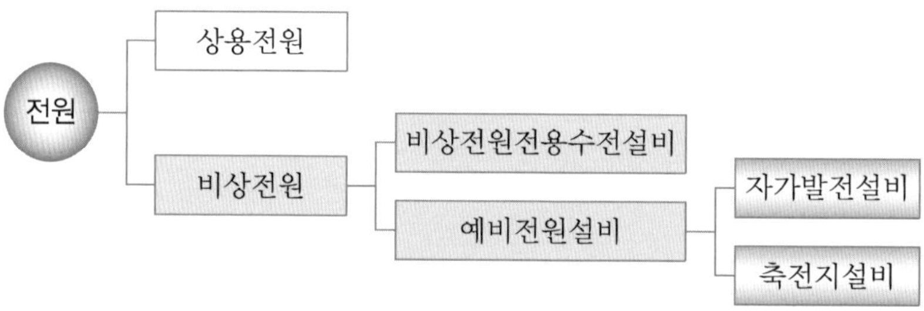

(1) 자가발전설비

발전기는 기동하는데 일정한 시간이 필요하므로 발전기가 정격전압을 확보할 때까지 순시동력을 위해 축전지설비로 하나 장시간 부하에 전원을 공급할 경우에는 발전기 전원을 이용하여야 한다.

발전기의 종류는 디젤발전기, 가스 터빈발전기 등이 있으며 과거에는 디젤발전기가 주로 사용되어 왔으나 근래에는 고품질 전기를 요하는 병원, 전산센터, 반도체 공장 등에서는 가스 터빈발전기의 사용이 증가하고 있다.

1) 교류 발전기의 출력

발전기 출력은 부하의 종류와 용량을 산정하고 미래계획을 고려하여 결정한다. 다음과 같은 방식에 의해 산출한 값 중 최대용량의 것으로 선정한다.

① **단순한 부하**

단순한 부하인 경우는 다음 식과 같이 발전기에 걸리는 부하의 총합계에 부하율, 수

용률 또는 여유율을 곱한 값으로 한다.

$$발전기용량[kVA] \geq 부하설비의\ 합계 \times 수용률 \times 여유율$$

이 때 적용되는 수용률은, 용량이 최대인 전동기 1대에 대해서는 100[%]로 적용하고, 기타 동력은 80[%]로 적용하며, 전등은 발전기회로에 접속되는 전 부하에 대해서 100[%]를 적용한다.

② **기동용량이 큰 부하**

기동용량이 큰 부하가 있는 경우는 유도 전동기의 기동전류는 계통 전원인 때에는 전원용량이 크기 때문에 별로 문제 될 것이 없지만, 예비 발전기인 경우에는 전동기를 기동할 때에 큰 부하가 갑자기 발전기에 걸리게 되므로 전원의 단자전압이 순간적으로 저하하여 접촉자가 개방되거나, 엔진이 정지하는 등의 사고를 유발하기도 한다. 이러한 사고를 예방할 수 있는 발전기의 정격은 다음 식과 같다.

$$발전기용량[kVA] \geq \left(\frac{1}{허용전압강하} - 1\right) \times X_d \times 기동용량[kVA]$$

여기서, X_d : 발전기의 과도 리액턴스

(2) 축전지설비

예비전원으로서의 축전지설비는 상용전원이 정전되었을 때 자가용 발전설비가 시동하여 정격전압을 확보할 때까지 중간전원으로서 사용되는 경우가 많다. 소방설비 중 경보설비에서는 축전지설비만 인정하므로 방재전원으로서 중요하다.

축전지설비는 축전지, 충전장치, 보안장치, 제어장치 등으로 구성되며 정세적이고 보수가 용이하다.

1) 전지의 종류

화학에너지를 전기에너지로 변환해서 외부회로에 전기를 공급하는 장치를 전지라 하며 1차 전지와 2차 전지가 있다.

2차 전지는 축전지이며, 전기에너지를 화학에너지로 변환해서 저장하고 필요에 따라 전기에너지를 사용할 수 있는 전기에너지 저장장치이다.

표 1-6 2차 전지의 특성

구 분		납축전지	알칼리축전지
기전력		약 2.05～2.08[V/셀]	1.32[V/셀]
공칭전압		2.0[V/셀]	1.2[V/셀]
셀 수		100[V]에 대해 42～55개	100[V]에 대해 80～85개
전기적 강도		과충·방전에 약하다.	과충·방전에 강하다.
충전시간		길다.	짧다.
수 명		10～20년	30년 이상
정격용량		10시간 방전	5시간 방전
가 격		싸다.	비싸다.
용 도		장시간, 일정전류 부하에 적당	단시간, 대전류 부하에 적당
작용물질	양극	이산화납(PbO_2)	수산화니켈(NiOH)
	음극	납(Pb)	카드뮴(Cd)
	전해액	황산(H_2SO_4)	수산화칼륨(KOH)
반응식	(충전)	$PbO_2 + 2H_2SO_4 + Pb$	$2Ni(OH)_3 + 2H_2O + Cd$
	(방전)	$PbSO_4 + 2H_2O + PbSO_4$	$2Ni(OH)_2 + Cd(OH)_2$

2) 축전지의 용량 산출

① **산출에 필요한 조건**

축전기 용량을 산출하기 위하여 다음 사항을 고려한다.

(ㄱ) 방전시간과 방전전류

방전시간 : 예상되는 최대 부하시간

방전전류 : 방전개시부터 종료 시까지 부하전류의 크기와 그 시간경과에 따른 변화를 확인한다.

$$\text{방전전류}\,[A] = \frac{\text{부하용량}\,[VA]}{\text{정격전압}\,[V]}$$

(ㄴ) 보수율

보수율이란 축전지의 용량저하를 고려하여 축전지의 용량 산정 시 여유를 주는 보정치로서 보통 0.8을 사용하고 있다.

(ㄷ) 허용최저전압

축전지의 허용최저전압은 부하측 기기에서 요구되는 최저전압 중의 최고치에 축전지와 부하 간의 접속선의 전압강하를 합한 값이 된다. 허용최저전압 V는 다음 식과 같다.

$$V = \frac{V_a + V_c}{n} \text{ [V/cell]}$$

여기서, V_a : 부하의 허용최저전압[V]
V_c : 축전지와 부하간의 총 전압강하[V]
n : 직렬로 접속한 셀의 수

② 축전지의 용량

(ㄱ) 시간적으로 누적되어 증가하는 부하

그림 1-6과 같이 시간의 경과에 따라 방전전류가 증가하는 부하의 경우 축전지 용량 산정은 다음 식을 이용 전 구간을 일괄 계산한다.

$$C = \frac{1}{L}\{K_1 I_1 + K_2(I_2 - I_1) + K_3(I_3 - I_2)\} \text{ [Ah]}$$

여기서, C : 25[℃]에서의 정격 방전율 환산용량[Ah]
K : 방전시간[h]
L : 보수율(축전지 용량 변화의 보정값)
I : 방전전류[A]

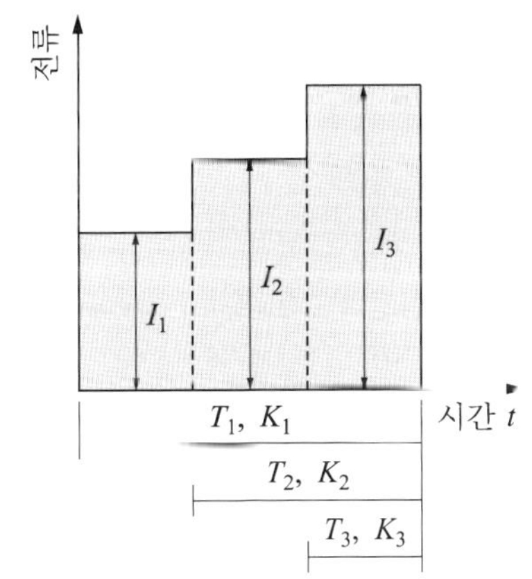

그림 1-6 방전전류가 증가하는 경우

(ㄴ) 시간 경과와 함께 방전전류가 감소하는 부하

시간 경과와 함께 방전전류가 감소하는 부하의 축전지 용량 계산방법은 각 구간별로 구분 계산 후 C_A, C_B, C_C 중에서 제일 큰 값을 선정한다.

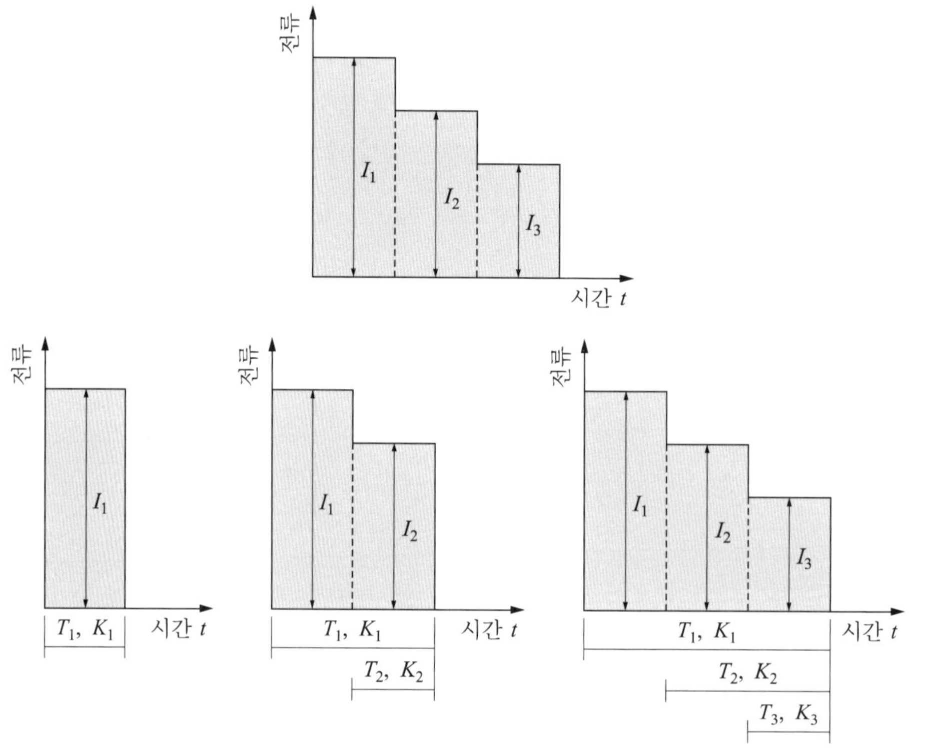

$$C_A = \frac{1}{L}K_1I_1 \qquad C_B = \frac{1}{L}[K_1I_1 + K_2(I_2 - I_1)] \qquad C_C = \frac{1}{L}[K_1I_1 + K_2(I_2 - I_1) + K_3(I_3 - I_2)]$$

그림 1-7 방전전류가 감소하는 경우

예제 1-2 자동화재탐지설비 수신기의 부하전류가 아래와 같을 때 필요한 예비전원의 용량을 계산하고 계산결과에 따른 적합한 축전지의 용량을 구하시오.

> [조건]
> - 평상시 화재 수신기의 감지전류 : 3.6[A]
> - 화재 수신기가 화재신호를 수신하여 정상 작동 시 부하전류 : 5.5[A]
> - 보수율 0.8, 용량환산시간 1.2

풀이 $C = \frac{1}{L}\{K_1I_1 + K_2(I_2 - I_1)\}$ [Ah]

$C = \frac{1}{0.8}\{(1.2 \times 3.5 + 1.2(5.5 - 3.5)\} = 8.25 \fallingdotseq 10$[Ah]

예제 1-3 40[W] 120개, 60[W] 50개의 비상조명등이 있다. 방전시간은 30분, 연축전지 HS형 54셀(Cell), 허용최저전압 90[V]일 때 소요 축전지의 용량을 구하시오. (단, 부하의 정격전압 100[V], 연축전지 보수율 0.8, 방전시간 30분일 때의 용량환산시간 K는 축전지 공칭전압 1.6[V]일 경우 $K=$ 1.1, 1.7[V]일 경우 $K=1.22$, 1.8[V]일 경우 $K=1.54$로 한다.)

풀이 ① $P = VI,\quad I = \frac{P}{V}$

$I = \frac{\{(40 \times 120) + (60 \times 50)\}}{100} = 78$[A]

② 방전종지전압 : $\frac{90}{54} = 1.67 \fallingdotseq 1.7$[V]

③ $C = \frac{1}{L}\{K_1I_1\}$[Ah] $= \frac{1}{0.8} \times 1.22 \times 78 = 118.95$[A]

---

③ 충전방식

축전지의 충전에는 보통충전, 급속충전, 부동충전, 균등충전, 전자동충전방식 등이 있다.

(ㄱ) 보통충전

필요할 때마다 표준 시간율로 소정의 충전을 하는 방법이다.

(ㄴ) 급속충전

비교적 단시간에 보통 충전전류의 2～3배의 전류로 충전하는 방법이다.

(ㄷ) 부동충전

충전장치를 축전지와 부하에 병렬로 접속하고, 축전지의 자기방전을 보충함과 동시에 직류부하에 대한 전원공급을 충전기가 부담하고, 충전기가 부담하기 어려운 일시적인 대전류 부하는 축전기가 부담하도록 하는 방식으로서 정전 시에는 축전지에서 부하 전류를 공급한다.

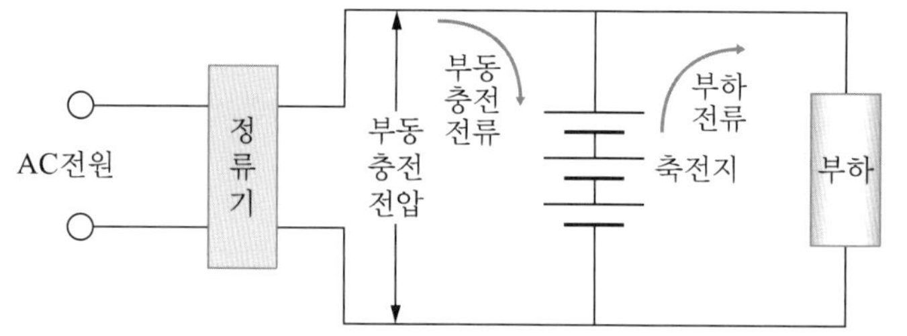

그림 1-8 부동충전회로

(ㄹ) 균등충전

전지를 장시간 사용하는 경우에는 각 전해조에 전위차가 발생하고, 이러한 현상을 방지하기 위하여 1～3개월마다 1회 정전압으로 10～12시간 충전하여 각 전해조의 전위를 균일화하기 위한 방법이다.

(ㅁ) 세류충전(트리클 충전)

전지를 장기간 보존하게 되면 자기방전에 의해 용량이 감소하게 되는데, 이를 보충하기 위해 부하를 끈 상태에서 미소 전류로 충전한다. 충전방식에는 일정한 전류를 계속하여 공급해 주는 정전류법(트리클 충전), 일정한 전압을 계속하여 공급하는 정전압법이 있다.

(ㅂ) 전자동충전

정전압충전의 초기에 대전류가 흐르는 결점을 보완하여 일정전류 이상은 흐르지 않도록 자동전류제한장치를 부착하여 충전하는 방법이다. 정전류와 정전압 기능이 있고, 충전이 끝나면 자동으로 균등충전으로 변환한다.

④ 충전방법

(ㄱ) 정전류충전

일정한 전류로 충전하는 것으로 충전기나 온도 등 외부적 영향을 받지 않기 때문에 고장조사나 용량시험 이전의 충전에 이용되고 있다.

(ㄴ) 정전압충전

일정한 전압을 인가해서 충전하는 것으로 초기에 전류가 매우 커서 충전장치가 대용량으로 된다. 따라서 경제성이 떨어지며, 충전 말기로 되면 충전전류는 감소하게 된다.

(ㄷ) 준정전압충전

정격용량의 약 1/4의 전류로 충전하면 전지전압 상승에 따라 천천히 전류는 감소한다. 그 후 일정한 전압에 달하므로 일정시간 후 자동으로 충전 완료된다.

(ㄹ) 정전류 정전압충전

전지전압이 일정 값에 도달할 때까지는 정격용량의 약 1/4 전류로 충전하고, 계속해서 일정 전압을 유지하여 충전을 완료한다. 1대의 충전기로 병렬충전이 가능하다.

(ㅁ) 단별충전

정전류충전을 2～3번의 단계로 변화시켜서 충전하는 방법으로 충전시간을 단축시킬 수 있다.

⑤ **충전지 2차 전류**

$$I = \text{충전전류} + \text{부하전류} = \frac{\text{축전지 정격전류}}{\text{축전지 공칭용량}} + \frac{\text{상시부하}}{\text{표준전압}}$$

⑥ **알칼리 축전지의 장단점**

(ㄱ) 장점

㉮ 충전시간이 짧다.

㉯ 기계적 강도가 강하다.

㉰ 과충·방전에 강하다.

㉱ 온도특성이 양호하다.

㉲ 수명이 길다.

(ㄴ) 단점

㉮ 가격이 고가이다.

㉯ 단자전압이 낮다.

⑦ **무정전전원공급장치(Uninterruptible Power Supply : UPS)**

UPS는 전원에서 발생되는 각종 장애(전입변동, 주파수변동)로부터 기기를 보호하고 양질의 전원으로 바꿔서 중요부하에 정전 없이 주어진 방전시간 동안 연속적으로 공급해 주는 정지형 CVCF(Constant Voltage Constant Frequency) 전원 장치이다.

(ㄱ) 정류기/충전부

안전의 교류 전원이나 발전기 전원을 공급받아 직류 전원으로 바꾸어 주는 동시에 축전지를 양질의 상태로 충전한다.

(ㄴ) 인버터부(Inverter)

직류 전원을 양질의 교류 전원으로 바꾸어 주는 장치

(ㄷ) 동기절체 스위치부(bypass static S/W)

인버터부의 과부하 및 이상시 예비 상용전원으로 절체 시켜주는 스위치부

(ㄹ) 축전지(Battery)

정전 시 인버터부에 직류 전원을 공급하여 부하에 일정 시간동안 무정전으로 전원을 공급하는데 필요한 설비이다.

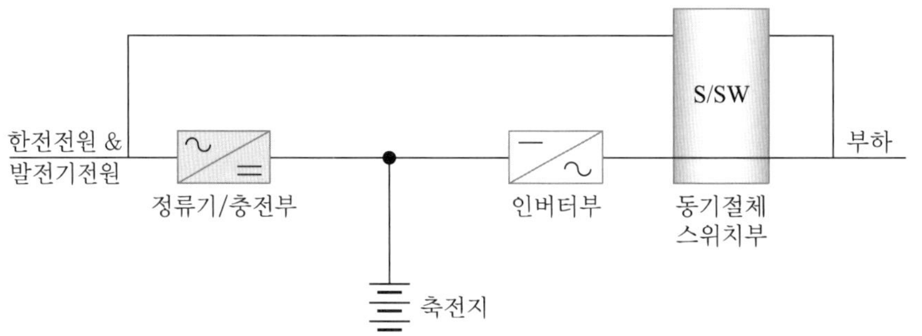

그림 1-9 UPS 구성도

4 정류

가정용 전기는 교류라고 알고 있지만 전기기구 중에는 교류와 직류를 겸용하는 것이 많다. 이때는 전원 콘센트에 직접 접속하지 않고 AC 어댑터를 사용한다. 이 AC 어댑터는 교류 220[V] 전원에서 낮은 전압의 직류를 만들어내는 장치이다. 이와 같이 교류를 직류로 바꾸는 것을 정류라 한다. 교류를 직류로 정류하기 위해서는 정류회로가 필요하다.

정류회로에는 다이오드나 수은 정류기를 사용한다. 이것들은 전류가 어느 일정한 방향으로만 흐르고, 반대 방향으로는 흐르지 않는 성질을 갖고 있다.

(1) 단상 반파 정류회로

이 회로는 입력 교류파형의 반 사이클만 통과시키고 다른 반 사이클은 정류기로 저지하는 회로로서 가장 간단한 것이다. 정류된 파형은 직류와는 달라 많이 사용하지 않는다.

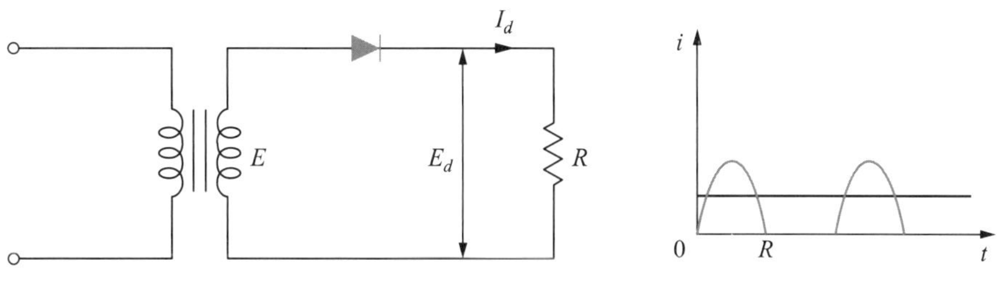

그림 1-10 단상 반파 정류회로

(2) 단상 전파 정류회로

2개의 다이오드를 사용하여 교류의 (+)와 (−)의 전 주기를 정류하는 전파 정류회로를 나타낸 것이다.

양(+)의 반주기 동안은 D_1이 도통되고, 음(−)의 반주기 동안은 D_2가 도통되어 부하 저항 R_L에는 전 주기에 대한 모든 파형이 출력된다. 따라서 정류 효율도 반파 정류회로보다 더 좋다.

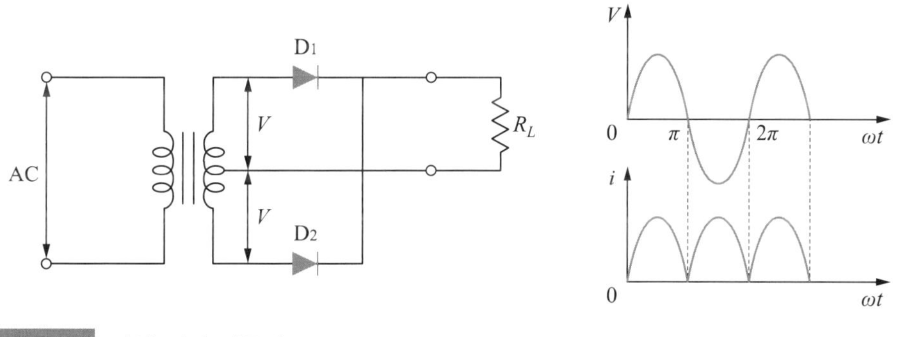

그림 1-11 단상 전파 정류회로

(3) 브리지형 전파 정류회로

이 회로는 다이오드 4개를 사용하여 그림 1-12와 같이 구성한다.

(+)의 반주기 동안은 D_1, D_2가 도통되고, (−)의 반주기 동안은 D_3, D_4가 도통된다. 브리지 정류회로는 변압기의 중간 탭을 사용하지 않아도, 전파 정류회로의 결과를 얻을 수 있어서 많이 사용된다.

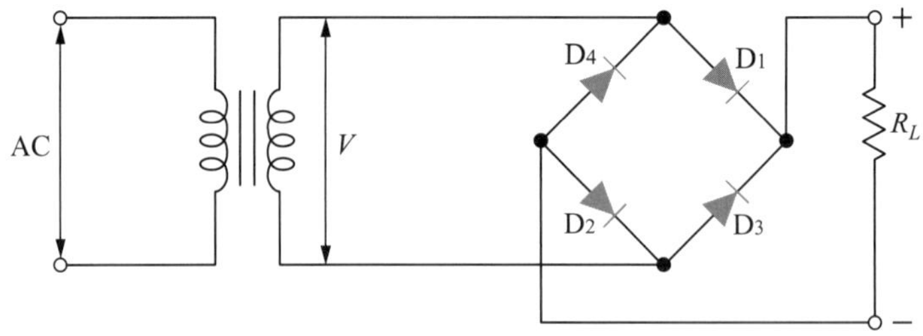

그림 1-12 브리지형 정류회로

이와 같이 교류의 +와 −의 양 성분을 정류하는 것을 전파정류라 한다.

5 전동기의 용량과 역률 개선

(1) 전동기의 용량 산정

전동기 배선을 하려면 먼저 전동기의 용량[kVA]을 알아야 한다. 전동기 용량의 산정 기준은 다음에 의한다.

1) 펌프용 전동기 용량 산정

$$P = \frac{1000 \times Q \times H}{102\eta}K = \frac{9.8 \times Q \times H}{\eta}K\,[\text{kW}]$$

여기서, P : 전동기 용량[kW]
Q : 양수량[m^3/s]
H : 전양정[m]
K : 비례상수
η : 펌프 효율(0.3～0.8)

2) 송풍기용 전동기 용량 산정

$$P = \frac{Q \times H}{102\eta}K$$

여기서, P : 전동기 용량[kW]
Q : 풍량[m^3/s]
H : 풍압[mmHg]
K : 비례상수
η : 송풍기 효율(0.3~0.7)

(2) 역률 개선

유도 전동기는 역률이 나쁘므로 이를 개선하기 위하여 콘덴서를 부하와 병렬로 접속하여 역률을 개선하는데 이러한 콘덴서를 역률 개선용 콘덴서 또는 진상용 콘덴서라고 한다.

$$Q_c = P(\tan\theta_1 - \tan\theta_2) = P\left(\frac{\sin\theta_1}{\cos\theta_1} - \frac{\sin\theta_2}{\cos\theta_2}\right)\text{[kVA]}$$

여기서, Q_c : 콘덴서의 용량[kVA]
P : 유효전력[kW]
$\cos\theta_1$: 개선 전 역률
$\cos\theta_2$: 개선 후 역률
$\sin\theta_1$: 개선 전 무효율 ($\sin\theta_1 = \sqrt{1-\cos^2\theta_1}$)
$\sin\theta_2$: 개선 후 무효율 ($\sin\theta_2 = \sqrt{1-\cos^2\theta_2}$)

(3) 콘덴서회로의 주변기기

1) 방전코일 (DC : Discharge Coil)

투입 시 과전압으로부터 보호하고, 잔류전하를 방전시켜 인체의 전격을 방지하기 위한 목적으로 사용된다.

2) 직렬리액터 (SR : Series Reactor)

대용량 콘덴서를 설치하면 고주파 전류가 흘러 파형이 일그러지는데 이 파형을 개선(제5고조파의 제거)하기 위해 전력용 콘덴서와 직렬로 리액터를 설치한다. 즉 직렬리액터의 설치 목적은 5고조파를 제거하여 파형을 개선하기 위하여 설치한다.

3) 전력용 콘덴서 (SC : Static Condenser)

진상용 콘덴서라고도 부르며 부하에 병렬로 연결시켜 역률을 개선한다.

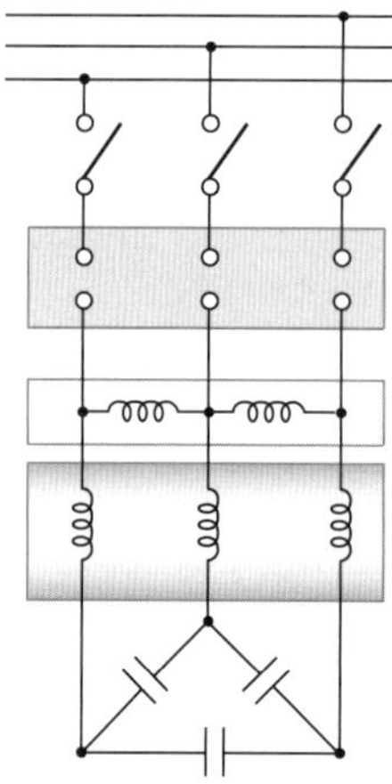

그림 1-13 콘덴서회로 주변기기

연습문제

01 방재반에서 100[m] 떨어진 곳에 솔레노이드에 의해 동작하는 일제 살수식 델루지 밸브가 있다. 솔레노이드 작동 전류는 1[A]이고, 선로의 단면적은 5.5[mm^2]이다. 솔레노이드가 동작할 때 선로의 전압강하를 구하시오 (단, 전선은 표준 연동선이다).

02 분전반에서 150[m] 떨어진 거리에 220[V], 60[W] 유도등 15개를 설치하려고 한다. 전선의 최소 굵기를 구하시오 (단, 전선은 표준 연동선이며 단상 2선식이고 전압강하는 2[%]이다).

03 접지공사의 목적과 종류에 대해 설명하시오.

04 축전지 용량 산정 시 보수율이란?

05 충전방식 5가지에 대해 설명하시오.

06 방전코일의 사용목적에 대해 설명하시오.

07 직렬리액터 사용목적에 대해 설명하시오.

08 무정전전원공급장치란 무엇인가?

09 양수량이 20,000[lpm], 총 양정이 20[m], 펌프 효율 70[%], 여유계수 1.25인 펌프용 전동기의 용량을 구하시오.

CHAPTER

2 소방전기 설계 및 시공

1 경계구역

자동화재탐지설비 1회로가 화재를 유효하게 탐지할 수 있는 구역을 경계구역이라 한다.

2 경계구역 설정기준

① 하나의 경계구역이 2개 이상의 건축물에 미치지 아니할 것.

② 하나의 경계구역은 2개 이상의 층에 미치지 아니할 것. 다만 500[m^2] 이하면 2개 층 하나의 경계구역으로 할 수 있다.

③ 하나의 경계구역 면적은 600[m^2] 이하, 한 변의 길이는 50[m] 이하로 할 것.
다만, 주 출입구에서 내부 전체가 보이면 1,000[m^2] 이하로 할 수 있다.

④ 하나의 경계구역은 지하구는 길이 700[m] 이하, 터널은 길이 100[m] 이하로 할 것.

⑤ 계단, 경사로, 엘리베이터 권상기실, 린넨슈트, 파이프 덕트 기타 이와 유사한 부분에 대해서는 별도로 경계구역을 설정하되, 하나의 경계구역 높이는 45[m] 이하(계단, 경사로)로 한다.
(지하층(1층은 제외)의 계단, 경사로는 별도의 경계구역으로 한다.)

⑥ 외기에 면하여 상시 개방된 부분이 있는 차고, 주차장 등에 있어서는 외기에 면하는 각 부분으로부터 5[m] 미만의 범위는 경계구역 면적에 산입하지 않는다.

⑦ 스프링클러 설비, 물분무 등 소화설비에 화재감지기를 설치한 경우의 경계구역은 해당 소화설비의 방사구역과 동일하게 설정할 수 있다.

3 경보방식 결선도

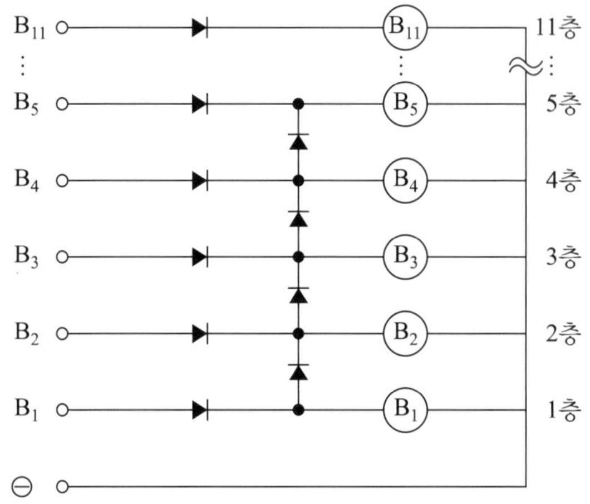

(a) 지상 11층

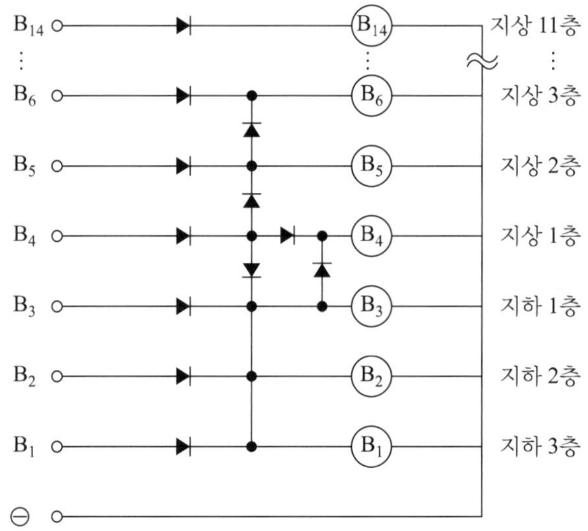

(b) 지하 3층, 지상 11층

그림 2-1 우선경보방식

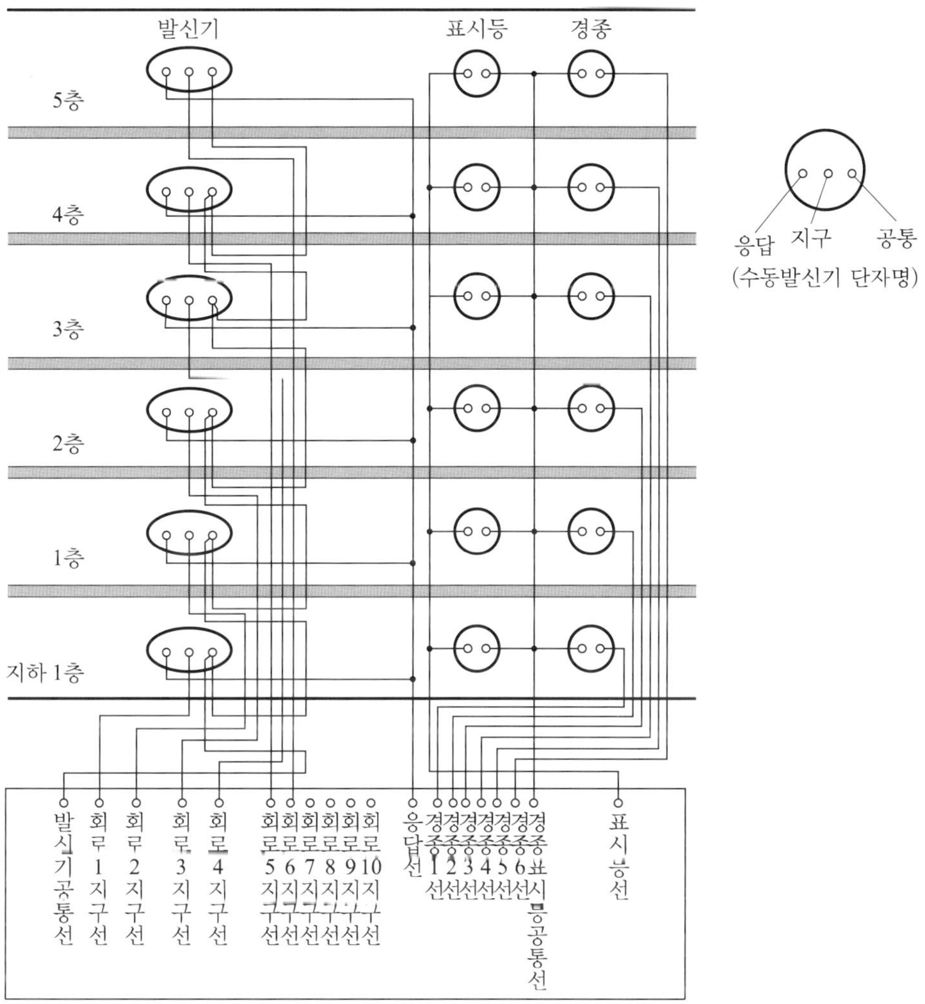

그림 2-2 우선경보방식 결선도

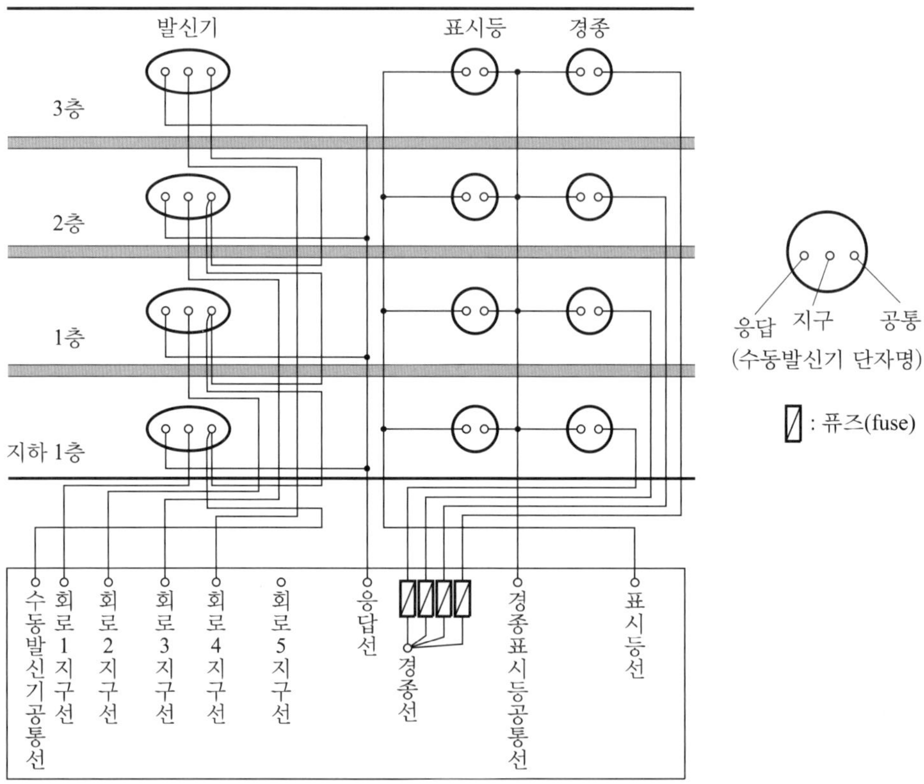

그림 2-3 일제경보방식 결선도

> **Tip**
>
> **일제경보방식에서 경종선이 층마다 추가되어야 하는 이유?**
>
> 법적근거: **NFPC 203 제5조(수신기)** 화재로 인하여 하나의 층의 지구음향장치 또는 배선이 단락되어도 다른 층의 화재통보에 지장이 없도록 각 층 배선 상에 유효한 조치를 할 것.
>
> 따라서 배선이 단락되어도 다른 층의 화재통보에 지장이 없도록 하려면 경종선 마다 퓨즈나 차단기를 설치하고 층마다 경종선이 1가닥씩 추가한다.

4 옥내·외 소화전 설비

화재 시 특정소방대상물에 설치된 고정설비로서 화재를 초기에 진압하기 위해 설치하는 수동식 고정설비이다. 구성요소는 수원, 가압송수장치, 배관, 제어반, 노즐, 호스이다.

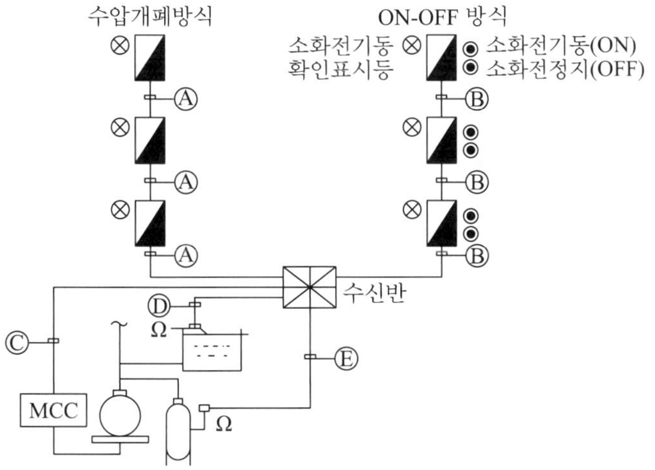

[계통도 1]

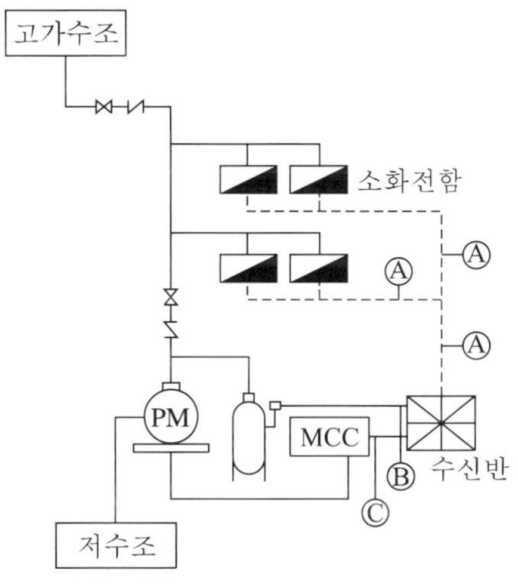

[계통도 2]

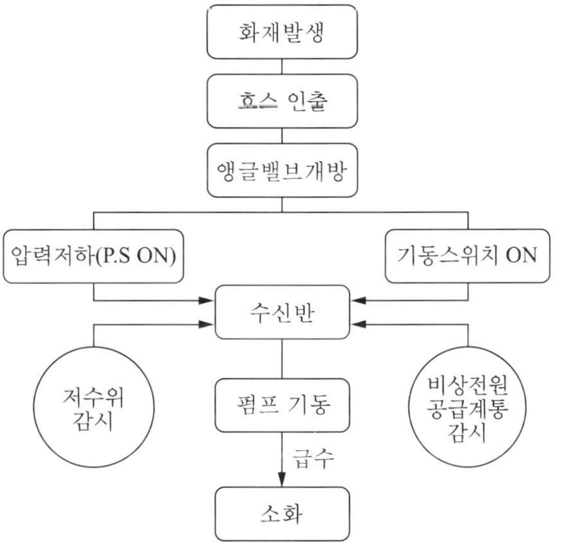

[동작원리]

(1) 자동기동방식(수압개폐식) : 기동확인표시등2

구분	배선수	용도
소화전함 ↔ 수신반	2Ⓐ	기동확인표시등2
압력탱크 ↔ 수신반	2Ⓑ	압력스위치2
MCC ↔ 수신반	5Ⓒ	기동, 정지, 공통, 기동확인표시등, 전원감시표시등1(조건)

(2) 수동기동방식(ON-OFF방식) : 기동, 정지, 공통, 기동확인표시등2

구분	배선수	용도
소화전함 ↔ 수신반	5Ⓑ	기동, 정지, 공통, 기동확인표시등2
MCC ↔ 수신반	5Ⓒ	기동, 정지, 공통, 기동확인표시등, 전원감시표시등
감수경보장치 ↔ 수신반	2Ⓓ	감수경보장치2
압력탱크 ↔ 수신반	2Ⓔ	압력스위치2

예제 2-1 그림은 수압개폐장치를 이용한 자동기동방식의 옥내소화전설비와 P형 1급 수동발신기를 사용한 자동화재탐지설비의 계통도이다. 다음 물음에 답하시오.

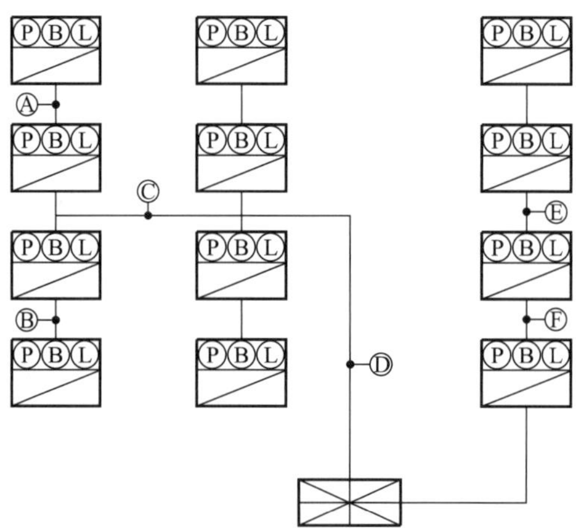

(1) 기호 Ⓐ~Ⓕ의 전선 가닥수를 표시하시오.

Ⓐ Ⓑ Ⓒ Ⓓ Ⓔ Ⓕ

풀이

기호	가닥수	배선용도
Ⓐ	8(11)	회로선1, 공통선1, 경종선1, 경종표시등공통선1, 응답선1, 표시등선1, 기동확인표시등2, (기동1, 정지1, 공통1)
Ⓑ	8(11)	회로선1, 공통선1, 경종선1, 경종표시등공통선1, 응답선1, 표시등선1, 기동확인표시등2, (기동1, 정지1, 공통1)
Ⓒ	11(14)	회로선4, 공통선1, 경종선1, 경종표시등공통선1, 응답선1, 표시등선1, 기동확인표시등2, (기동1, 정지1, 공통1)

기호	가닥수	배선용도
Ⓓ	16(19)	회로선8, 공통선2, 경종선1, 경종표시등공통선1, 응답선1, 표시등선1, 기동확인표시등2, (기동1, 정지1, 공통1)
Ⓔ	9(12)	회로선2, 공통선1, 경종선1, 경종표시등공통선1, 응답선1, 표시등선1, 기동확인표시등2, (기동1, 정지1, 공통1)
Ⓕ	10(13)	회로선3, 공통선1, 경종선1, 경종표시등공통선1, 응답선1, 표시등선1, 기동확인표시등2, (기동1, 정지1, 공통1)

※ (　)는 옥내소화전이 수동기동방식인 경우

5 스프링클러 설비

(1) 습식/건식 : 공통, {유수검지스위치, 사이렌, (탬퍼스위치)}

1) 탬퍼스위치가 없는 경우

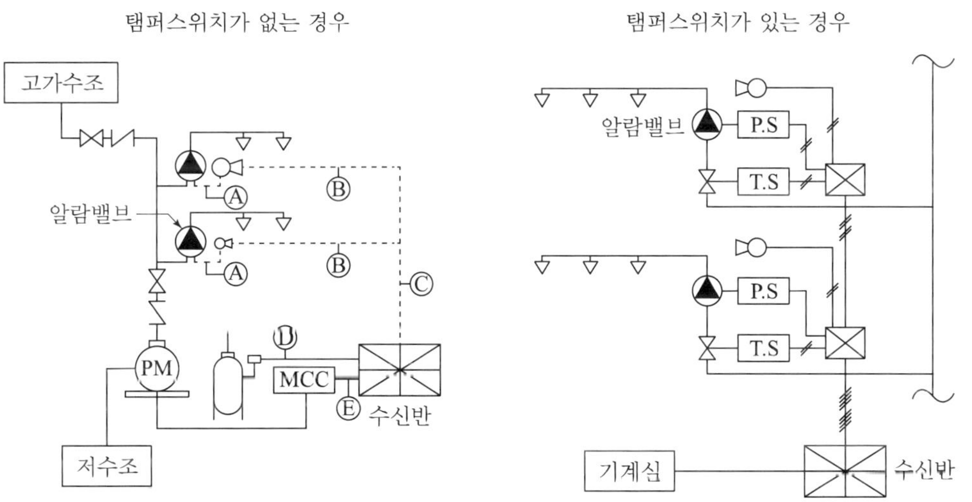

[습시 S/P]

구분	배선수	용도
알람밸브 ↔ 사이렌	2Ⓐ	유수검지스위치2
사이렌 ↔ 수신반	3Ⓑ	유수검지스위치, 사이렌, 공통
2개 구역일 경우	5Ⓒ	유수검지스위치2, 사이렌2, 공통
압력탱크 ↔ 수신반	2Ⓓ	압력스위치2
MCC ↔ 수신반	5Ⓔ	기동, 정지, 공통, 기동확인표시등, 전원감시표시등

※ 탬퍼스위치(TS)가 있는 경우에는 탬퍼스위치 추가.

예제 2-2 다음은 스프링클러 설비 계통도의 일부분이다. Ⓐ~Ⓔ까지의 최소 가닥수를 산정하고 배선용도를 구하시오.

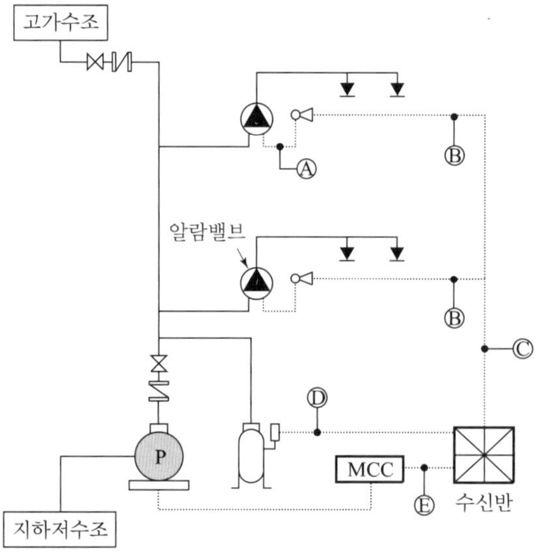

풀이

기호	가닥수	배선용도
Ⓐ	2	유수검지스위치2
Ⓑ	3	공통선1, 유수검지스위치1, 사이렌1
Ⓒ	5	공통선1, (유수검지스위치1, 사이렌1) × 2
Ⓓ	2	압력스위치2
Ⓔ	5	기동1, 정지1, 공통1, 기동확인표시등1, 전원표시등1(추가)

2) 탬퍼스위치가 있는 경우

예제 2-3 다음은 스프링클러설비 계통도의 일부분이다. Ⓐ~Ⓔ까지의 최소 가닥수를 산정하고 배선용도를 구하시오.

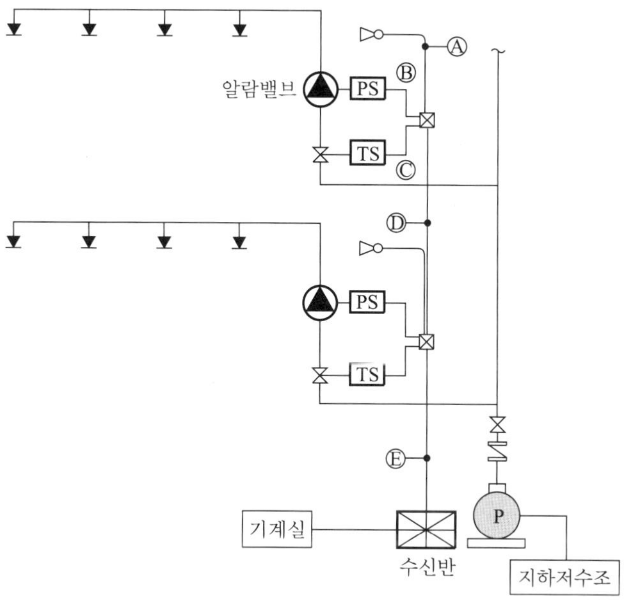

풀이

기호	가닥수	배선용도
Ⓐ	2	사이렌2
Ⓑ	2	유수검지스위치2
Ⓒ	2	밸브모니터링스위치2
Ⓓ	4	공통선1, 유수검지스위치1, 사이렌1, 밸브모니터링스위치1
Ⓔ	7	공통선1, (유수검지스위치1, 사이렌1, 밸브모니터링스위치1)×2

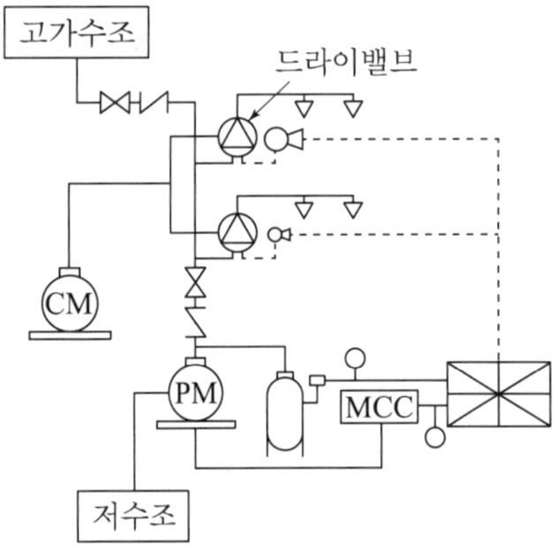

[건식 S/P]

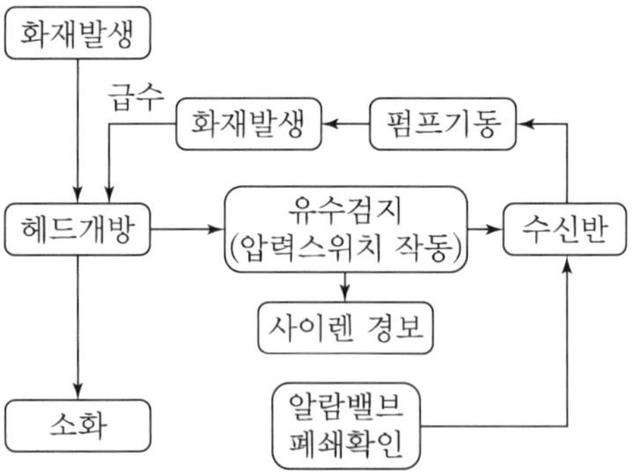

[동작원리]

(2) 준비작동식 : 전원 +, −, {밸브기동(SOL), 밸브확인(PS), 밸브주의(TS), (사이렌), 감지기 A,B}

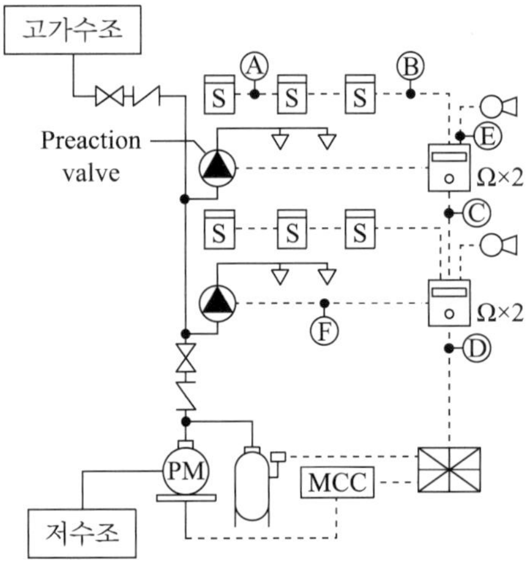

[계통도 1]

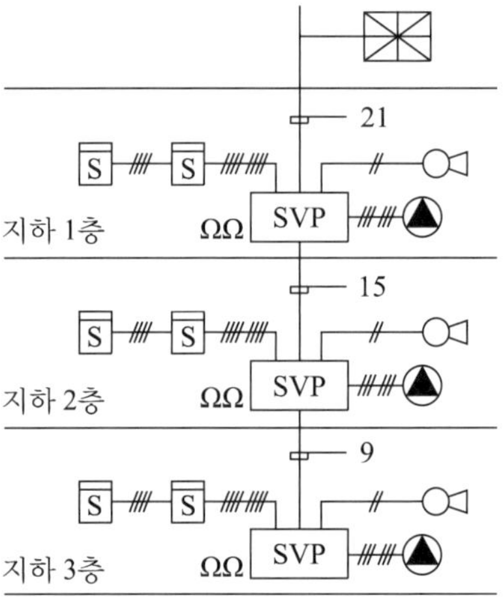

[계통도 2]

예제 2-4 다음은 준비작동식 S/P설비 계통도의 일부분이다. Ⓐ~Ⓔ까지의 최소 가닥수를 산정하고 배선용도를 구하시오.

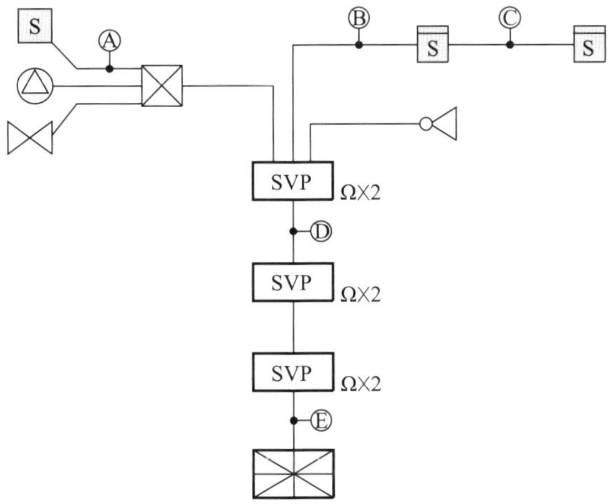

풀이

기호	가닥수	배선용도
Ⓐ	2	밸브기동(SV)2
Ⓑ	8	(지구선2, 공통선2) × 2
Ⓒ	4	지구선2, 공통선2
Ⓓ	8	전원(+)1, 전원(−)1, 감지기A1, 감지기B1, SV1, PS1, TS1, 사이렌1
Ⓔ	20	전원(+)1, 전원(−)1, (감지기A1, 감지기B1, SV1, PS1, TS1, 사이렌1) × 3

예제 2-5 다음은 준비작동식 스프링클러설비 계통도의 일부분이다. 조건을 참조하여 Ⓐ~Ⓖ까지의 최소 가닥수를 산정하고 배선용도를 구하시오.

> [조건]
> • 감지기회로에 공통선은 별도로 취한다.

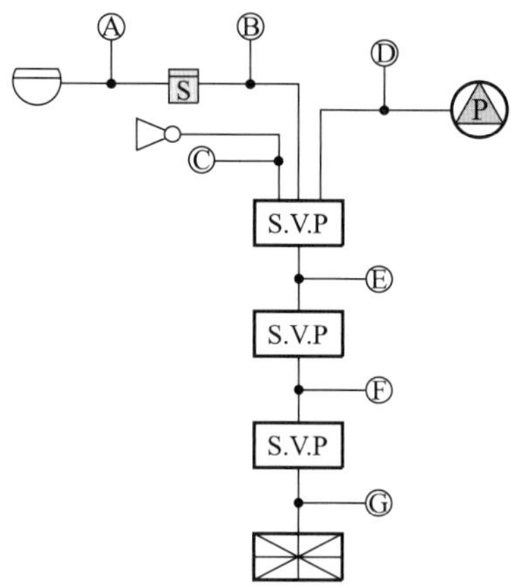

풀이

기호	가닥수	배선용도
Ⓐ	4	지구선2, 공통선2
Ⓑ	8	(지구선2, 공통선2) × 2
Ⓒ	2	사이렌2
Ⓓ	6	밸브기동(SV)2, 밸브개방확인(PS)2, 밸브주의(TS)2
Ⓔ	9	전원(+)1, 전원(−)1, 감지기공통1, 감지기A1, 감지기B1, SV1, PS1, TS1, 사이렌1
Ⓕ	15	전원(+)1, 전원(−)1, 감지기공통1, (감지기A1, 감지기B1, SV1, PS1, TS1, 사이렌1) × 2
Ⓖ	21	전원(+)1, 전원(−)1, 감지기공통1, (감지기A1, 감지기B1, SV1, PS1, TS1, 사이렌1)×3

6 할론 및 CO_2 소화설비

(1) 고정식 : 전원 +,−, 방출지연스위치, {기동스위치, 방출표시등, 사이렌, 감지기 A,B}

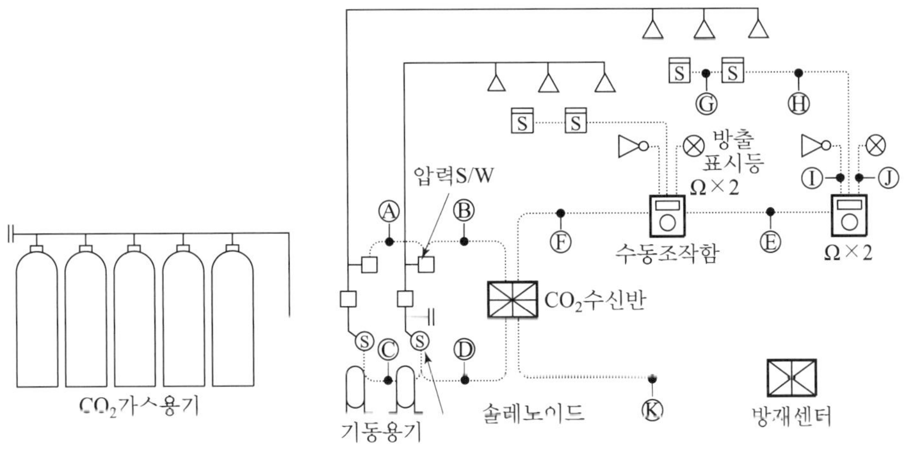

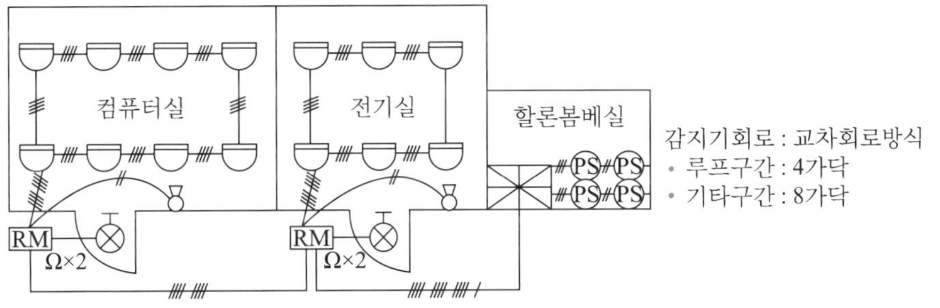

[평면도]

기호	가닥수	배선용도
Ⓐ	2	압력스위치2
Ⓑ	3	압력스위치2, 공통1
Ⓒ	2	솔레노이드 밸브기동2
Ⓓ	3	솔레노이드 밸브기동2, 공통1
Ⓔ	8	전원(+)1, 전원(−)1, 방출지연스위치1, 감지기A1, 감지기B1, 기동스위치1, 사이렌1, 방출표시등1
Ⓕ	13	전원(+)1, 전원(−)1, 방출지연스위치1, (감지기A1, 감지기B1, 기동스위치1, 사이렌1, 방출표시등1)×2
Ⓖ	4	지구선2, 공통선2
Ⓗ	8	지구선4, 공통선4
Ⓘ	2	사이렌2
Ⓙ	2	방출표시등2
Ⓚ	9	공통1, 전원표시등1, 화재표시등1, (감지기A1, 감지기B1, 방출표시등1)×2

(2) 패키지 시스템 : 전원 +, −, 방출지연스위치, 기동스위치, 방출표시등 감지기 A,B

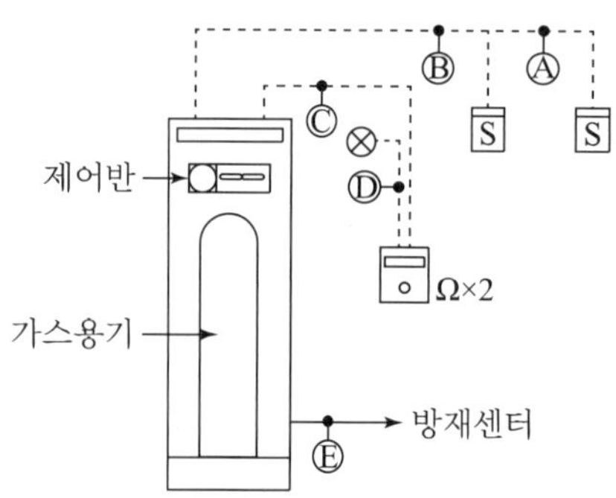

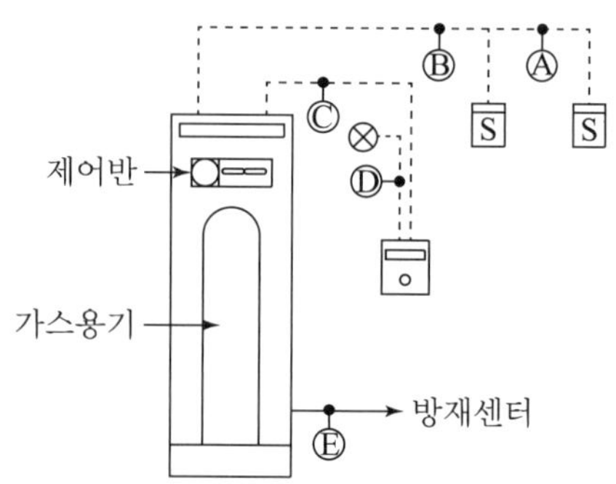

[계통도 1 : 종단저항이 수동조작함에 설치된 경우] [계통도 2 : 종단저항이 패키지에 설치된 경우]

구분	배선수	용도
감지기 ↔ 감지기	4Ⓐ	지구2, 공통2
감지기 ↔ PACKAGE	8Ⓑ	지구4, 공통4
PACKAGE ↔ 수동조작함	7Ⓒ	전원 +, −, 방출지연스위치, 감지기 A,B, 기동스위치, 방출표시등
수동조작함 ↔ 방출표시등	2Ⓓ	방출표시등2
PACKAGE ↔ 방재센터	4Ⓔ	감지기 A,B, 방출표시등, 공통

예제 2-6 다음은 가스계설비 계통도의 일부분이다. 조건을 참조하여 Ⓐ~Ⓗ까지의 최소 가닥수를 산정하고 배선용도를 구하시오.

> [조건]
> • 전원(－)과 감지기공통선은 별도로 한다.
> • Door S/W를 추가한다.

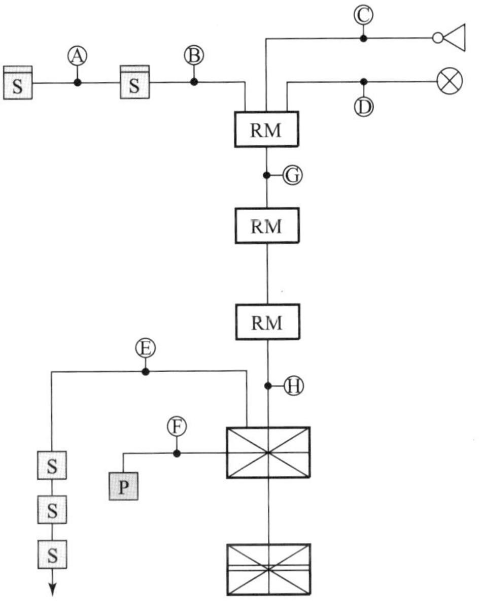

풀이

기호	가닥수	배선용도
Ⓐ	4	지구선2, 공통선2
Ⓑ	8	(지구선2, 공통선2) × 2
Ⓒ	2	사이렌2
Ⓓ	2	방출표시등2
Ⓔ	4	SV3, 공통1
Ⓕ	4	PS3, 공통1
Ⓖ	10	전원(＋)1, 전원(－)1, 방출지연스위치1, 감지기공통1, 감지기A1, 감지기B1, 기동1, 사이렌1, 방출표시등1, Door S/W1
Ⓗ	22	전원(＋)1, 전원(－)1, 방출지연스위치1, 감지기공통1, (감지기A1, 감지기B1, 기동1, 사이렌1, 방출표시등1, Door S/W1) × 3

7 제연설비

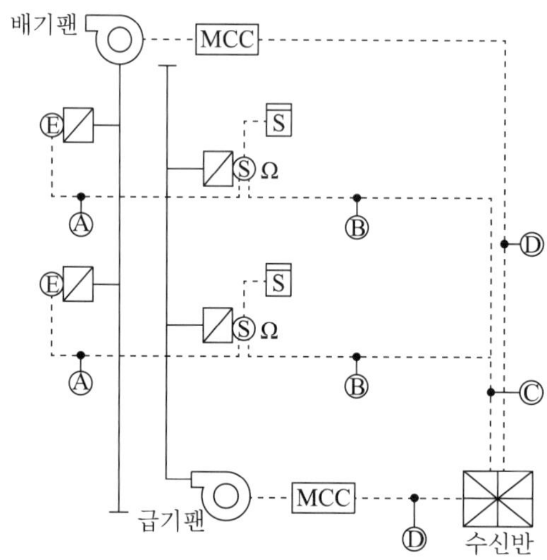

[계통도]

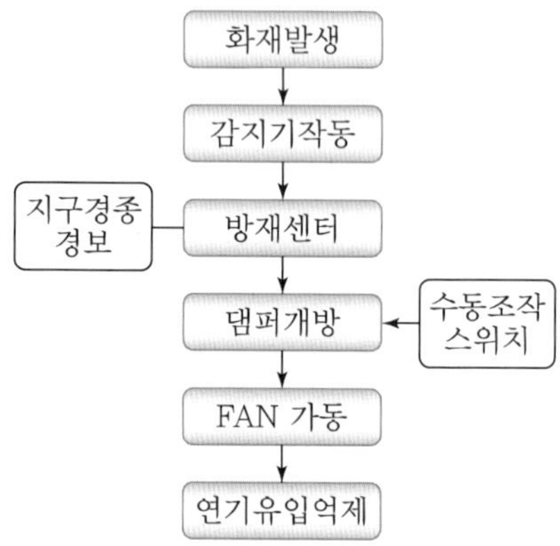

[동작원리]

※ 감지기 공통은 전원(−)과 공통으로 사용, 감지기 공통을 별도로 하면 구역당 1선 추가
※ 댐퍼 기동은 급기, 배기 공통으로 사용
※ 지구 = 감지기

(1) 기동댐퍼 방식 : 전원 +, −, {지구, 기동, 급기댐퍼확인, 배기댐퍼확인}

구분	배선수	용도
배기댐퍼 ↔ 급기댐퍼	4Ⓐ	전원 +, −, 기동, 배기댐퍼확인
급기댐퍼 ↔ 수신반	6Ⓑ	전원 +, −, 지구, 기동, 급기댐퍼확인, 배기댐퍼확인
2개 구역일 경우	10Ⓒ	전원 +, −, (지구, 댐퍼기동, 급기댐퍼확인, 배기댐퍼확인) × 2
MCC ↔ 수신반	5Ⓓ	기동, 정지, 공통, 기동확인표시등, 전원감시표시등

(2) 기동, 복구댐퍼 방식 : 전원 +, −, 복구, {지구, 기동, 급기댐퍼확인, 배기댐퍼확인}

구분	배선수	용도
배기댐퍼 ↔ 급기댐퍼	5Ⓐ	전원 +, −, 기동, 복구, 배기댐퍼확인
급기댐퍼 ↔ 수신반	7Ⓑ	전원 +, −, 지구, 기동, 복구, 급기댐퍼확인, 배기댐퍼확인
2개 구역일 경우	11Ⓒ	전원 +, −, 복구, (지구, 댐퍼기동, 급기댐퍼확인, 배기댐퍼확인) × 2
MCC ↔ 수신반	5Ⓓ	기동, 정지, 공통, 기동확인표시등, 전원감시표시등

(3) 상가제연설비(개방형)

백화점과 같이 매장전체가 OPEN되어 있는 경우에는 제연구역을 1,000[m^2] 이내로 설정하기 위하여 고정식 또는 전동식 제연커튼을 설치하여야 한다.

만약, A구역에서 화재가 발생하면 감지기가 동작되어 수신반에 화재신호를 전송하고 A구역의 배기댐퍼가 작동되어 배기 FAN에 의해 연기를 건물 외부로 배출한다.

이때 B구역의 급기댐퍼도 작동되어 급기 FAN에 의해 외부의 신선한 공기가 공급되어 공기의 흐름은 B구역 → A구역으로 이동하면서 효과적인 제연기능을 하게 된다.

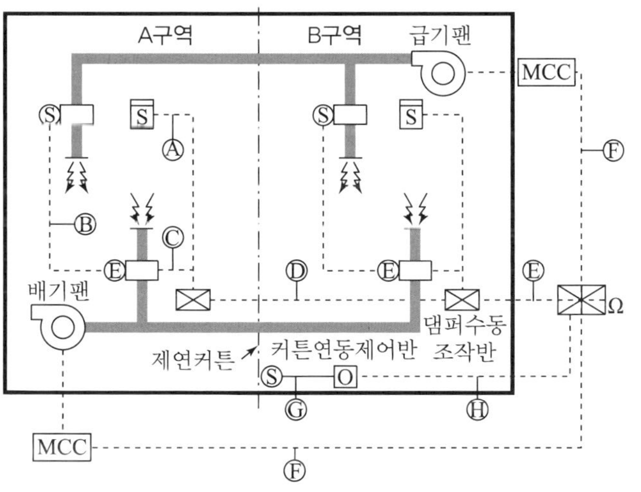

[계통도]

구분	배선수	용도
감지기 ↔ 수동조작함	4Ⓐ	지구2, 공통2
급기댐퍼 ↔ 배기댐퍼	4Ⓑ	전원 +, −, 급기기동, 급기댐퍼확인
배기댐퍼 ↔ 수동조작함	6Ⓒ	전원 +, −, 급기기동, 급기댐퍼확인, 배기기동, 배기댐퍼확인
수동조작함 ↔ 수동조작함	7Ⓓ	전원 +, −, 지구, 급기기동, 급기댐퍼확인, 배기기동, 배기댐퍼 확인
2개 구역일 경우	12Ⓔ	전원 +, −, (지구, 급기기동, 급기확인, 배기기동, 배기확인) × 2
MCC ↔ 수신기	5Ⓕ	기동, 정지, 공통, 기동확인표시등, 전원감시표시등
커튼SOL ↔ 연동제어반	3Ⓖ	기동, 기동확인, 공통
연동제어반 ↔ 수신기	5Ⓗ	기동2, 기동확인2, 공통

※ 기동, 복구댐퍼 방식인 경우 복구선이 구역당 1선 추가

(4) 상가제연설비(밀폐형)

아케이트 등과 같이 천장면까지 구획되어 있는 매장의 경우에 화재가 발생하여 감지기가 동작되면 수신반에 화재신호가 전송되면 화재가 발생한 매장의 배기댐퍼가 작동하고 이와 연동으로 배기 FAN이 동시에 가동되어 외부에 신선한 공기를 복도로 공급하여 연기가 복도 쪽으로 유입되는 것을 방지하고 공기의 흐름은 화재발생 매장으로 이동시켜 효과적인 제연기능을 하게 된다.

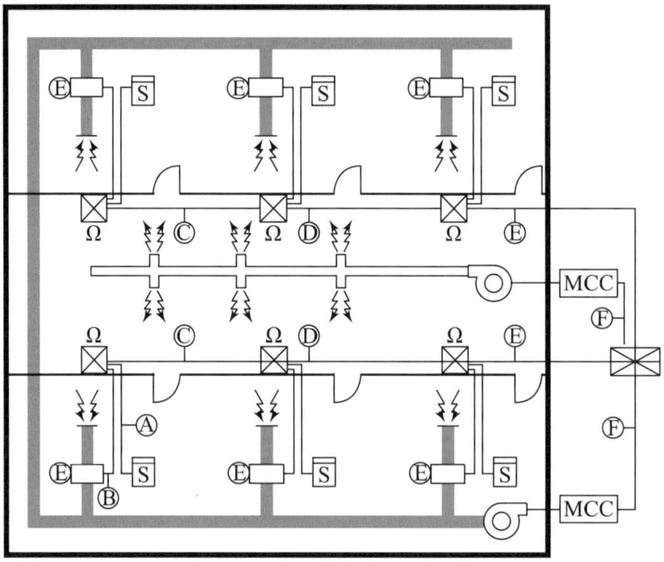

[계통도]

구분	배선수	용도
감지기 ↔ 수동조작함	4Ⓐ	지구2, 공통2
댐퍼 ↔ 수동조작함	4Ⓑ	전원 +, −, 기동, 확인
수동조작함 ↔ 수동조작함	5Ⓒ	전원 +, −, 기동, 확인, 지구
수동조작함 ↔ 수동조작함	8Ⓓ	전원 +, −, (기동, 확인, 지구) × 2
수동조작함 ↔ 수신기	11Ⓔ	전원 +, −, (기동, 확인, 지구) × 3
MCC ↔ 수신기	5Ⓕ	기동, 정지, 공통, 기동확인표시등, 전원감시표시등

※ 기동, 복구댐퍼 방식인 경우 복구선이 구역당 1선 추가

예제 2-7 다음은 개방형 상가제연설비 계통도의 일부분이다. 조건을 참조하여 Ⓐ~Ⓕ까지의 최소 가닥수를 산정하고 배선용도를 구하시오.

[조건]
- 모든 댐퍼는 모터구동방식이며, 별도의 복구선은 없는 것으로 한다.

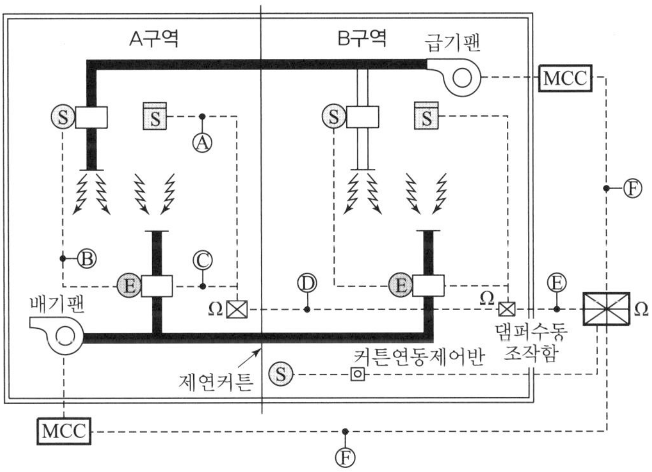

풀이

기호	가닥수	배선용도
Ⓐ	4	지구선2, 공통선2
Ⓑ	4	전원(+)1, 전원(−)1, 기동스위치1, 기동확인표시등1
Ⓒ	6	전원(+)1, 전원(−)1, 배기기동스위치1, 급기기동스위치1, 배기기동확인표시등1, 급기기동확인표시등1
Ⓓ	7	전원(+)1, 전원(−)1, 지구선1, 배기기동스위치1, 급기기동스위치1, 배기기동확인표시등1, 급기기동확인표시등1
Ⓔ	12	전원(+)1, 전원(−)1, (지구선1, 배기기동스위치1, 급기기동스위치1, 배기기동확인표시등1, 급기기동확인표시등1)×2
Ⓕ	5	기동1, 정지1, 공통1, 기동확인표시등1, 전원표시등1(추가)

8 자동방화문설비(Door release)

화재의 발생으로 인한 연기가 계단측으로 유입되면 피난활동에 막대한 지장을 초래하게 된다.

피난계단전실 등의 출입문을 상시 사용하기 위하여 열어 놓았다가 화재발생신호와 연동으로 문을 폐쇄시켜 연기가 유입되지 않도록 위하여 설치되는 것이 방화문 자동폐쇄기(door release)이다. 방화문 자동폐쇄기는 전자석이나 영구자석을 이용하는 방식을 사용해 왔으나 정전, 자력감소 등 사실상 불리한 점이 많아 근래에는 걸고리 방식이 주로 사용된다.

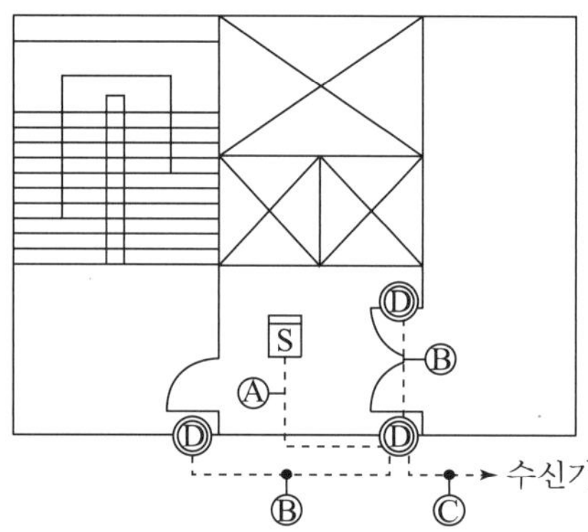

구분	배선수	용도
감지기 ↔ 자동폐쇄기	4Ⓐ	지구2, 공통2
자동폐쇄기 ↔ 자동폐쇄기	3Ⓑ	기동, 확인, 공통
자동폐쇄기 ↔ 수신반	9Ⓒ	지구2, 공통2, 기동, 확인3, 공통

예제 2-8 다음은 자동방화문설비 계통도의 일부분이다. 조건을 참조하여 Ⓐ~Ⓓ까지의 최소 가닥수를 산정하고 배선용도를 구하시오.

[조건]
- 교류전원을 사용한다.

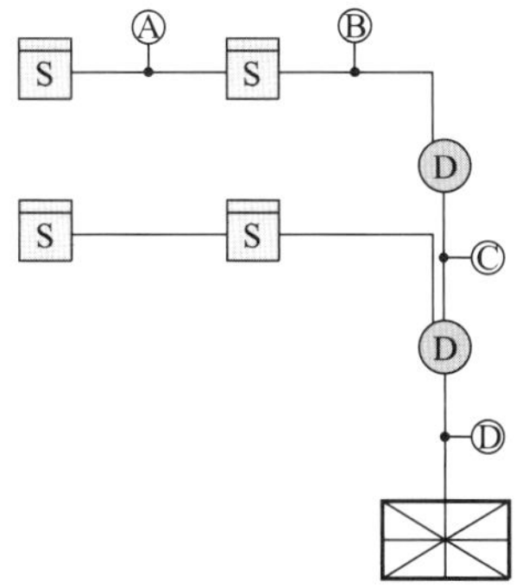

풀이

기호	가닥수	배선용도
Ⓐ	4	지구선2, 공통선2
Ⓑ	4	지구선2, 공통선2
Ⓒ	6	전원(+)1, 전원(−)1, 공통1, (지구1, 기동1, 확인1) × 1
Ⓓ	9	전원(+)1, 전원(−)1, 공통1, (지구1, 기동1, 확인1) × 2

9 방화셔터설비

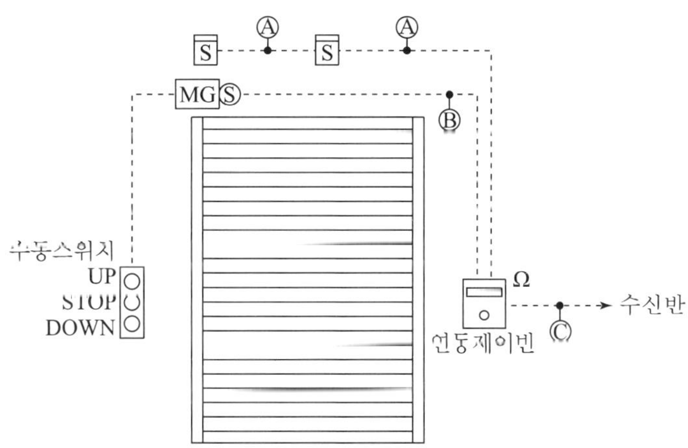

구분	배선수	용도
감지기 ↔ 연동제어반	4Ⓐ	지구2, 공통2
폐쇄장치 ↔ 연동제어반	3Ⓑ	기동, 확인, 공통
연동제어반 ↔ 수신반	6Ⓒ	지구, 공통, 기동2, 확인2

※ 연동제어반용 AC전원공급선은 별도 배선으로 배관함.

10 제연창설비

(1) SOLENOID방식

화재감지기가 작동되거나 수동조작함의 스위치를 ON시키면 제연창이 동작되어 수신기에 동작 상태를 표시하게 된다.

전동구동장치로는 SOLENOID를 사용하므로 원상 복구 시에는 현장에 설치된 수동 레버를 회전시켜야 한다. 화재감지기는 자동화재탐지설비용 감지기를 겸용으로 한다.

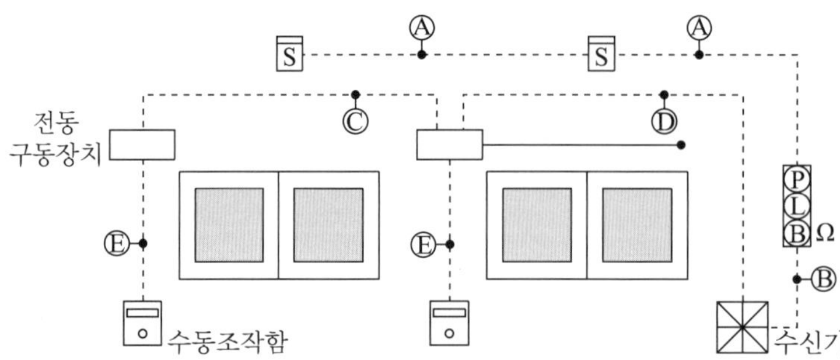

구분	배선수	용도
감지기 ↔ 발신기	4Ⓐ	지구2, 공통2
발신기 ↔ 수신기	6Ⓑ	응답, 지구, 공통, 벨, 표시등, 벨표시등공통
전동구동장치 ↔ 전동구동장치	3Ⓒ	기동, 확인, 공통
전동구동장치 ↔ 수신반	5Ⓓ	기동2, 확인2, 공통
전동구동장치 ↔ 수동조작함	3Ⓔ	기동, 확인, 공통

* 제연창은 6층 이상의 고층건물에 시설하는 설비로 화재 발생 시 연기를 신속하게 외부로 유출시킨다.

(2) MOTOR방식

동작원리는 SOLENOID방식과 거의 동일하나, 제연창의 개방은 물론 폐쇄, 각도조절이나 원격스위치에 의하여 가동할 수 있는 방식이다.

전동구동장치는 MOTOR를 사용하게 되므로 소비전력이 많이 소요되므로 별도의 전원장치를 사용한다.

구분	배선수	용도
감지기 ↔ 발신기	4Ⓐ	지구2, 공통2
발신기 ↔ 수신기	6Ⓑ	응답, 지구, 공통, 벨, 표시등, 벨표시등공통
전동구동장치 ↔ 전동구동장치	5Ⓒ	전원 +,−, 기동, 복구, 확인
전동구동장치 ↔ 전원장치	6Ⓓ	전원 +,−, 기동, 복구, 확인2
전동구동장치 ↔ 수동조작함	5Ⓔ	전원 +,−, 기동, 복구, 정지
전원장치 ↔ 수신기	8Ⓕ	전원 +,−, 기동, 복구, 확인2, AC전원 +,−

※ 상기의 배선수 및 규격은 제연창 제조사에 따라 달라질 수 있음.

CHAPTER 3

시퀀스 제어

1 시퀀스 제어

시퀀스 제어(sequence control)는 미리 정해 놓은 순서에 따라 일련의 제어 단계가 차례대로 진행되는 제어를 말한다.

주로 생산, 제조 공정 등에서 사용되며 각종 계전기를 이용한 유접점 회로로 구성되었는데 최근에는 반도체 소자를 이용한 무접점 회로로 대치되고 있다.

(1) 시퀀스 제어의 종류

시퀀스 제어의 종류는 여러 가지로, 나눌 수 있으나, 접점의 유무에 따라 유접점 방식과 무접점 방식이 있다.

1) 유접점 방식

푸시버튼 스위치, 전자 릴레이, 열동형 계전기 등의 검출기에 의해, 미리 정해진 순서에 따라 제어하는 방식이다.

2) 무접점 방식

무접점 방식 시퀀스 제어는 트랜지스터, 다이오드, 사이리스터 또는 IC 등의 스위칭 동작을 이용해서 제어 회로를 만드는 방식이다.

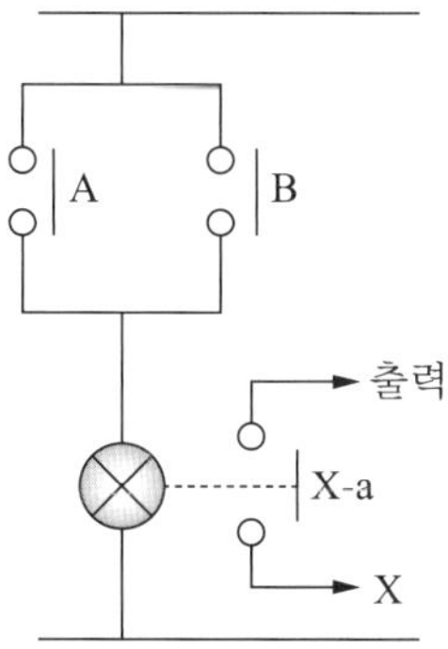

(a) 유접점 방식

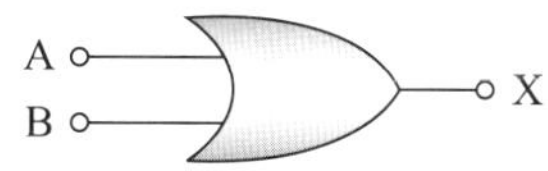

(b) 무접점 방식

(2) 시퀀스 제어의 제어요소

1) 수동조작 자동복귀 접점(푸시버튼 스위치)

푸시버튼 스위치(push button switch)는 사람이 버튼을 누르면 접점이 폐로(閉路 : ON) 되고 손을 떼면 개로(開路 : OFF) 상태로 복귀하는 a접점 또는 반대로 버튼을 누르면 접점이 개로 되고 손을 떼면 폐로 상태로 복귀하는 b접점이 있다.

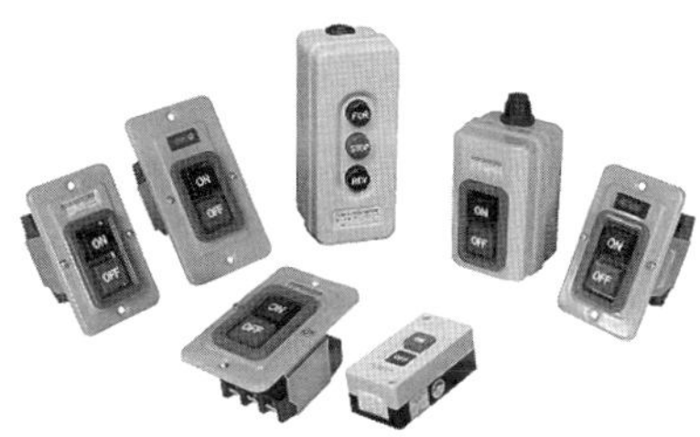

2) 검출 스위치(기계적 접점)

제어 대상의 상태 또는 변화를 검출하기 위한 스위치로서 압력, 액면, 온도 및 위치 등의 제어량을 검출하는 스위치로 리미트 스위치(limit switch), 압력 스위치, 속도 스위치 및 온도 스위치 등이 이에 속한다.

3) 전자 계전기(계전기 접점)

전자 계전기는 전기적 입력에 의해 접점을 개폐함으로써 다른 전기 회로를 제어하는 기기이다.

전자 코일에 전류가 흐르면 전자석이 되면서 가동 철편을 흡인하여 a접점은 폐로가 되고 b접점은 개로 상태가 된다. 반대로 전자코일에 전류가 흐르지 않게 되면 a접점은 개로, b접점은 폐로 상태가 되어 각 접점은 원상태로 복귀된다.

4) 타이머

타이머(timer)는 전원을 인가하면 설정된 시간이 지난 후에 전기적으로 개폐되는 접점을 가진 계전기이다. 동작 시간이 늦은 한시 동작 타입, 동작과 복귀가 모두 늦은 한시 지연 타이머, 플리커 타입 및 멀티 타입 등이 있다.

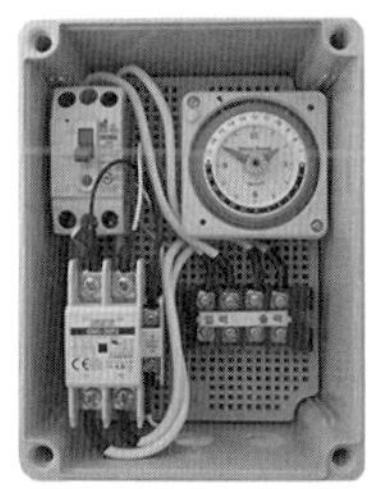

5) 전자 접촉기

전자 접촉기(electromagnetic contactor)는 전동기기와 같이 대용량의 전기 회로를 제어하기 위해 정격 전류 또는 그 수배에 이르는 과전류를 빈번하게 개폐할 목적으로 사용되는 계전기이다.

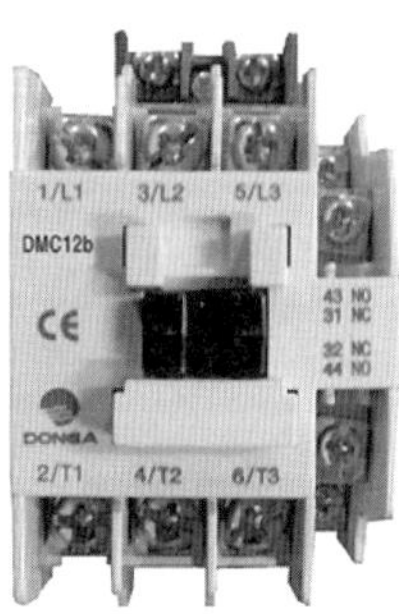

표 3-1 시퀀스 제어의 기본심벌

번호	명칭	심벌		적요
		a접점	b접점	
1	접점(일반) 혹은 수동접점			텀블러스위치, 토글스위치와 같이 조작을 가하면 그 상태를 그대로 유지하는 접점
2	수동조작 자동복귀 접점			푸시버튼 스위치와 같이 손을 떼면 복귀하는 접점
3	기계적 접점			리미트 스위치와 같이 접점의 개폐가 전기적 이외의 원인에 의해서 이루어지는 것에 쓰인다.
4	조작스위치 잔류 접점	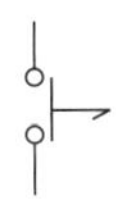		
5	계전기 접점 혹은 보조 스위치 접점			
6	한시(限時) 동작 접점	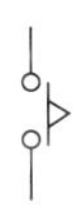		타이머와 같이 일정시간 후 동작하는 접점
7	한시 복귀 접점			〃
8	수동 복귀 접점	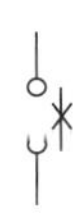		열동 계전기와 같이 인위적으로 복귀시키는 것으로 전기적 복귀시키는 것도 포함된다.
9	전자 접촉기 접점	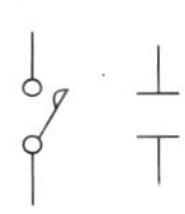	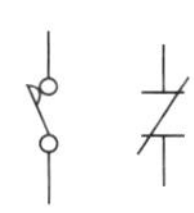	혼동될 우려가 없는 경우에는 5와 같은 심벌을 쓸 수 있다.

※ a접점 : 평상시 열려 있는 접점으로, 일명 make 접점이라고도 한다.
b접점 : 평상시 닫혀 있는 접점
토글스위치 : 손으로 좌우 또는 상하로 움직여 전기회로를 개폐하는 레버형태의 스위치
타이머 : 미리 설정한 시간에 따라 회로를 개폐하는 동작을 하는 기기

6) 열동 계전기

열동 계전기(thermal relay)는 전류의 열 효과에 의하여 동작하는 계전기로 전동기 등에서 과전류가 흐를 경우 회로를 보호하기 위한 계전기이다. 이 계전기 동작은 열동 계전기 내의 히터가 과전류에 의해 가열되면 바이메탈에 전달되어 회로를 개로 시키며, 복귀는 인위적으로 복귀시키는 것과 전자석으로 복귀시키는 것이 있다.

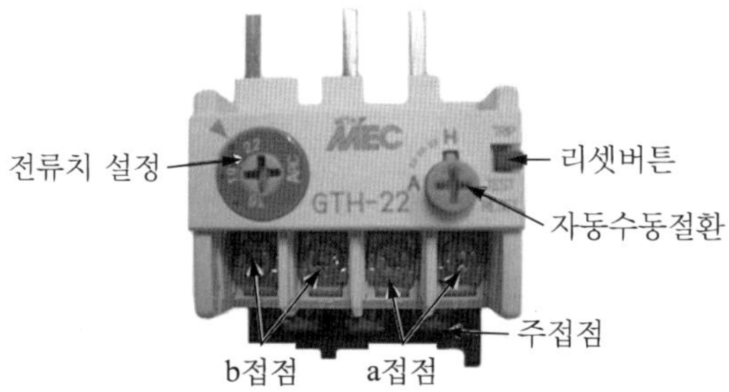

(3) 논리연산의 기본공식

시퀀스 제어를 이론적으로 취급하기 위해 부울 대수를 사용하고 있으며 이것에 의한 연산은 0과 1을 사용한다. 이것은 전기 회로의 개(開 : OFF), 폐(閉 : ON)의 상태와 같다. 이와 같은 2신호 군에서 새로운 2신호 군을 얻는 것을 논리연산(logical operation)이라 한다. 논리연산의 기본연산기호에는 논리적(AND), 논리화(OR) 및 부정(NOT)의 3종류가 있으며, 이들 3종류의 연산기호를 조합하여 사용한다.

1) 연산기호

① 논리적(AND)

2개 또는 그 이상의 입력신호가 동시에 가해지면 출력이 나오며 다음과 같이 표현된다.

$$X \text{ AND } Y = X \cdot Y$$

② 논리화(OR)

2개 또는 그 이상의 입력신호 중 어느 하나 또는 하나 이상이 가해지면 출력이 나오며 다음과 같이 표현한다.

$$X \text{ OR } Y = X + Y$$

③ **부정(NOT)**

입력신호가 없는 상태에서는 출력이 나오고 입력신호가 있는 상태에서는 출력이 나오지 않는 것으로 다음과 같이 표현한다.

$$\text{NOT } X = \overline{X}$$

2) 부울 대수

임의의 회로에서 일련의 기능을 수행하기 위한 가장 최적의 방법을 결정하기 위하여 이를 수식적으로 표현하는 방법을 부울 대수(boolean algebra)라 한다.

① **부울 대수 공리**

정리 1	$X+0=X$	$X\cdot 0=0$
정리 2	$X+1=1$	$X\cdot 1=X$
정리 3	$X+X=X$	$X\cdot X=X$
정리 4	$X+\overline{X}=1$	$X\cdot \overline{X}=0$
정리 5	$X+Y=Y+X$	$X\cdot Y=Y\cdot X$: 교환법칙
정리 6	$X+(Y+Z)=(X+Y)+Z$	$X(YZ)=(XY)Z$: 결합법칙
정리 7	$X(Y+Z)=XY+XZ$ $(X+Y)(Z+W)=XZ+XW+YZ+YW$: 분배법칙	
정리 8	$X+XY=X$	$X+\overline{X}Y=X+Y$: 흡수법칙

② **드모르간의 정리**

정리 9	$\overline{(X+Y)}=\overline{X}\cdot\overline{Y}$	$\overline{(X\cdot Y)}=\overline{X}+\overline{Y}$

(4) 기본 논리회로

시퀀스 제어계에서 2진신호의 동작을 논리 게이트를 조합하여 제어할 수 있다. 기본 게이트로는 AND, OR, NOT, NAND 및 NOR 등의 게이트가 주로 사용된다. 회로는 유접점인 전자 계전기나 무접점인 논리 게이트에 의해 구현된다.

1) AND 게이트

AND 게이트는 그림 3-1과 같이 입력신호 A, B가 모두 1이 될 때 출력 X가 1이 되는 게이트이며, 입력 접점이 모두 직렬로 연결되어 있다. 논리식은 A·B=X, 즉 A·B는 A and B라 한다.

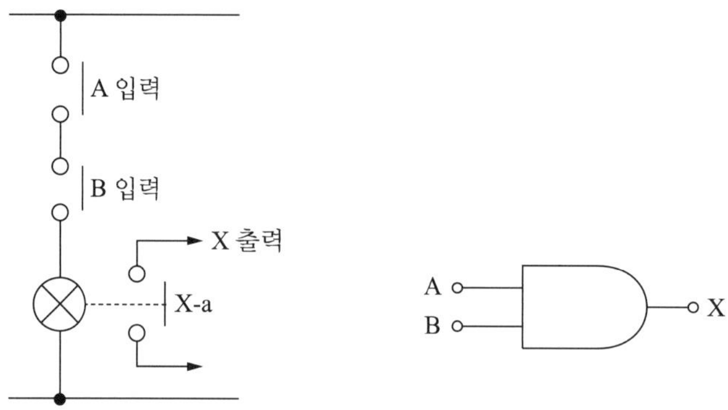

(a) AND 회로 (b) AND 게이트

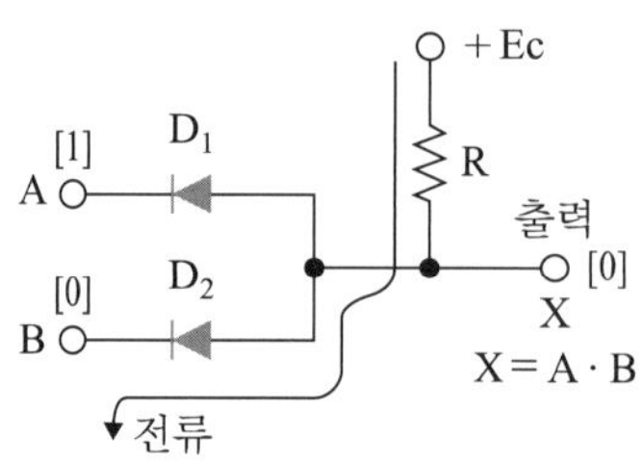

(c) 무접점 회로

표 3-2 AND 게이트의 진리표

입력신호		출력신호
A	B	X
0	0	0
1	0	0
0	1	0
1	1	1

그림 3-1 AND 게이트

2) OR 게이트

OR 게이트는 입력신호 A, B 중 어느 하나가 1이 될 때 출력 X가 1이 되는 회로이며, 입력 접점이 모두 병렬로 구성되어 있다. 논리식은 A+B=X, 즉 A+B는 A or B라 한다.

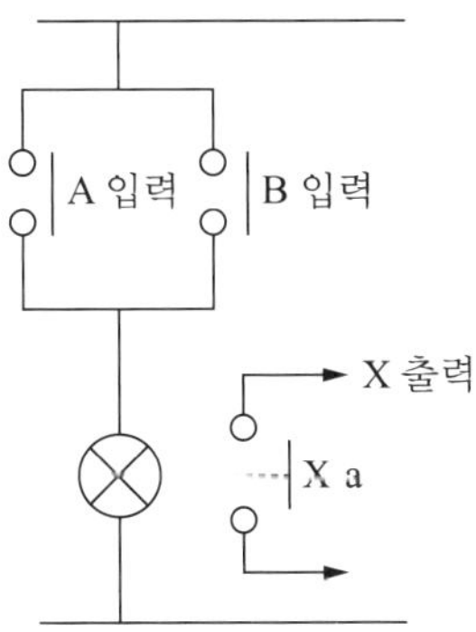

(a) OR 회로

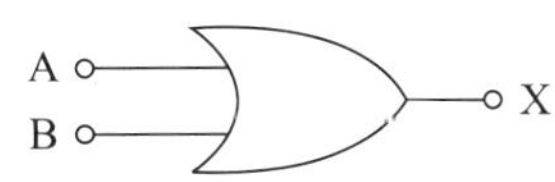

(b) OR 게이트

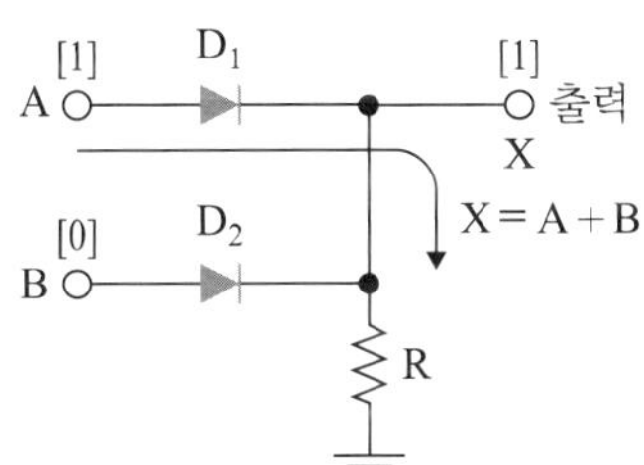

(c) 무접점 회로

표 3-3 OR 게이트의 진리표

입력신호		출력신호
A	B	X
0	0	0
1	0	1
0	1	1
1	1	1

그림 3-2 OR 회로

3) NOT 게이트

NOT 게이트는 입력신호가 1이면 출력신호가 0이 되고, 입력신호가 0이면 출력신호 X가 1이 되는 게이트이며, 입력신호에 대해 출력신호가 부정이 되어 출력이 나타난다. 논리식은 $A=\overline{X}$가 되며 "−"는 X를 부정하는 것을 의미한다.

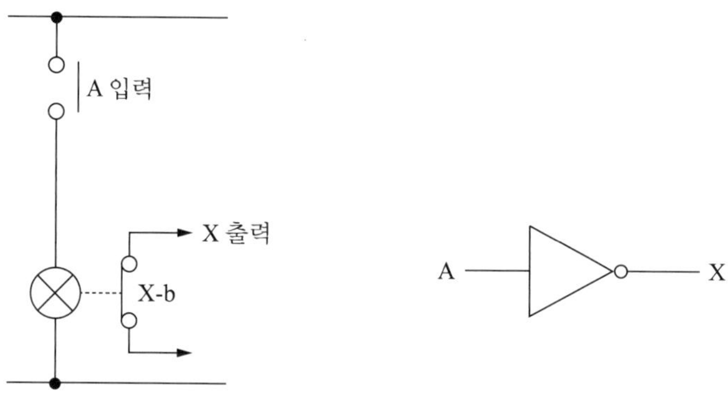

(a) NOT 회로

(b) NOT 게이트

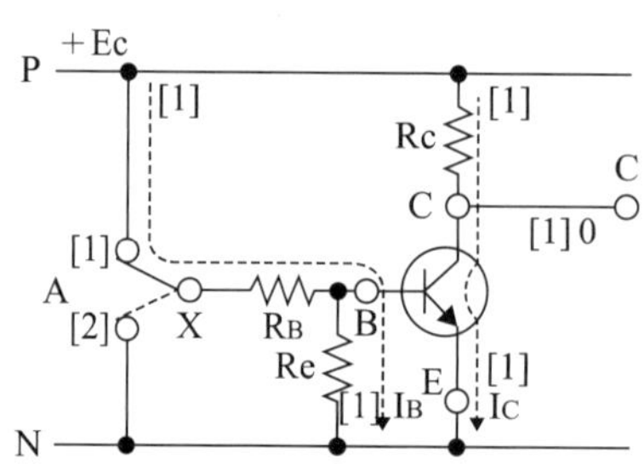

(c) 무접점 회로

표 3-4 NOT 게이트의 진리표

입력신호	출력신호
A	X
0	1
1	0

그림 3-3 NOT 게이트

4) NAND 게이트

NAND 게이트는 AND 게이트의 출력을 부정한 것으로, 입력 A, B가 1(ON)이 될 때에 출력 X는 0이 되고, A와 B 중 어느 한개 이상의 입력이 0일 때에 출력 X가 1이 되는 논리 게이트이다. 논리식은 $\overline{A \cdot B} = X$이다.

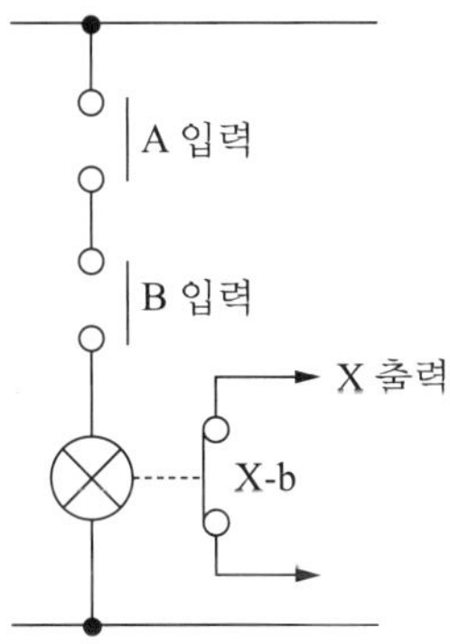

(a) NAND 회로

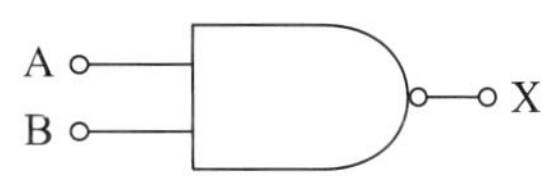

(b) NAND 게이트

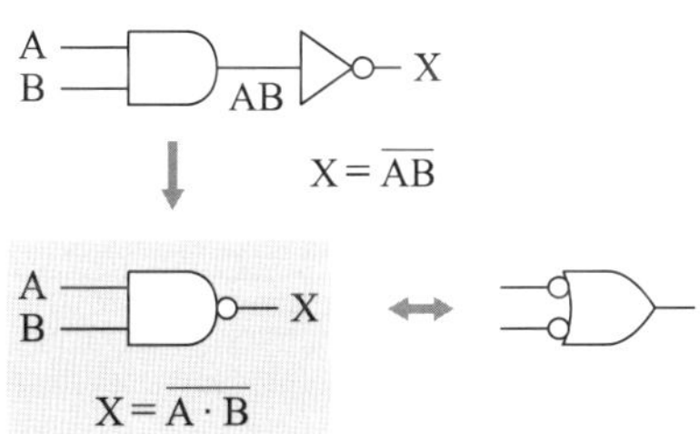

표 3-5 NAND 게이트 진리표

입력신호		출력신호
A	B	X
0	0	1
1	0	1
0	1	1
1	1	0

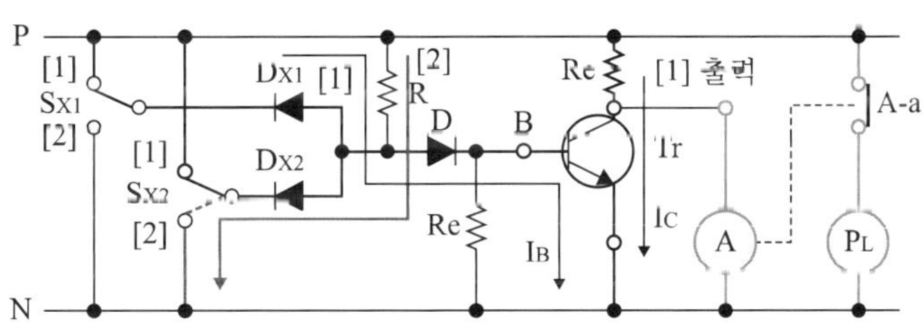

회로동작

그림 3-4 NAND 게이트

5) NOR 회로

NOR 게이트는 OR 게이트의 부정으로 입력 A와 B가 0이 될 때에 출력 X는 1이 되고, 입력 A와 B 중 어느 하나 혹은 전부가 1일 때 출력 X가 0이 되는 논리 게이트이다. 논리식은 $\overline{A+B}=X$이다.

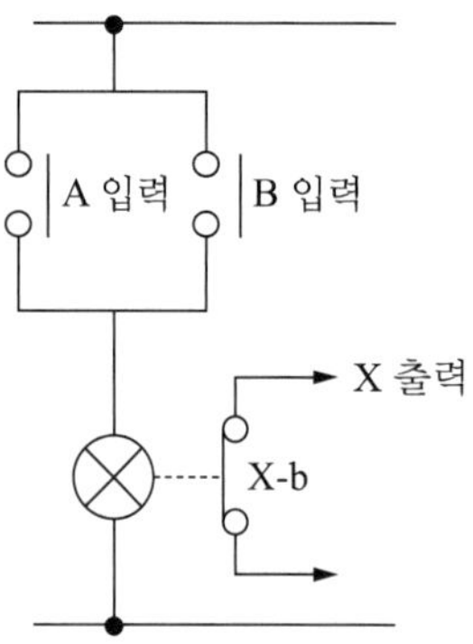

(a) NOR 회로

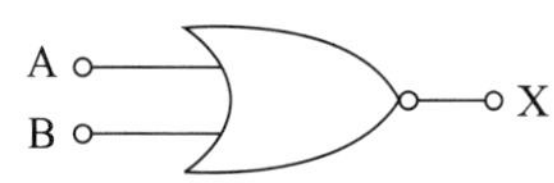

(b) NOR 게이트

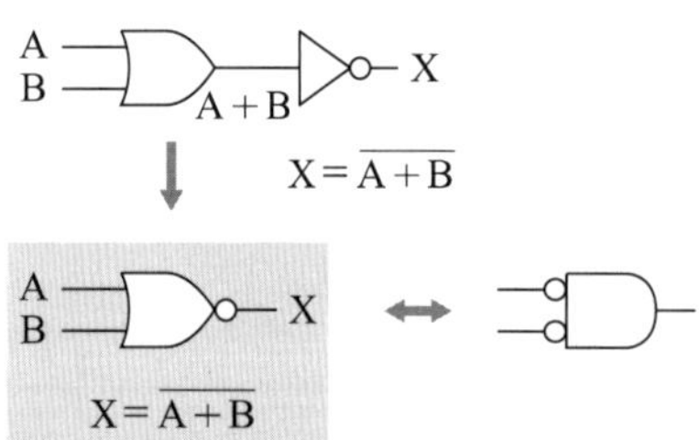

표 3-6 NOR 회로의 진리표

입력신호		출력신호
A	B	X
0	0	1
1	0	0
0	1	0
1	1	0

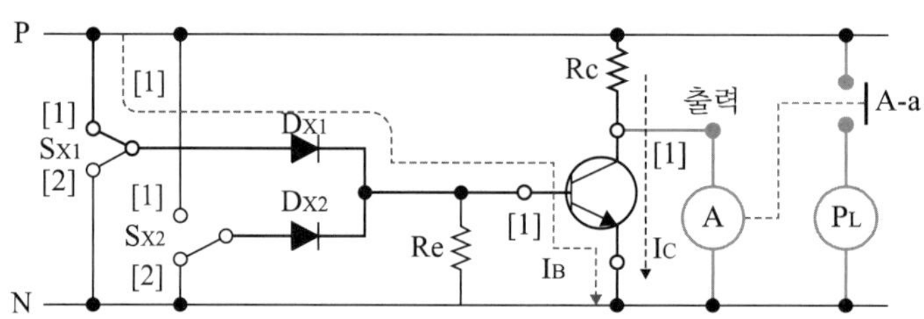

회로동작

그림 3-5 NOR 게이트

2 시퀀스 제어 실용 예

(1) 기본회로

1) 자기유지 회로

자기유지 회로는 시퀀스 제어의 전자 릴레이, 전자 접촉기, 타이머 등의 조작 회로에 대부분 들어가는 회로이다. 그림 3-6과 같이 푸시버튼 스위치 PBS_1을 누르면, 릴레이 코일이 여자되어 릴레이 접점 R이 닫힌다. 푸시버튼 스위치에서 손을 떼어도 릴레이 자체의 a접점에 의해 우회하여 램프 L이 계속 점등된다. 회로를 정지시킬 때에는 PBS_2을 누른다.

자기유지 회로는 입력신호가 소멸되어도 연속적으로 출력신호가 얻어지기 때문에 기억회로라고도 한다.

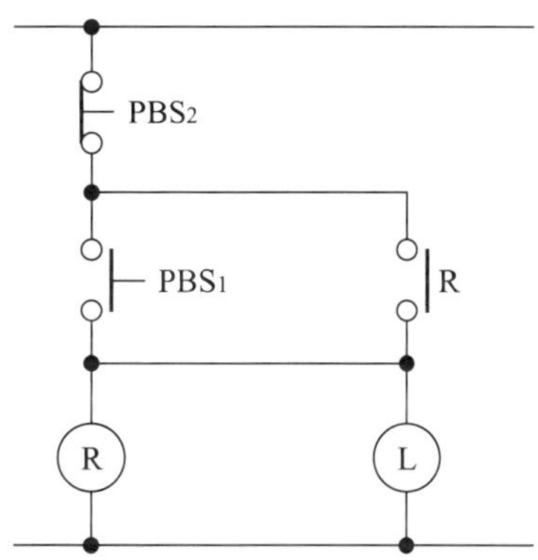

그림 3-6 자기유지 회로

2) 인터록 회로

① 두 입력신호 중 먼저 동작한 것이 있으면 다른 동작 명령을 하여도 동작하지 않는 것이 인터록(interlock) 회로이다.

② 그림 3-7에서 PB_1을 눌러서 계전기 X가 동작하면 Xb가 개로 되므로 PB_2를 눌러도 Y에 전류가 흐르지 않아 릴레이 Y는 동작하지 않는다.

③ 이 회로는 기기의 보호와 조작자의 안전을 목적으로 한다.

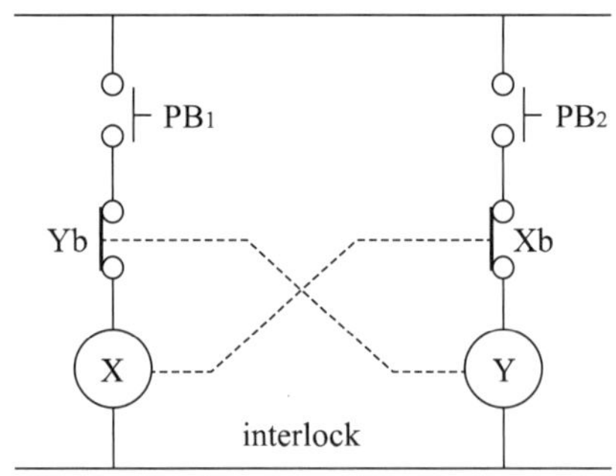

그림 3-7 인터록 회로

> **Tip**
>
> **선행우선 기억회로 = 상대동작 금지회로 = 인터록 회로**
>
> 2개의 입력 중 먼저 작동시킨 쪽의 회로가 우선으로 이루어져 기기가 작동하며, 다른 쪽에 입력이(신호가) 들어오더라도 작동하지 않는 회로이다.

(2) 시퀀스 응용 회로

1) 단상유도전동기 운전회로

자기유지 회로를 적용한 것으로서 그림 3-8의 단상유도전동기 기동회로의 동작설명은 다음과 같다.

① 배선용 차단기 MCB를 투입하여 전원을 공급한다.

② PB_on을 누르면 코일 MC에 전류가 흘러 전자 접촉기가 동작하여 주접점 MC가 ON 되어 전동기가 회전하기 시작하며, MCa가 폐로 되어 자기유지 회로가 구성된다.

③ 전동기의 회전 중 전동기를 정지시키기 위하여 PB_off를 누르면 코일 MC에 전류가 흐르지 않게 되어 전자 접촉기는 소자되며, MC가 개로 되어 전동기가 정지한다. 또한 MCa가 개로 되어 자기유지 회로가 취소된다.

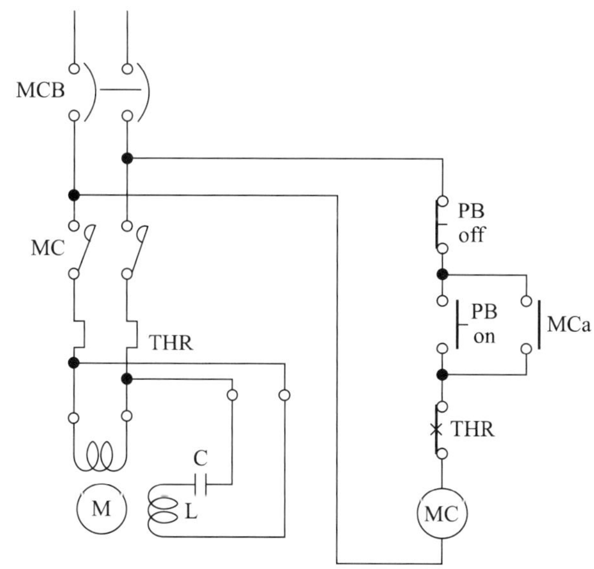

그림 3-8 단상유도전동기 운전회로

2) 3상 유도전동기 정·역 회로

3상 유도전동기의 정·역전 운전에 대해 인터록 회로를 적용한 예로 그림 3-9의 동작설명은 다음과 같다.

① 배선용차단기 MCB를 on한 후 정회전 기동용 스위치 PBF를 누르면 전동기가 정회전함과 동시에 F-b가 off되어 인터록 회로를 구성하므로, 역회전 기동용인 PBR을 눌러도 역회전 전자코일에는 전류가 흐르지 않는다.

② 정회전 운전 중 전동기를 역회전시키려면 PB_off를 눌러 F-MC를 소자시킨 후 PBR을 눌러 R-MC를 여자시키면 된다. 이 때 PBF를 눌러도 R-b가 열려져 있으므로 정회전용 F-MC는 여자되지 않는다. 3상 유도전동기의 회전방향을 바꾸려면 3선의 입력전원 중 2선을 바꾸어 주면 회전방향이 바뀌어진다.

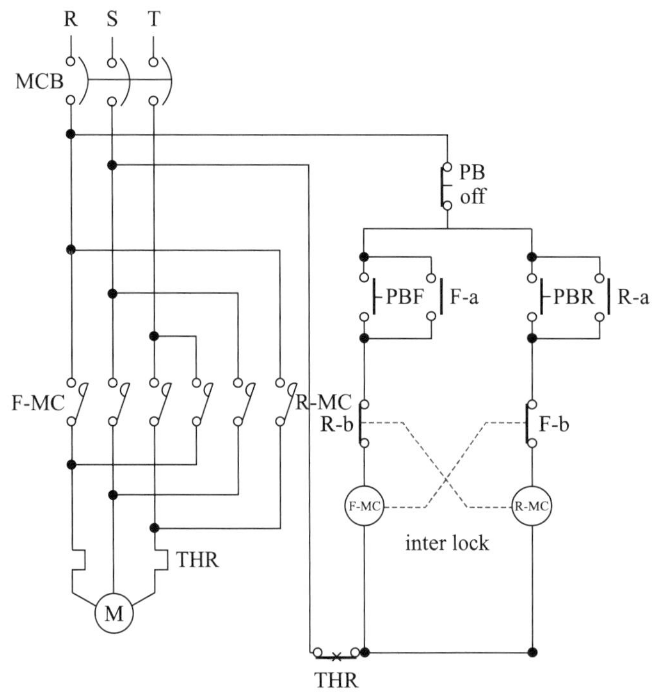

그림 3-9 3상 유도전동기 정·역 회로

3) 자동양수 제어회로

자동양수 장치는 물저장 탱크의 수위의 상한선과 하한선을 정하고 수위가 하한선까지 내려가면 양수 펌프가 자동으로 동작하고, 수위가 상한선에 이르면 펌프를 정지시킨다. 그리고 수위가 하한선에 도달하여 양수펌프가 재 동작하기 전까지는 정지해 있게 된다.

양수용, 배수용 펌프 전동기의 제어회로에 액면 스위치가 많이 사용된다. 액면 스위치는 저수위에서 항상 닫혀있고 고수위가 되면 열리는 고수위 스위치 L_H와 저수위에서 닫히고 수위가 증가하면 열리는 저수위 스위치 L_L이 있다.

자동 및 수동 양수 장치 제어용 시퀀스제어의 동작은 다음과 같다.

① MCB를 on하여 3상 전원을 공급한다.

② 수동의 경우는 PB_1을 누르면 코일 MC에 전류가 흘러 주접점 MC가 닫히고, MCa가 on되어 자기유지 회로를 구성한다. 또한 자동의 경우는 수위가 저수위선에 도달하면 저수위액면 스위치 L_L이 닫히게 되어 PB_1을 눌렀을 때와 같은 원리로 기동 된다.

③ 양수펌프를 정지시킬 때는 PB_2를 눌러 수동 정지시키거나, 수위가 고수위선에 도달하면 고수위 스위치 L_H가 열리게 되어 자동으로 정지한다.

④ L_S는 저수위 미만에서 수원의 물이 줄어 양수를 할 수 없는 경우 공회전 방지를 위하여 설치한 것이다.

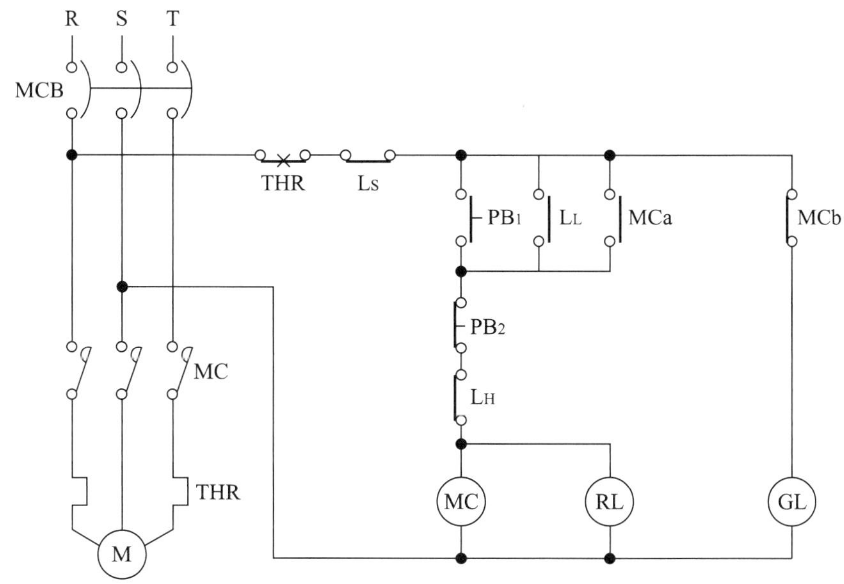

그림 3-10 자동양수펌프 시퀀스 제어회로

4) 3상 유도전동기 기동정지회로

3상 유도전동기 기동정지회로의 동작은 다음과 같다.

① MCCB를 투입하여 전원을 공급하면 정지표시등 GL이 점등된다.

② PB_1을 누르면 전자 접촉기 MC가 여자되어 마그네트(전자 접촉기) 주접점 MC가 on되어 유도전동기 IM이 회전하고, 보조접점 MCa가 on되어 자기유지 회로가 구성되며, 보조접점 a, b에 의해 정지 표시램프 GL은 소등되고 기동표시램프 RL은 점등된다.

③ 전동기를 정지는 PB_2를 눌러 정지시키거나, 전동기에 과부하가 걸려 열동 계전기가 동작하면 코일 MC가 소자되어 전동기가 정지된다. 이때 MCCB를 off한 상태가 아니므로 정지표시등 GL이 점등되고 기동표시등 RL이 소등된다.

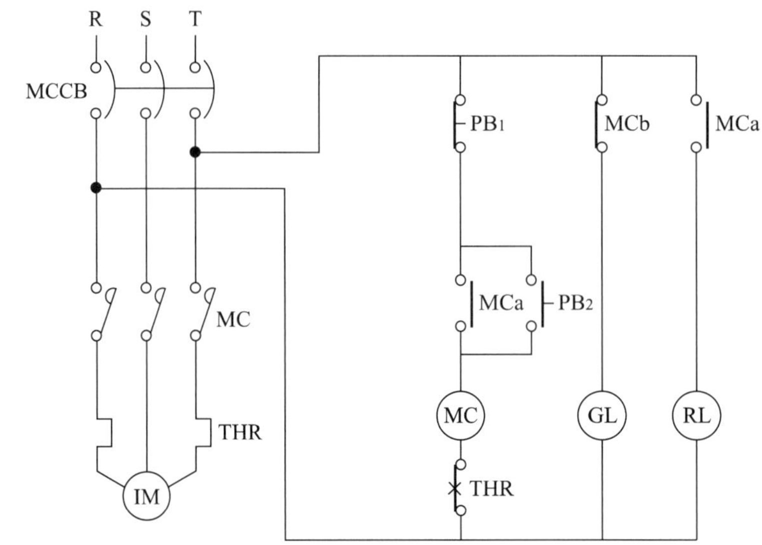

그림 3-11 3상 유도전동기 기동정지 시퀀스도

다음 그림은 3상 유도전동기를 2개소에서 on/off하는 시퀀스 제어회로이다.

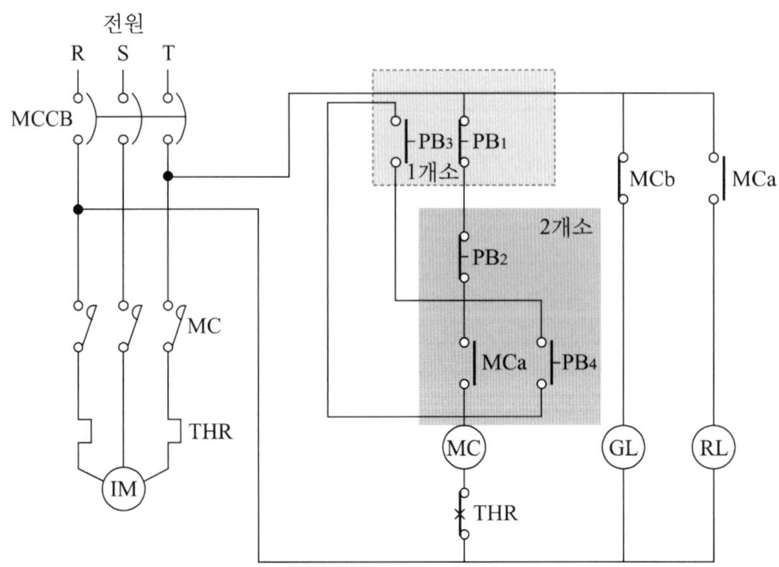

그림 3-12 전동기 기동정지 제어회로 (2개소)

5) 자동화재탐지설비의 제어회로

그림 3-13은 자동화재탐지설비의 시퀀스 제어회로이고 동작은 다음과 같다.

① 수신기의 스위치 S/W를 on하면 전원표시램프 PL이 점등된다.

② 화재가 발생하여 주위 온도가 상승되거나 연기농도가 많아지면, 감지기(D_1 및 D_2)의 접점이 폐로 되어 수신기의 주음향장치 BZ_1 및 화재 경계구역에 있는 음향장치 BZ_2가 동시에 화재경보를 발한다.

③ 화재 발생지점에 있는 사람이 화재를 발견했을 경우에는 발신기(Send) 내의 누름 스위치를 눌러 신호를 수신기로 보내고 이것에 의해 BZ_1 및 BZ_2가 화재 경보를 발한다.

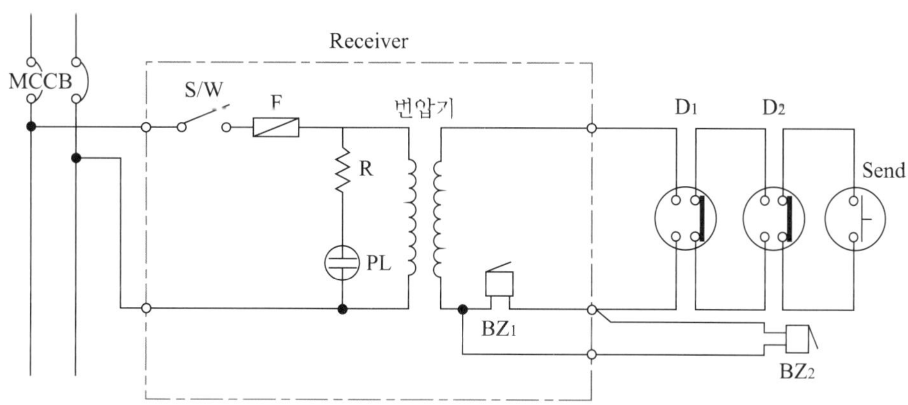

그림 3-13 자동화재탐지설비의 제어회로

6) 예비전원 자동전환 시퀀스 제어회로

상용전원의 정전 시 소방 설비에 전기를 공급하기 위하여 예비전원으로 절환되고, 상용전원의 복구 시 자동으로 예비전원에서 상용전원으로 전환되도록 하는 시퀀스 제어회로이다. 제어동작은 다음과 같다.

① MCCB를 투입한 후, PB_1을 누르면 MC_1이 여자되고 주접점 MC_1이 닫히고 상용전원에 의해 전동기 M이 회전하고 RL이 점등된다. 또한, 보조접점 MC_{1a}가 폐로 되어 자기유지 회로가 구성되고, MC_{1b}가 open되어 MC_2가 동작되지 못하도록 한다.

② 상용전원으로 운전 중 PB_3을 누르면 MC_1에 소자 되어 3상 유도전동기는 정지하고, 상용전원 운전표시등 RL은 소등한다.

③ 상용전원의 정전 시 PB_2를 누르면 MC_2가 여자되어 예비전원에서 전기가 공급되어 전동기 M이 회전하고, 표시등 GL이 점등되며, 보조접점 MC_{2a}가 on 되어 자기유지 회로를 구성하고, MC_{2b}가 open되어 MC_1에 전기가 공급되지 못하게 한다.

④ 예비전원으로 운전 중 PB_4를 누르면 MC_2가 소자되어 유도전동기는 정지하고, 예비전원 운전표시등 GL은 소등한다.

⑤ 상용전원으로 운전을 재개하려면 ①의 절차를 따른다.

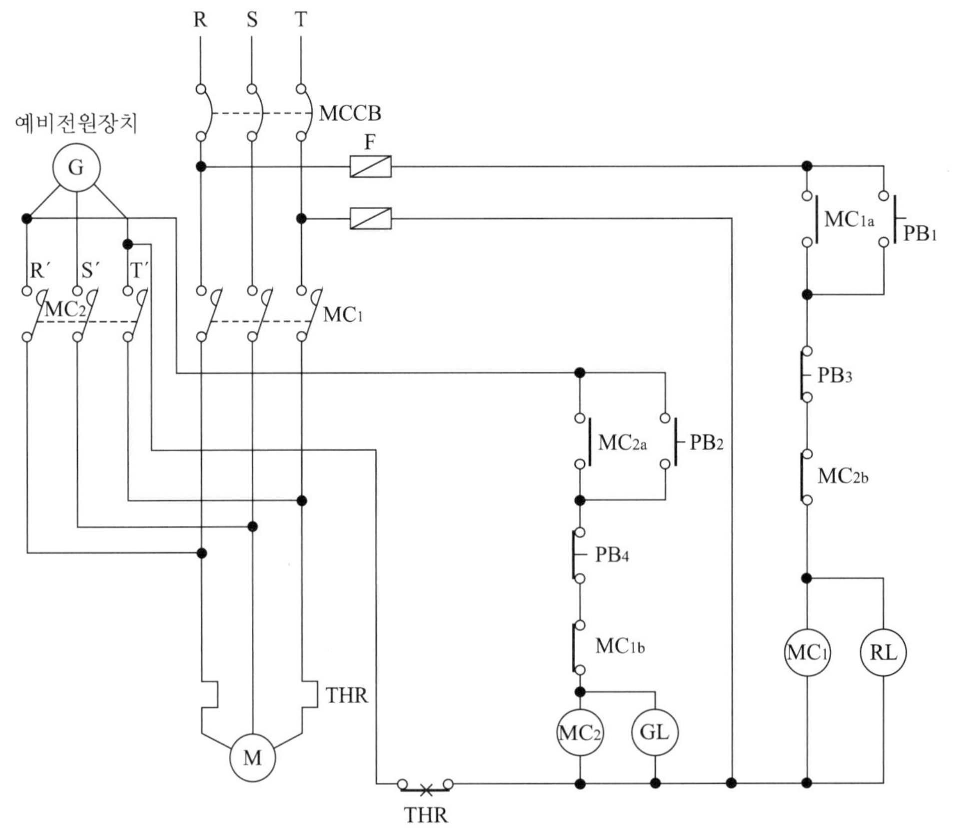

그림 3-14 상용전원 및 비상전원 자동절환 시퀀스도

7) 3상 유도전동기의 Y-Δ기동 시퀀스도

3상 유도전동의 기동전류를 작게 하기 위하여 기동 시 Y결선(임피던스가 큼)으로 하고, 운전 시 Δ(델타) 접속(임피던스가 작음)으로 한다. 제어동작은 다음과 같다.

① MCB를 투입하여 전원을 공급한다.

② PB_1을 누르면 코일 MCY 및 T가 여자된다. 보조접점 MCYa가 on되어 코일 MC가 여자되고, MCa가 on되어 자기유지 회로를 구성한다. 그러나 MCYb가 off되어 코일 MCD에는 전기가 공급되지 않는다.

③ 주접점 MCY 및 MC가 on되어 3상 유도전동기는 Y결선으로 기동한다.

④ 코일 T에 전기가 공급 중이므로 타이머 T의 설정시간이 지나면 한시동작 순시복귀 Tb이 개로 되면 코일 MCY가 소자되어 주접점 MCY가 열리고, 코일 MCD가 여자되어 주접점 MCD가 on되어 전동기는 Δ결선으로 운전된다.

⑤ 운전 중 PB_2를 누르거나 전동기에 과부하가 걸려 THR(열동 계전기)이 작동하면 동작중인 코일 MC, MCD 및 T가 모두 소자되어 전동기는 정지한다.

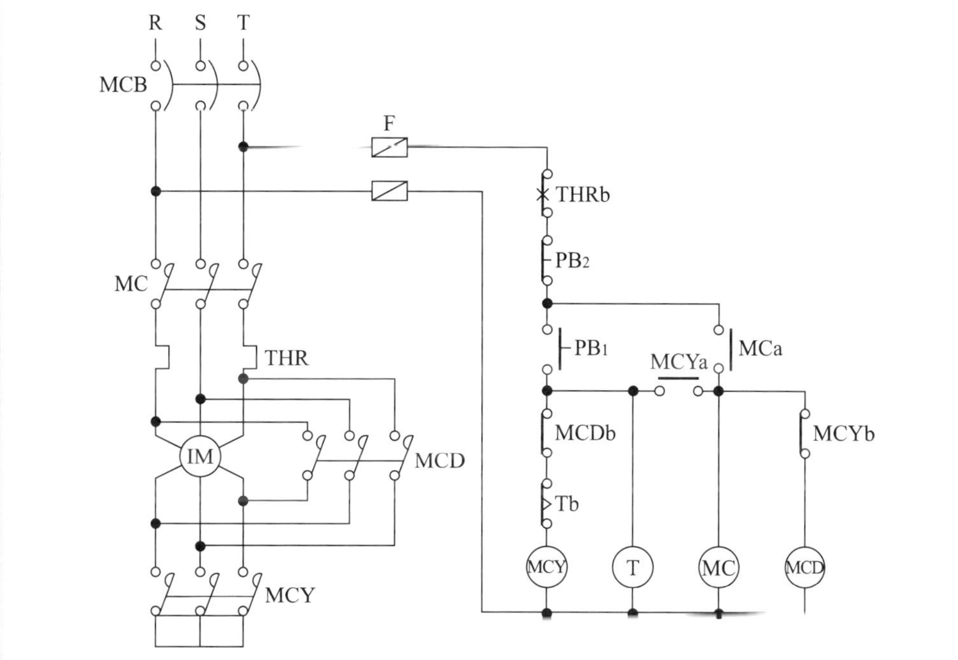

그림 3-15 3상 유도전동기의 Y-Δ 기동제어 시퀀스도

찾아보기

제4판 알기 쉬운 소방전기시설론 정가 22,000원

발 행 2023년 9월 10일 4판 1쇄

저 자 조성현

발행인 정우용

발행처 도서출판 동화기술

경기도 파주시 광인사길 201(문발동, 파주출판도시)

Tel (031)955-4211~6 donghwapub@nate.com

Fax (031)955-4217 www.donghwapub.co.kr

(등록) 1977년 12월 19일/9-16호

ISBN 978-89-425-9552-5